AutoCAD 2009 计算机绘图实用教程

主编　侯洪生　谷艳华　王瑜蕾

主审　焦永和

科学出版社

北京

内 容 简 介

本书是基于高等教育对高素质人才培养的要求，依据教育部工程图学教学指导委员会最新制定的“普通高等院校工程图学课程教学基本要求”中提出的工程图学课程任务之一“培养使用绘图软件绘制工程图样及进行三维造型设计的能力”,并结合编者多年教学改革经验编写而成的。本书以 AutoCAD 2009 中文版为平台，主要介绍利用 AutoCAD 2009 的二维绘图功能绘制零件图、装配图，以及由装配图拆画零件图的过程。通过本书的学习，为在校学生进行课程设计和毕业设计打下坚实的 CAD 基础。本书配有电子教案，可赠送给任课教师使用。

本书可作为大中专学校 CAD 教学的教材，同时也是广大初、中级 AutoCAD 用户的自学参考书，还可作为社会相关机构的培训教材。

图书在版编目(CIP)数据

AutoCAD 2009 计算机绘图实用教程/侯洪生，谷艳华，王瑜蕾主编. —北京：科学出版社，2010.6

ISBN 978-7-03-027949-1

Ⅰ.①A… Ⅱ.①侯… ②谷… ③王… Ⅲ. ①计算机制图-应用软件，AutoCAD 2009-高等学校-教材 Ⅳ. ①TP391.41

中国版本图书馆 CIP 数据核字(2010)第 111023 号

责任编辑：匡 敏 / 责任校对：张 琪

责任印制：张克忠 / 封面设计：陈 敬

科 学 出 版 社出版

北京东黄城根北街 16 号

邮政编码：100717

http://www.sciencep.com

北京市文林印务有限公司 印刷

科学出版社发行 各地新华书店经销

*

2010 年 6 月第 一 版 开本：787×1092 1/16

2010 年 6 月第一次印刷 印张：13

印数：1—3 000 字数：300 000

定价：23.00 元

（如有印装质量问题，我社负责调换）

前　言

计算机辅助设计(computer aided design，CAD)是利用计算机强大的计算功能和图形处理功能辅助设计人员进行产品设计工作。随着科学技术的快速发展，人类对产品设计的要求越来越高，产品更新换代的速度越来越快，传统的设计方法和尺规绘图已不能适应现代工业发展的需要，CAD 技术的应用是现代工业发展和科技发展的必然趋势。因此，从事工程设计的人员、理工科院校的学生应熟练掌握 CAD 技术，否则将无法适应现代科技发展的需要，无法从事工程设计和工程管理工作。

近年来，工程图学课程随着社会的进步和科技发展进行了深入的改革。本书就是基于高等教育对高素质人才培养的要求，依据教育部工程图学教学指导委员会最新制定的“普通高等院校工程图学课程教学基本要求”中提出的工程图学课程任务之一“培养使用绘图软件绘制工程图样及进行三维造型设计的能力”,并结合编者多年教学改革经验编写而成的，它是与工程图学课程配套的教材。本书的前身《计算机绘图实用教程》2007年曾获得吉林省普通高等学校优秀教材奖。

本书选用的绘图软件是 AutoCAD 2009 中文版。在众多的计算机绘图软件中，AutoCAD 是最具代表性的一种软件。它由美国 Autodesk 公司研制，专门用于计算机绘图设计。由于它具有功能强、适用面广、易学易用和便于二次开发等特点，所以在世界上得到广泛应用。该软件提供了丰富的作图功能，操作方便，绘图准确，同时具有强大的图形编辑功能，可对现有图形进行缩放、移动、复制、镜像、旋转等编辑，这是手工绘图无法实现的。此外它还有许多辅助绘图功能，这使绘图工作变得简单快捷。该软件被广泛用于机械、建筑、电子、运输、城市规划等有关的工程设计工作之中。

本书主要介绍 AutoCAD 2009 的二维绘图功能，以大中专院校机械类专业的学生或初学 CAD 的工程技术人员为读者对象。编者根据教师课堂教学过程和学生上机实践过程的经验总结，按照教与学的规律，精心编写了 9 章内容（授课学时约 20 学时，基本上每章 2 学时，学生上机 20 学时，课外 20 学时）。本书既是教师组织课堂教学的理想教案，又是学生上机实践的指导用书。在整体编排上，本书每一章都将几种命令组合在一起讲解，使读者在上机实践中能综合运用本章所学内容绘制出相应的图形，从而培养读者充分利用 AutoCAD 2009 的功能和特性解决典型应用问题的能力和水平。

本书兼顾课堂教学与上机实践，其主要特点如下：

(1) 本书可以按一门独立课程集中讲授，也可以将 9 章内容穿插在工程图学课程中分散讲授。

(2) 编排新颖。按照“教学内容、教师课堂综合演示、学生上机实践”三部分编排，使教师“教有条理”，使学生“练有目标”。

(3) 每章前都有学习导读，包括学习本章的目的与要求、主要内容及作图技巧。每章介绍一种或几种教师和学生在实践中积累的作图技巧。

(4) 每章都安排有配合讲课内容的上机实践题目。读者也可将教师在课堂上的综合演示题目重新操作，以巩固提高学习成果。

(5) 本书最突出的特点是，在命令行中出现的操作步骤提示都直接复制在书中，使读者可从字体颜色上清晰地分辨出：哪些是计算机提示，哪些是读者应进行的操作。例如：

选择对象：用选择框选择螺套后，按 Enter 键（前部分为 AutoCAD 提示，后部分为读者操作）。

此种形式排列，不会给读者造成操作上的困惑，可节省读者大量的宝贵时间，同时也使初学者养成随时观察命令窗口提示进行操作的习惯。

本书满足绘制机械工程图样的需要，内容紧贴实际，语言通俗易懂，读者通过学习和上机操作可以快速掌握 AutoCAD 2009 的绘图方法和技巧，熟练利用 AutoCAD 2009 绘制出符合标准的机械工程图样。

本书由侯洪生、谷艳华、王瑜蕾主编，参加本书编写的人员还有闫冠、孟祥宝、文立阁、李军。全书由吉林大学侯洪生教授统稿，由中国工程图学学会图学教育委员会主任、北京理工大学焦永和教授主审。

感谢教研室全体教师，在十几年的 CAD 教学工作中作出的贡献。感谢在 CAD 的教学过程中和我们同行的历届学生，是他们在上机实践中提出的问题和积累的经验，使我们不断改进教学方法，提高了本书的编写质量。

由于编者的水平有限，书中难免有不妥之处，恳请读者批评指正。

编　者

2010 年 3 月

目　录

前言
第 1 章　AutoCAD 2009 的基本操作……1
1.1　启动 AutoCAD 2009……1
1.2　AutoCAD 2009 的工作界面……1
1.2.1　初始界面……1
1.2.2　界面的使用……2
1.3　AutoCAD 命令输入及中断命令的操作……6
1.4　坐标系及坐标值输入……7
1.4.1　世界坐标系……7
1.4.2　用户坐标系……7
1.4.3　坐标的输入……7
1.5　二维绘图：直线、圆、矩形……9
1.5.1　直线(Line)的绘制……9
1.5.2　圆(Circle)的绘制……10
1.5.3　矩形(Rectang)的绘制……11
1.6　对象捕捉(自动捕捉)按钮和对象捕捉工具栏……12
1.6.1　“自动对象捕捉”按钮的使用……12
1.6.2　对象捕捉工具栏的使用……13
1.7　图形编辑：删除、放弃、重作命令的操作……13
1.7.1　删除(Erase)命令……13
1.7.2　放弃(Undo)命令……14
1.7.3　重做(Redo)命令……14
1.8　图形文件操作命令……14
1.8.1　新建(New)命令……15
1.8.2　保存文件(Save、Save As)命令……17
1.8.3　打开图形文件(Open)命令……18
1.9　综合演示……18
1.10　上机实践……20
第 2 章　绘图环境设置、目标选择、绘图与编辑……23
2.1　图层的设置和管理……23
2.1.1　图层的作用与特点……23

2.1.2 设置图层和管理图层 …… 23
2.2 目标选择 …… 30
2.3 二维绘图命令 …… 33
2.3.1 正多边形(Polygon)命令的绘制 …… 33
2.3.2 圆弧(Arc)命令的绘制 …… 34
2.3.3 椭圆(Ellipse)命令的绘制 …… 35
2.3.4 圆环(Donut)命令的绘制 …… 37
2.4 图形编辑命令 …… 38
2.4.1 偏移(Offset)命令 …… 38
2.4.2 修剪(Trim)命令 …… 40
2.4.3 延伸(Extend)命令 …… 42
2.5 综合演示 …… 43
2.6 上机实践 …… 47
第 3 章 图形显示控制、文字输入、图形编辑 …… 50
3.1 图形显示控制 …… 50
3.1.1 显示控制命令 …… 51
3.1.2 重画(Redraw)与重生成(Regen) …… 53
3.2 字体设置与文字输入 …… 54
3.2.1 字体样式(Style)设置的操作 …… 54
3.2.2 文字输入的操作 …… 56
3.3 图形编辑：复制、旋转、移动 …… 59
3.3.1 复制(Copy)命令 …… 59
3.3.2 旋转(Rotate)命令 …… 60
3.3.3 移动(Move)命令 …… 61
3.4 综合演示 …… 61
3.5 上机实践 …… 62
第 4 章 夹点功能、目标查询、绘图和编辑 …… 65
4.1 夹点的功能与使用 …… 65
4.1.1 夹点的功能 …… 65
4.1.2 夹点的使用 …… 66
4.2 目标查询 …… 67
4.2.1 距离查询(Dist) …… 67
4.2.2 面积查询(Area) …… 68
4.3 二维绘图：多线及多段线 …… 69
4.3.1 多线(Mline)的绘制 …… 69
4.3.2 多段线(Pline)的绘制 …… 72
4.4 图形编辑命令 …… 74
4.4.1 比例缩放(Scale)命令 …… 74

4.4.2 镜像(Mirror)命令……76
4.4.3 阵列(Array)命令……78
4.5 综合演示……82
4.6 上机实践……83
第5章 辅助绘图工具及绘图与编辑……84
5.1 辅助绘图工具……84
5.1.1 捕捉和栅格……85
5.1.2 极轴追踪……85
5.1.3 自动对象捕捉……86
5.2 二维绘图命令……87
5.2.1 构造线(Xline) 的绘制……87
5.2.2 射线(Ray) 的绘制……88
5.3 图形编辑命令……88
5.3.1 双点打断(Break)命令……88
5.3.2 单点打断(Break)命令……89
5.3.3 拉伸(Stretch)命令……90
5.3.4 拉长(Lengthen)命令……91
5.3.5 合并(Join)命令……93
5.4 综合演示……94
5.5 上机实践……97
第6章 特性修改及绘图与编辑……100
6.1 特性的修改……100
6.1.1 利用特性对话框查看和更改对象特性……100
6.1.2 利用“特性匹配”修改特性……106
6.2 二维绘图命令……108
6.2.1 图案填充(Hatch)的绘制……108
6.2.2 样条曲线(Spline)的绘制……111
6.3 图形编辑命令……112
6.3.1 倒角(Chamfer)命令……112
6.3.2 倒圆角(Filiet)命令……115
6.4 综合演示……116
6.5 上机实践……119
第7章 标注样式的设置与尺寸标注……120
7.1 设置符合国家标准的标注样式……120
7.1.1 打开“标注样式管理器”的方法……121
7.1.2 “新建标注样式”对话框的设置……121
7.2 创建尺寸替换样式……131
7.2.1 创建角度尺寸替换样式……131

7.2.2 创建“前缀 φ”的尺寸替换样式 ······ 133
7.2.3 创建“公差标注”的尺寸替换样式 ······ 134
7.3 尺寸标注命令 ······ 137
7.4 尺寸编辑命令 ······ 146
7.4.1 编辑标注 ······ 147
7.4.2 编辑标注文字 ······ 148
7.4.3 标注更新 ······ 148
7.5 综合演示 ······ 149
7.6 上机实践 ······ 150
第 8 章 图块制作及注写技术要求 ······ 151
8.1 图块 ······ 151
8.1.1 图块的定义 ······ 151
8.1.2 图块的插入 ······ 153
8.1.3 图块的保存 ······ 155
8.1.4 图块的属性 ······ 157
8.1.5 图块属性的编辑 ······ 160
8.1.6 图块属性管理器 ······ 162
8.1.7 图块的分解 ······ 162
8.1.8 图块在图形编辑中的应用 ······ 163
8.2 标注形位公差 ······ 163
8.3 综合演示 ······ 167
8.4 上机实践 ······ 168
第 9 章 绘制零件图与拼画装配图 ······ 169
9.1 绘制零件图 ······ 169
9.1.1 创建零件图样板 ······ 169
9.1.2 零件图的绘制步骤 ······ 174
9.2 绘制装配图 ······ 175
9.2.1 利用“复制到剪贴板”和“从剪贴板粘贴”拼画装配图 ······ 176
9.2.2 利用“插入块”命令拼画装配图 ······ 187
9.3 由装配图拆画零件图 ······ 188
9.3.1 由装配图拆画零件图的步骤 ······ 188
9.3.2 由装配图拆画零件图的方法 ······ 188
9.4 上机实践 ······ 193
附录 AutoCAD 二维绘图常用命令及命令缩写表 ······ 194

第 1 章　AutoCAD 2009 的基本操作

本章学习导读

目的与要求： 了解 AutoCAD 2009 的工作界面，熟悉菜单浏览器、快速访问工具栏及各种工具栏的基本操作。掌握坐标输入的三种方式（绝对坐标、相对直角坐标、相对极坐标）以及同一命令的几种不同输入方式。

主要内容： AutoCAD 2009 工作界面、AutoCAD 命令输入及命令中断的操作、坐标系统及坐标输入、对象捕捉、二维绘图（直线、矩形、圆的绘制）、图形编辑（删除、放弃、重作命令的操作）、文件操作命令（新建、存储、另存为、打开）。

作图技巧： 连续执行同一命令时，不必重复输入该命令，只需按 Enter 键即可再次执行该命令。将光标停留在任一工具按钮上，即可显示其名称和作用。

1.1　启动 AutoCAD 2009

安装好AutoCAD 2009 软件之后，可以通过双击桌面上的启动图标，也可以通过双击.dwg 的 AutoCAD 图形文件，还可以通过图 1-1 的程序，启动 AutoCAD 2009。

图 1-1　启动 AutoCAD 2009

1.2　AutoCAD 2009 的工作界面

1.2.1　初始界面

AutoCAD 2009 的初始界面如图 1-2 所示，它包括标题栏、菜单浏览器、快速访问工具栏、功能区切换工具栏、功能区选项板、命令窗口、状态栏、辅助工具按钮、绘图区等。

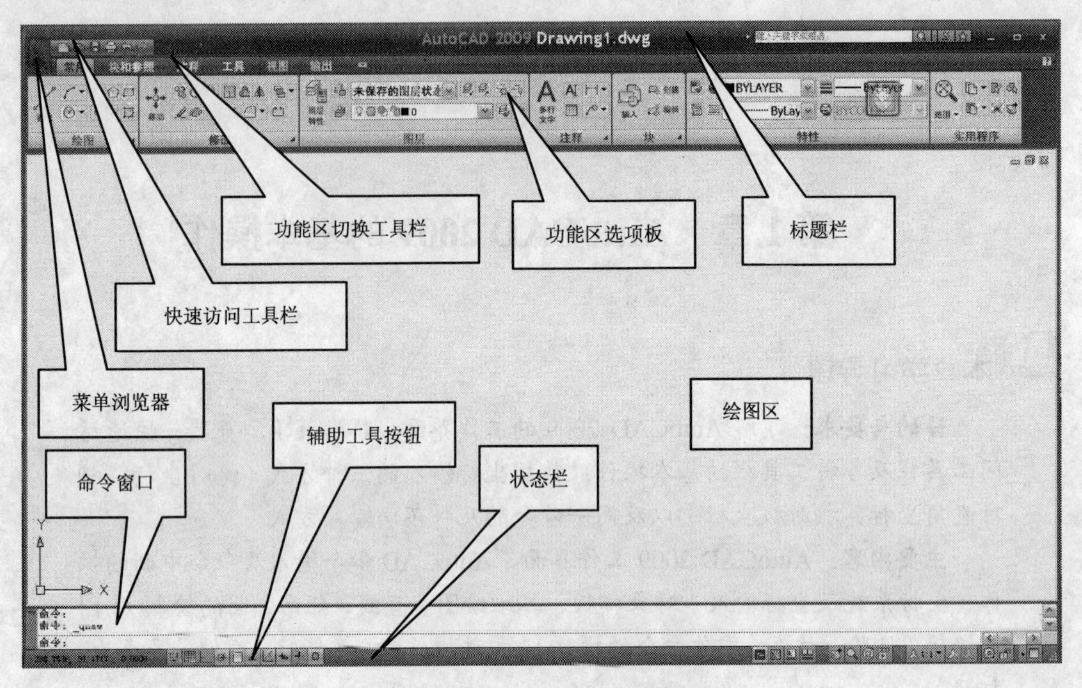

图 1-2　AutoCAD 2009 的初始界面

1.2.2　界面的使用

1. 标题栏

标题栏位于界面的顶部，如图 1-3 所示。标题栏的中部显示本软件的名称及当前正在编辑的文件名称（主动轴）。标题栏右端是一组控制按钮，分别是“最小化”按钮、“最大化”按钮、“关闭”按钮。通过这三个按钮，用户可以让当前的应用程序以整个屏幕区域进行显示或仅显示应用程序的名称，也可以直接通过“关闭”按钮关闭 AutoCAD 2009。

图 1-3　标题栏

2. 菜单浏览器

AutoCAD 2009 提供了一个菜单浏览器，其“打开”按钮位于界面左上角。单击该按钮，弹出的 AutoCAD 菜单如图 1-4 所示。该菜单几乎包括了 AutoCAD 的全部功能和命令，用户可以在各菜单中选择所需要的命令。例如，鼠标指向标注(N)时，即可在绘图下级子菜单中选择相应的标注命令。

3. 快速访问工具栏

快速访问工具栏在菜单浏览器右侧，该工具栏提供了在操作 AutoCAD 2009 时最常用的 6 个工具按钮，分别是“新建”按钮、“打开”按钮 、“保存”按钮 、“打印”按钮、“放弃”按钮和“重做”按钮。

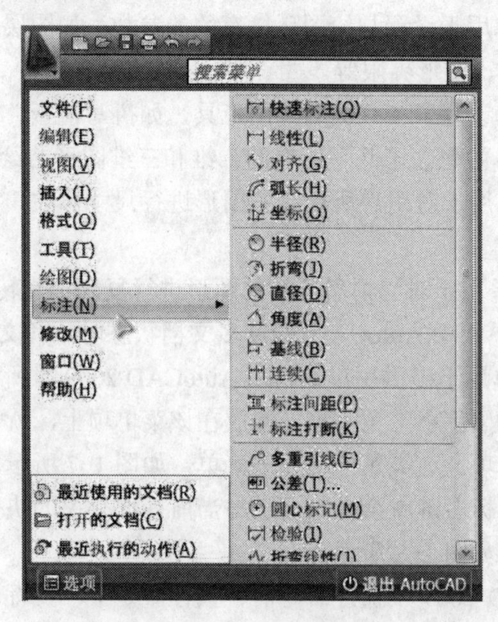

图 1-4　菜单浏览器

4. 菜单栏和工具栏

1）菜单栏

AutoCAD 2009 默认的工作界面不显示菜单栏和工具栏。用户可通过以下操作调出菜单栏：在快速访问工具栏中右击，在弹出的快捷菜单中单击“显示菜单栏”命令，如图 1-5 所示，即可显示菜单栏，如图 1-6 所示。重复操作便可隐藏菜单栏。

图 1-5　调出菜单栏

文件(F)　编辑(E)　视图(V)　插入(I)　格式(O)　工具(T)　绘图(D)　标注(N)　修改(M)　窗口(W)　帮助(H)

图 1-6　菜单栏

菜单栏从左至右依次如下。

文件（F）：该菜单用于对图形文件的管理，包括新建、打开、存盘、打印、输入和输出等命令。

编辑（E）：该菜单用于对文件进行常规编辑，包括复制、剪切、粘贴和链接等命令。

视图（V）：该菜单用于管理操作界面，如图形缩放、图形平移、视窗设置、着色以及渲染等操作。另外，用户还可以通过该菜单设置工具菜单。

插入（I）：该菜单主要用于在当前 CAD 绘图状态下，插入所需的图块或其他格式的文件。

格式（O）：该菜单用于设置与绘图环境有关的参数，如图层、颜色、线型、文字样式、标注样式、点样式、图形界限等。

工具（T）：该菜单设置了一些辅助绘图工具，如拼写检查、快速选择和查询等。

绘图（D）：该菜单中包含了几乎所有的二维和三维图形的绘图命令。

标注（N）：该菜单用于对用户所绘制的图形进行尺寸标注，它包含了所有形式的标注命令。

修改（M）：该菜单用于对当前所绘制的图形进行复制、旋转、平移等编辑。

窗口（W）：该菜单用于 AutoCAD 2009 多文档状态时，各文档的屏幕布置。

帮助（H）：该菜单用于提供用户在使用 AutoCAD 2009 时所需的帮助信息。

某些菜单项后有一黑色小三角，把光标放在该菜单项上，就会自动显示其下的子菜单，包含了进一步的选项。这类菜单称为子菜单，如图 1-7 所示。

在绘图区内单击鼠标右键就会弹出一个与当前操作有关的快捷菜单，用户可根据需要单击所选定的项目，如图 1-8 所示。

注意：在 AutoCAD 2009 中执行命令前、执行命令中、执行命令后、未选物体时、选定物体时弹出的快捷菜单各不相同。

2）工具栏

重复图 1-5 的操作，选择工具栏即可弹出 AutoCAD 2009 共 38 个默认的工具栏菜单，如图 1-9 所示。此时可在弹出的菜单中单击选择所需要的工具栏，如选择“标准”工具栏即可在界面中显示“标准”工具栏中的全部按钮，如图 1-10 所示。

“标准”工具栏包含一些经常使用的 AutoCAD 工具按钮。当光标停留在某一按钮上时，则出现该按钮的名称和作用。例如，停留在第一个按钮上，则出现“新建”二字。单击某一按钮即可执行相应的操作。

如果用户需要快速调用某些工具栏，可以将光标放在已调用的任何一个工具栏上的任意位置，右击也可弹出如图 1-9 所示的工具栏选项菜单。在工具栏选项菜单中，被选择的菜单前有“√”符号。再次单击 “√”符号，则隐藏该工具栏。

调出的工具栏可以是固定的，也可以是浮动的。浮动的工具栏可以放在绘图区的任意位置。具体操作过程如下：将光标放在工具栏左端，按下左键不动，拖动鼠标即可将工具栏置于适当位置。

如果要将放置好的工具栏锁定，可按以下步骤操作：右击界面中的任意工具栏，在弹出的工具栏选项菜单中选择“锁定位置”→“全部”→“锁定”命令，即可固定全部工具栏。重复操作便可解锁。

5. 功能区选项板

启动 AutoCAD 2009 后，初始界面中显示的是“常用”功能区面板。它由“绘图”、“修改”、“图层”、“注释”、“块”、“特性”、“实用程序”等 7 个模块组成，是二维绘图的主要功能区，如图 1-11 所示。其他 5 个功能区“块和参照”、“注释”、“工具”、“视图”和“输出”可以通过单击 “功能区切换工具栏”中的相应按钮进行切换。

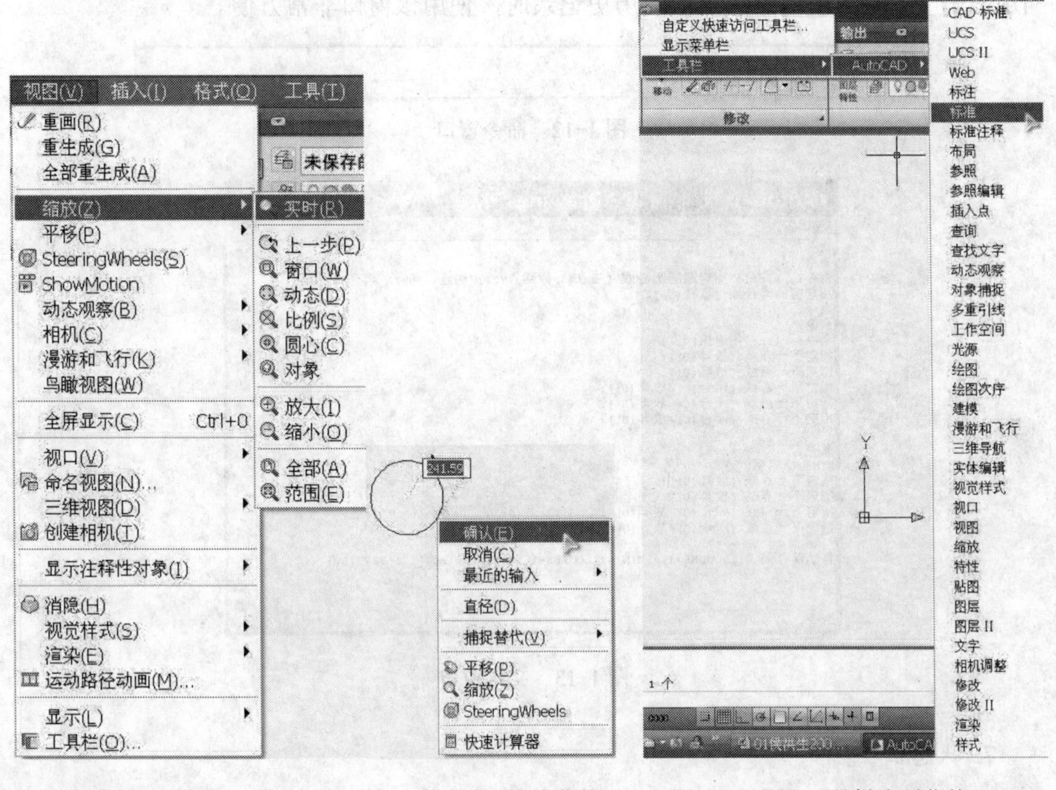

图 1-7　子菜单　　　　图 1-8　快捷菜单　　　　图 1-9　调出工具栏选项菜单

图 1-10　“标准”工具栏

有时为了最大范围地显示绘图区中的图形，可以将面板及面板下部的标题隐藏。其操作步骤为：单击“功能区切换工具栏”最右端“最小化为面板标题”按钮，将图 1-11 所示的面板隐藏而只显示面板的标题。双击按钮便可重新显示隐藏的面板。将光标置于面板任一位置并右击，在弹出的菜单中，单击“显示面板标题”命令即可将标题隐藏。重复此步骤便可显示其标题。

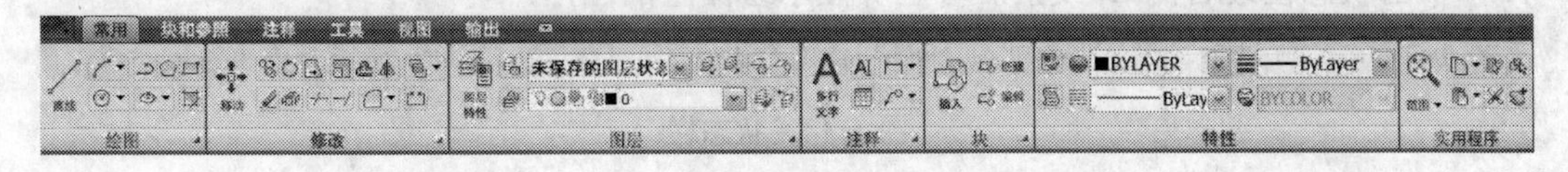

图 1-11　常用功能区面板

6. 命令窗口和文本窗口

命令窗口位于界面下部，如图 1-12 所示。命令窗口用于显示用户输入的命令及命令执行时显示其相关信息。用户必须按照命令窗口的提示进行每一步操作，直到完成该命令。按 F2 键可以打开独立的文本窗口，如图 1-13 所示。文本窗口是放大的命令窗口。当用户需要查询大量信息和操作的历史记录时，使用该窗口非常方便。

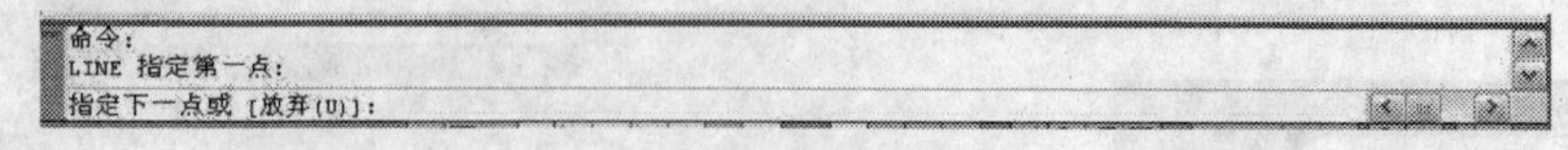

图 1-12　命令窗口

```
AutoCAD 文本窗口 - Drawing1.dwg
编辑(E)
命令:
命令:
命令: _circle 指定圆的圆心或 [三点(3P)/两点(2P)/切点、切点、半径(T)]:
指定圆的半径或 [直径(D)]:
命令:
命令:
命令: _line 指定第一点:
指定下一点或 [放弃(U)]:
指定下一点或 [放弃(U)]:
指定下一点或 [闭合(C)/放弃(U)]:
指定下一点或 [闭合(C)/放弃(U)]:
指定下一点或 [闭合(C)/放弃(U)]:

命令:
LINE 指定第一点:
指定下一点或 [放弃(U)]:
指定下一点或 [放弃(U)]:
指定下一点或 [闭合(C)/放弃(U)]:
指定下一点或 [闭合(C)/放弃(U)]:

自动保存到 C:\DOCUME~1\ADMINI~1\LOCALS~1\Temp\Drawing1_1_1_3271.sv$ ...

命令:

命令:
```

图 1-13　文本窗口

7. 状态栏

状态栏位于界面底部，如图 1-14 所示。状态栏的左端显示光标的坐标位置，当用户移动光标时，这里的坐标值也随之变化。

状态栏左部的辅助绘图工具栏中有 10 个工具按钮。这些工具按钮包括“捕捉模式”、“栅格显示”、“正交模式”、“极轴追踪”、“对象捕捉”、“对象捕捉追踪”、“允许/禁止动态 UCS”、“动态输入”、“显示/隐藏线宽”和“快捷特性”。当单击辅助工具按钮呈蓝色状态时，表明该工具处于打开状态。再次单击该按钮，可以关闭此绘图辅助工具。

状态栏右侧的 4 组按钮分别为“模型与图纸布局”、“屏幕缩放与移动”、“注释比例与注释可见性”、“切换工作空间与锁定工具栏”。

单击状态栏最右侧□按钮，可全屏显示绘图区的图形。

图 1-14　状态栏

1.3　AutoCAD 命令输入及中断命令的操作

一般可以通过下列三种方式输入同一命令：

(1) 利用键盘在命令窗口中输入命令。

(2) 利用鼠标单击工具栏中的图标执行命令。

(3) 利用鼠标单击下拉菜单中的项目执行命令。

利用键盘在命令窗口输入命令，既可以输入命令的全称，也可以输入该命令的缩写，缩写一般是命令全称的第一个字母（大小写均可）。例如，执行一条“画线”命令时，可用键盘输入“Line”后按 Enter 键（也可输入缩写“L”后按 Enter 键）或单击“绘图”工具栏中的图标 或通过单击“绘图”下拉菜单中的“直线”。执行命令后，根据命令窗口中的提示，绘制所需图形。本书以后各章节中有关三种输入命令的方式均简述为，输入命令后按 Enter 键/单击某工具栏中的图标/单击某下拉菜单中的某项。例如，执行画线命令的三种方式简述为，输入命令“L”后按 Enter 键/单击“绘图”的工具栏中“直线”图标/单击“绘图”下拉菜单中的“直线”。

如果要中途退出某个命令操作，回到“命令:”状态下，可直接按下键盘左上角的Esc键。

1.4　坐标系及坐标值输入

在绘图过程中，AutoCAD 2009 会经常提示需要确定点的位置。坐标是确定点的位置最基本的方法，因此用户应熟悉 AutoCAD 2009 的坐标系，以保证绘图顺利进行。

1.4.1　世界坐标系

开始一个新图时，默认状态下使用的是世界坐标系（WCS），如图 1-15 所示。这个坐标系由水平的 X 坐标轴、垂直的 Y 坐标轴以及垂直于 X-Y 平面的 Z 轴组成，坐标原点位于绘图区的左下角，X 箭头指向 X 轴的正方向，Y 箭头指向 Y 轴的正方向，该坐标系是固定不变的。因此，WCS 不能被重新定义，并且其他的用户坐标系都是在 WCS 的基础上产生的。

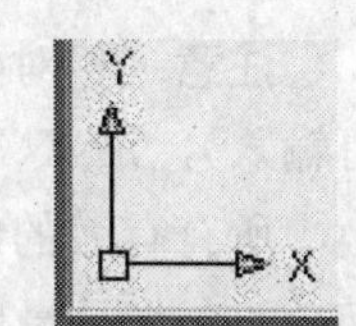

图 1-15　坐标系图标

1.4.2　用户坐标系

用户坐标系（UCS）是用户自己建立的坐标系，默认情况下和 WSC 重合。用户坐标系原点可以移动，坐标轴也可以旋转。用户坐标系的图标可显示在用户坐标系的原点。

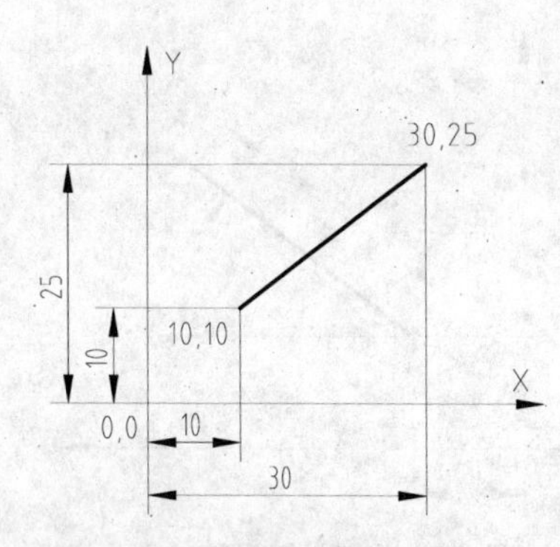

图 1-16　绝对直角坐标输入

1.4.3　坐标的输入

1. 绝对直角坐标的输入

当已知点的 X 和 Y 坐标值时，用绝对直角坐标输入。

格式：X，Y　例：100,500

例如：画一条起点（10，10），终点（30，25）的线段（图 1-16）。

命令：L（按 Enter 键）

命令：_line 指定第一点：10，20（按 Enter 键）；

指定下一点或 [放弃(U)]：30，25（按 Enter 键）；

指定下一点或 [放弃(U)]：（按 Enter 键，结束画线命令）。

注意：X、Y 坐标值之间用"，"分隔。

2. 相对直角坐标的输入

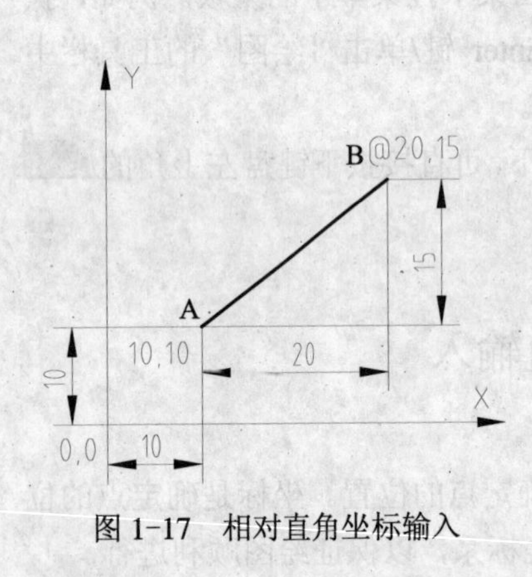

图 1-17　相对直角坐标输入

当已知要确定的点和前一个点的相对位移时，可使用相对直角坐标输入，相对坐标值是点至图中已产生的最后一个点在 X 和 Y 方向上的增量。

格式：@X，Y　例：@100，50

例如：画一条起点 A（10，10），终点 B 距 A 的增量为 ΔX=20、ΔY=15 的线段，如图 1-17 所示。

命令：L（按 Enter 键）

命令：_line 指定第一点：10，10（按 Enter 键）；

指定下一点或 [放弃(U)]：@20，15（按 Enter 键）；

指定下一点或 [放弃(U)]：（按 Enter 键）。

注意：相对坐标值前须加前缀符号"@"（此符号需同时按下 Shift 键和 2 键，方可输入），沿 X、Y 轴正方向增量为正，反之为负。

所有有效的绝对坐标输入格式前边如果加上@符号，就成为对应的相对坐标输入，而@的含义是最后的点位。

3. 极坐标输入

(1) 绝对极坐标是输入点到坐标系原点连线的长度、连线与零角度方向的夹角。

格式：长度<夹角　例：100<30

(2) 相对极坐标是输入点到最后一点的连线的长度、连线与零角度方向的夹角。

格式：@长度<夹角　例：@100<30

默认零度方向与 X 轴的正方向是一致的，角度值以逆时针方向为正。如果角度是顺时针的，则在角度值前加"–"号。

例如画线，起点为（10，10），末点距起点的长度是 25 个单位，其连线与 X 轴正方向的夹角是 37°，如图 1-18 所示。

命令：L（按 Enter 键）

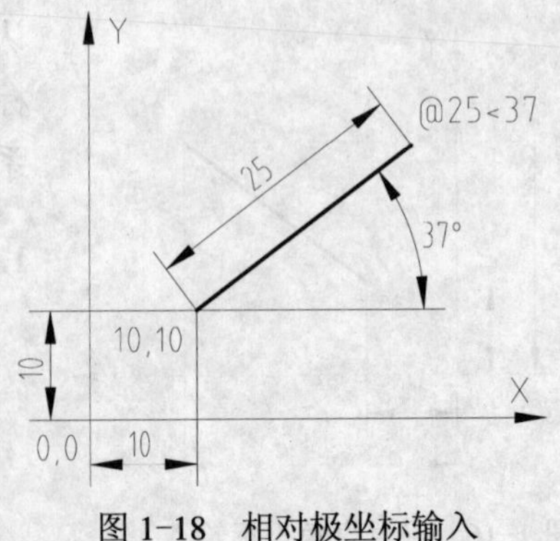

图 1-18　相对极坐标输入

命令: _line 指定第一点: 10，10（按 Enter 键）;
指定下一点或 [放弃(U)]: @25<37（按 Enter 键）;
指定下一点或 [放弃(U)]:（按 Enter 键）。

注意：在输入极坐标时，长度和角度中间用符号“<”隔开（此符号需同时按下 Shift 键和 , 键，方可输入）。在输入相对极坐标时，还要加前缀符号“@”。

1.5 二维绘图：直线、圆、矩形

1.5.1 直线（Line）的绘制

1. 启动命令

输入命令“L”后按 Enter 键/单击“绘图”工具栏中的“直线”图标 /单击“绘图”下拉菜单中的“直线”。

激活绘制直线的命令后，按 1.3 节所述内容，输入直线两个端点的坐标值绘制直线。

但在实际工作中如果充分利用 AutoCAD 2009 提供的“正交模式”和“动态输入”功能绘制直线或其他图形，可大大提高工作效率。下面分别以图 1-19 和图 1-20 说明利用“正交模式”和“动态输入”功能绘制由直线段构成的图形的操作步骤。

2. 正交模式绘制直线的操作步骤

正交模式下只需输入线段的长度数值即可。在输入数值之前应先移动光标，指示线段的方向。如果向右画线，将光标移至当前点的右侧，向上画线，将光标移至当前点的上方。正交模式下只能绘制水平和垂直方向的线段。具体操作如下：

单击“正交模式”按钮，启动正交模式功能；单击“直线”图标启动绘制直线命令。

命令: _line 指定第一点: 在屏幕上先确定一点 A，如图 1-19 所示;

指定下一点或 [放弃(U)]: 下移光标，输入 25 按 Enter 键（绘出一条长 25 的垂直线至 B 点）;

指定下一点或 [放弃(U)]: 右移光标，输入 60 按 Enter 键（绘出一条长 60 的水平线至 C 点）;

指定下一点或 [放弃(U)]: 上移光标，输入 15 按 Enter 键（绘出一条长 15 的垂直线至 D 点）;

指定下一点或 [放弃(U)]: 右移光标，输入 20 按 Enter 键（绘出一条长 20 的水平线至 E 点）;

指定下一点或 [放弃(U)]: 下移光标，输入 25 按 Enter 键（绘出一条长 25 的垂直线至 F 点）;

指定下一点或 [放弃(U)]: 右移光标，输入 30 按 Enter 键（绘出一条长 30 的水平线至 G 点）;

指定下一点或 [放弃(U)]: 上移光标，输入 50 按 Enter 键（绘出一条长 50 的垂直线至 H 点）；

指定下一点或 [放弃(U)]: 左移光标，输入 70 按 Enter 键（绘出一条长 70 的水平线至 I 点）；

指定下一点或 [放弃(U)]: 下移光标，输入 15 按 Enter 键（绘出一条长 15 的垂直线至 J 点）；

指定下一点或 [放弃(U)]: C 按 Enter 键 (封闭图形至 A 点，结束命令)。

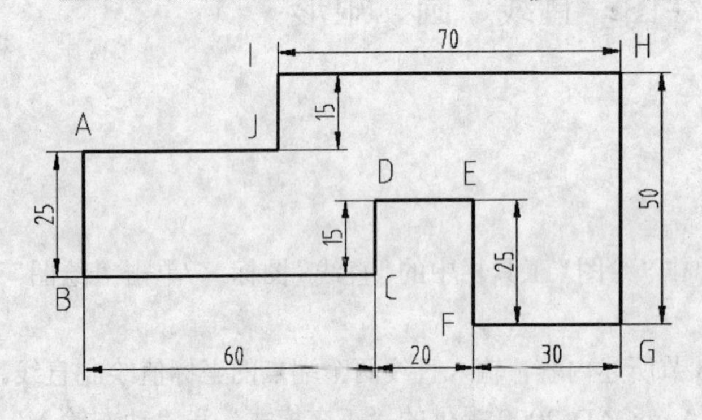

图 1-19 利用正交模式绘制图形

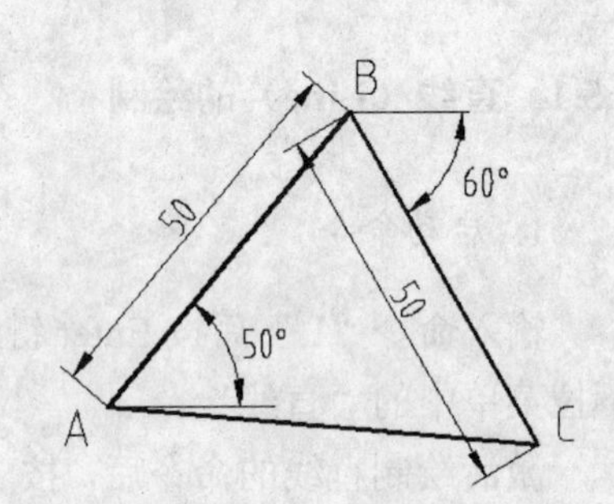

图 1-20 利用动态输入模式绘制图形

3. 动态输入模式绘制直线的操作步骤

动态输入是一种高效实用的输入模式，其特点是在光标附近显示需要输入相应参数的界面。在此模式下绘制任意方向线段时，显示角度和长度参数框。图 1-20 的绘制步骤如下：

单击“动态输入”按钮，启动动态输入功能；单击图标 启动绘制直线命令。操作过程如图 1-21~图 1-23 所示。

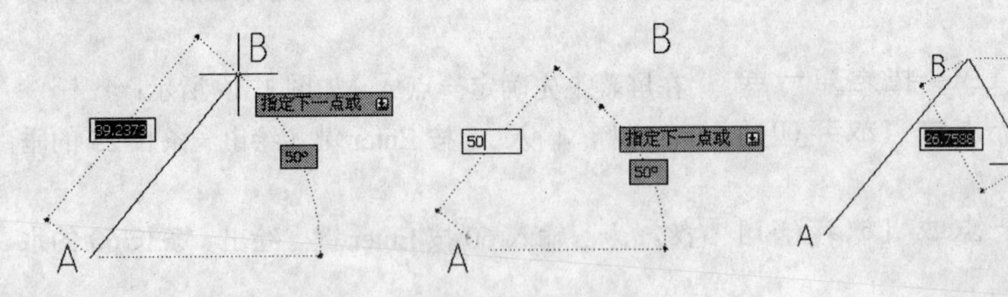

图 1-21 确定 A 点；拉向 B 点；移动鼠标使角度为 50°

图 1-22 输入线段长度 50 后按 Enter 键

图 1-23 由 B 指向 C，角度为 60° 时，输入线段长度 50 按 Enter 键，再输入 C 按 Enter 键，使图形封闭

1.5.2 圆(Circle)的绘制

1. 启动命令

输入命令“C”后按 Enter 键/单击“绘图”工具栏中的“圆”图标/单击“绘图”下拉菜单中的“圆”。

激活绘制圆的命令后，在命令行中出现画圆方式的提示，如图 1-24 所示。用户可根据需要选择不同的画圆方式。系统默认的画圆方式为指定圆心、给出半径画圆。如果用户选择其他的画圆方式，则需要在图 1-24 提示的状态下输入不同的代号。例如，选择三点画圆，输入代号“3P”，然后按 Enter 键，再按命令行提示进行下步操作。

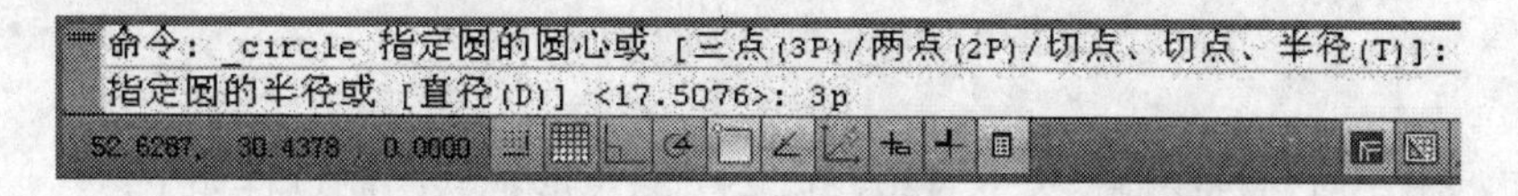

图 1- 24　画圆的不同方式

2. 画圆的方式及操作步骤

根据图 1-24 的提示，可选择以下 6 种方式画圆：

(1) 基于圆心、半径绘制圆（步骤：指定圆心、输入半径、按 Enter 键，完成操作）。

(2) 基于圆心、直径绘制圆（步骤：指定圆心、输入直径符号“D”、按 Enter 键、输入直径、按 Enter 键，完成操作）。

(3) 基于三点（3P）绘制圆（步骤：输入“3P”、按 Enter 键、指定圆上的三个点，完成操作）。如图 1-25（a）中捕捉三角形的三个顶点即可画出其外接圆。

(4) 基于两点（2P）绘制圆（步骤：输入“2P”、按 Enter 键、指定圆上的两个点，完成操作）。如图 1-25（b）中捕捉直线上的两个端点即可画出以该直线为直径的圆。

(5) 基于与两个实体相切，并且给定圆半径的方式绘制圆（步骤：输入“T”、按 Enter 键、指定圆上的两个切点、输入半径，完成操作）。如图 1-25（c）中用鼠标分别单击两条直线，输入半径 10，按 Enter 键，即可画出与两条已知直线相切的圆。也可画出与两个已知圆相切的第三个圆，如图 1-25（d）所示。

(6) 基于与三个实体相切的方式绘制圆（步骤：打开下拉菜单/绘图/圆/选择“相切、相切、相切”，指定圆上的三个切点、完成操作）。如图1-25（e）中用鼠标分别单击三角形的三条边，即可画出其内切圆，如图1-25（e）所示。也可画出与直线和圆相切的圆，如图 1-24（f）所示，或画出与三个已知圆相切的第四个圆，如图 1-25（g）所示。

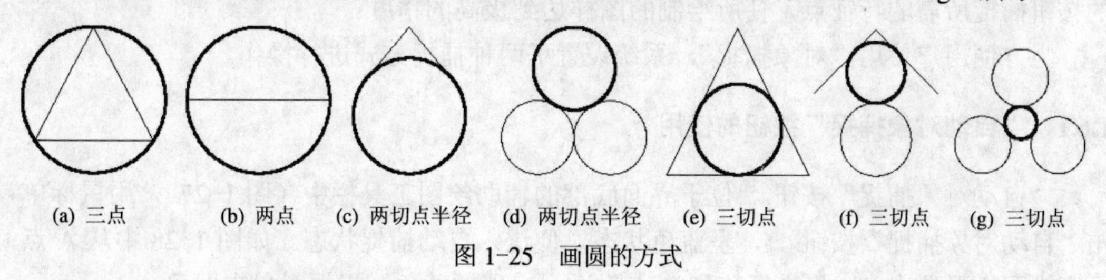

图 1-25　画圆的方式

1.5.3　矩形(Rectang)的绘制

1. 启动命令

输入命令“rec”后按 Enter 键/单击“绘图”工具栏中的“矩形”图标□/单击“绘图”下拉菜单中的“矩形”。

激活命令后如图 1-26 所示，系统默认绘制矩形的方式是指定矩形的两个顶点绘制矩形。

命令: _rectang
指定第一个角点或 [倒角(C)/标高(E)/圆角(F)/厚度(T)/宽度(W)]:

图 1-26　绘制矩形的不同方式

例如，用绝对坐标绘制一个长 420、宽 297 的矩形，其绘制过程如下：

指定第一个角点或 [倒角(C)/标高(E)/圆角(F)/厚度(T)/宽度(W)]: 0，0 按 Enter 键；

指定另一个角点或 [尺寸(D)]: 420，297 按 Enter 键，即完成该矩形的绘制。

2. 绘图说明

激活 Rectang 命令后，各选项的含义如下。

倒角（Chamfer）：设置矩形倒斜角尺寸。

标高（Elevation）：设置矩形的标高。

圆角（Fillet）：设置矩形圆角尺寸

厚度（Thickness）：设置矩形的厚度。

宽度（Width）：设置矩形的线宽。

在实际绘图中，可根据不同需要输入不同的选项并根据窗口提示进行下步操作。

1.6　对象捕捉（自动捕捉）按钮和对象捕捉工具栏

在绘制图样时，经常需要确定图形上已有的一些点，如端点、圆心点、切点、交点等特征点，但仅凭肉眼很难找到这些点的准确位置。AutoCAD 为用户提供了精确的"对象捕捉"辅助绘图工具。利用此工具绘图时，光标可以自动捕捉或单击"捕捉"工具栏中的按钮捕捉所需的特征点，使所绘制的图样达到极高的精度。

为方便用户使用"对象捕捉"，系统设置了两种捕捉方式进行操作。

1.6.1　"自动对象捕捉"按钮的使用

"自动对象捕捉"按钮位于界面底部的辅助绘图工具栏中（图 1-27），用鼠标单击"自动对象捕捉"按钮，呈蓝色状态，便进入自动捕捉状态。如图 1-28 中从 A 点画直线至矩形顶点 B，将光标移到 B 点附近，出现橘黄色捕捉框时单击即可。

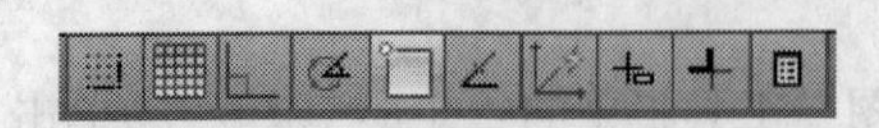

图 1-27　辅助绘图工具栏中的"自动对象捕捉"按钮

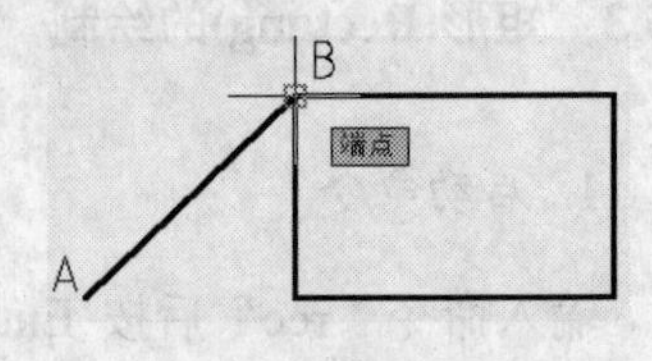

图 1-28　捕捉到端点

1.6.2　对象捕捉工具栏的使用

对象捕捉工具栏如图 1- 29 所示，它可通过前述方式调入。

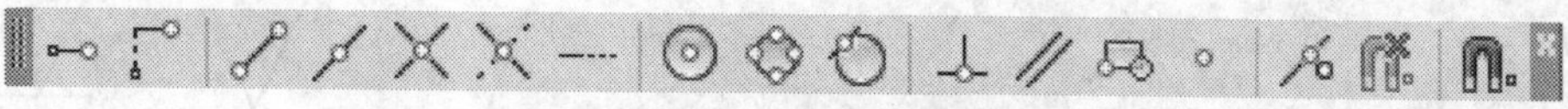

图 1- 29　对象捕捉工具栏

对象捕捉工具栏中各按钮的功能从左起依次为临时追踪点、捕捉自、捕捉到端点、捕捉到中点、捕捉到交点、捕捉到外观交点、捕捉到延长线、捕捉到圆心、捕捉到象限点、捕捉到切点、捕捉到垂足、捕捉到平行线、捕捉到插入点、捕捉到节点、捕捉到最近点、无捕捉、对象捕捉设置等。用户在绘图时可单击按钮捕捉需要的特征点。

系统默认设置的自动捕捉到的特征点为端点、交点、圆心点和延伸点。如图 1-30 中从 A 点画一条与圆相切的直线，则应找到直线与圆的切点 B，但系统默认设置的自动捕捉的特征点不包括切点，此时应利用对象捕捉工具栏中的“捕捉到切点”图标，进行捕捉。图 1-30 中过 A 点画直线与圆相切的步骤如下：

(1) 执行画线命令，确定 A 点。

(2) 单击“捕捉到切点”图标。

(3) 将光标移到上半圆弧，出现相切的橘黄色图标后按下左键，则完成 AB 直线（如果将光标移到下半圆弧，则捕捉的是另一切点 C)。

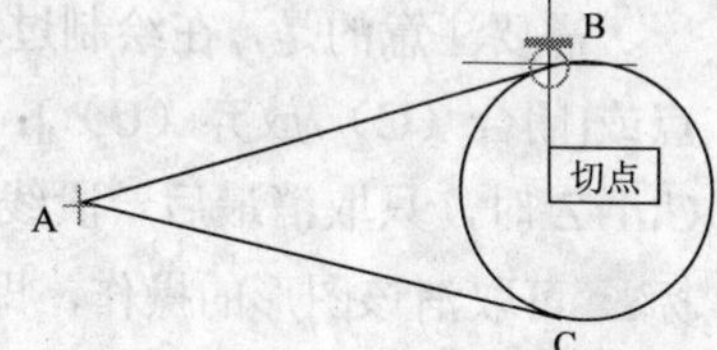

图 1-30　捕捉切点

捕捉工具栏中其他特征点的操作与上述步骤完全相同。

1.7　图形编辑：删除、放弃、重作命令的操作

1.7.1　删除（Erase）命令

1. 功能

删除命令用于删除任一个或多个实体的操作。

2. 启动命令

输入命令“e”后按 Enter 键/单击“修改”工具栏中的“修改”图标/单击“修改”下拉菜单中的“删除”。

激活命令后，命令窗口中提示：选择对象：，此时将选择框移到要删除的对象上单击，使其处于被选择状态（被选对象变成虚线，如图 1-31 左图中三角形内的直线），

再右击便完成删除操作。若要删除多个对象，可连续选择后右击，如图 1-31 右图中三角形内的圆和三条直线。

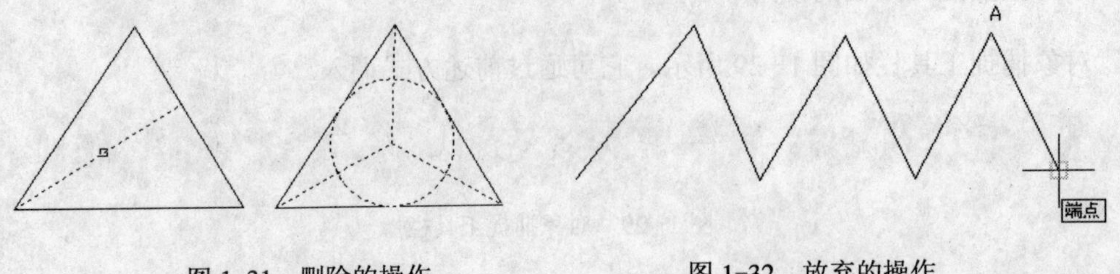

图 1-31　删除的操作　　　　图 1-32　放弃的操作

1.7.2　放弃（Undo）命令

1. *功能*

放弃命令用于撤销前面的一个或多个操作。

2. *启动命令*

输入命令“U”后按 Enter 键/单击“标准”工具栏中的“放弃”图标/用快捷键 Ctrl+Z。

需要注意的是，在绘制过程中，如绘制图 1-32 中的折线时，在命令窗口“指定下一点或[闭合（C）/放弃（U）]:”的提示下，输入命令“U”，按 Enter 键，或按下快捷键 Ctrl+Z 时，只取消最后一段线，此时光标移到 A 点。当图 1-32 的图形完成后再单击图标可取消该图形的操作，即 6 条线一起消失。

1.7.3　重做（Redo）命令

1. *功能*

重做命令用于恢复前一个放弃命令所执行的操作。例如，利用“放弃”命令将图 1-32 图形放弃后，接着执行“重做”命令，即可恢复该图形。

2. *启动命令*

输入命令“Redo”后按 Enter 键/单击“标准”工具栏中的“重做”图标/用快捷键“Ctrl+Y”。

放弃命令和重作命令可连续操作。

1.8　图形文件操作命令

图形文件的操作主要包括：

(1) 用“新建”（New）命令开始创建新图。

(2) 用“保存”（Save）、“另存为”（Save As）命令存储文件。

(3) 用“打开”（Open）命令打开已存在的图形文件。

1.8.1 新建（New）命令

1. 功能

开始一个新的 AutoCAD 图形的绘制。

2. 启动命令

输入命令“New”后按 Enter 键/单击“新建”按钮/单击“文件”下拉菜单中的“新建”。

启动 AutoCAD 2009 后，当第一次用“新建”命令建立一个新图时，界面出现的是“选择样板”对话框，如图 1-33 所示。如果没有可选择的样板图打开，可单击对话框中“打开”按钮左侧的黑三角，在弹出的菜单中选择“无样板打开-公制（M）”，此时可进入以公制为单位的界面中绘制图样。

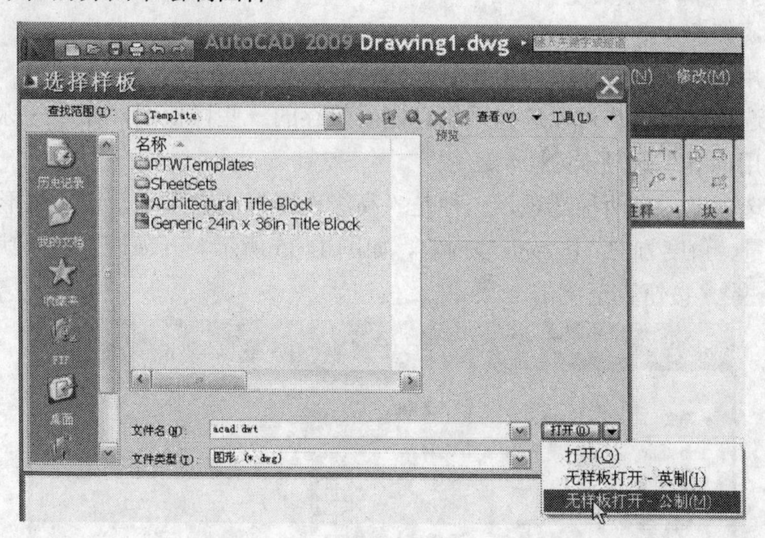

图 1-33　“选择样板”对话框

通常情况下应利用“创建新图形”对话框创建新的图形文件，这样可利用系统默认的设置，快速创建符合要求的自定义图形文件。

利用“使用向导”新建图形文件的操作如下：

(1) 按 F2 键，打开图 1-13 所示的 AutoCAD 文本窗口，输入“STARTUP”后按 Enter 键。

(2) 根据命令提示，输入“1”后按 Enter 键（作为 STARTUP 的新值）。

(3) 关闭 AutoCAD 文本窗口，单击快速访问工具栏中的“新建”按钮，便可打开如图 1-34 所示的“创建新图形”对话框。

3. 创建新图形对话框中几个选项卡的作用

1) “从草图开始”选项卡

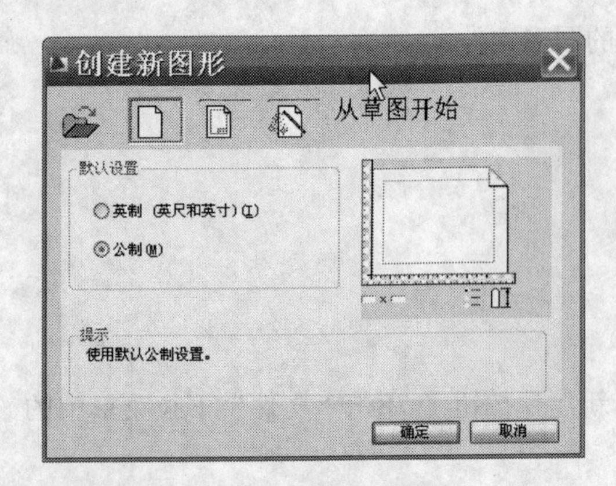

(a) “从草图开始”选项卡

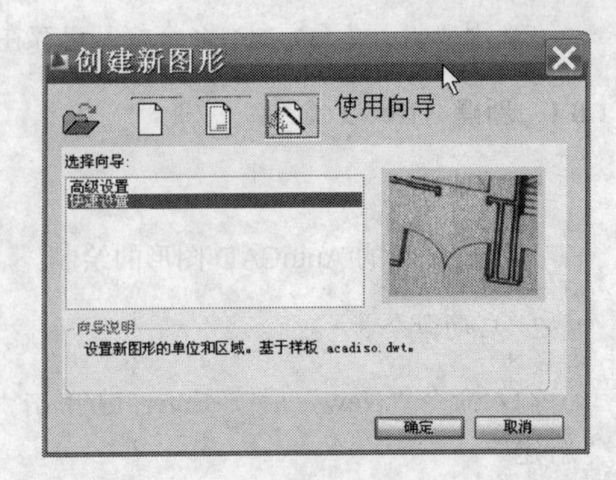

(b) “使用向导”选项卡

图 1-34 “创建新图形”对话框

系统默认设置为公制，中国用户可在此设置下进行绘图，单击“确定”按钮即可进入绘图状态，如图 1-34（a）所示。

2) “使用样板”选项卡

打开该选项卡，用户可以选择系统订制或保存的一些样板图，如一些标准图幅。

3) “使用向导”选项卡

打开该选项卡，有两种选项，一种是“高级设置”，它可重新设置图形的单位、角度、角度测量、角度方向、区域五项内容，如图 1-35 所示。五项设置均取默认设置，连续单击“下一步(N) >”按钮直至单击“完成”按钮。

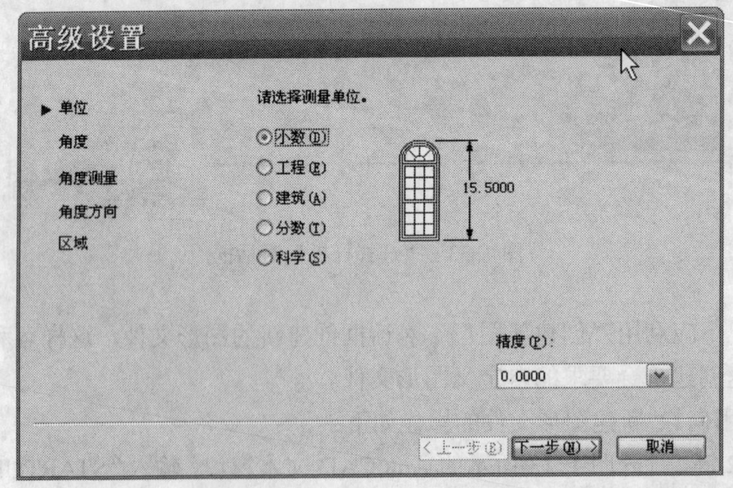

图 1-35 “高级设置”对话框

另一种是“快速设置”，它只有图形单位和图形区域两项设置，如图 1-36 所示。对话框中的单位是以“mm”为单位，区域长为 420mm，宽为 297mm。单击“完成”按钮便进入绘图状态。

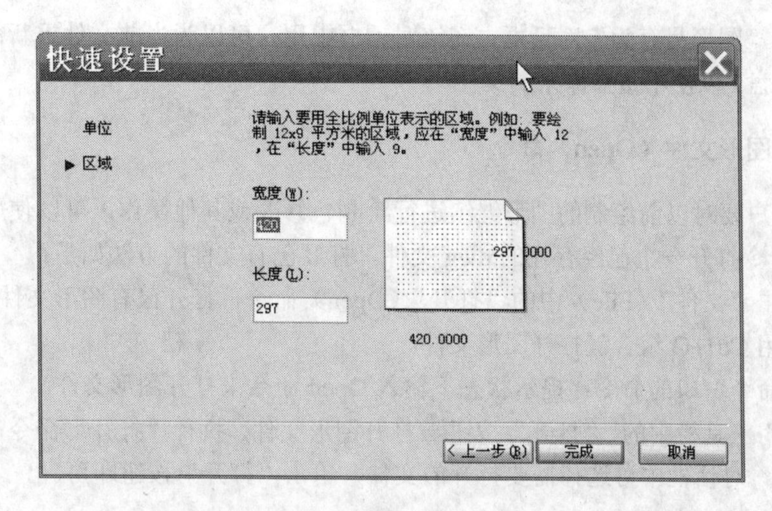

图 1-36　“快速设置”对话框

1.8.2　保存文件（Save、Save As）命令

在绘图过程中，应随时对图形文件进行保存，以防止由于断电、死机等突发情况而使文件丢失。保存文件可以通过以下几种方法来实现：

(1) 单击“文件”（File）中的“保存”（Save）命令或“另存为”（Save As）命令存储图形。

(2) 利用 Ctrl+S 组合键来存储图形文件。

(3) 利用工具栏中的“保存”图标来存储图形文件。用户可以在绘图过程中随时单击该图标，将画好的图形进行存储。

当图形文件第一次保存时，使用“保存”和使用“另存为”命令相同，弹出的对话框如图 1-37 所示。系统将提示用户给图形指定一个文件名（如轴）。文件取名后，单击“保存”按钮，系统将文件保存在指定位置。文件保存后，如果再执行“保存”命令，系统就会自动按原文件名和原路径存盘，而不再给任何提示。如果执行“另存为”命令，

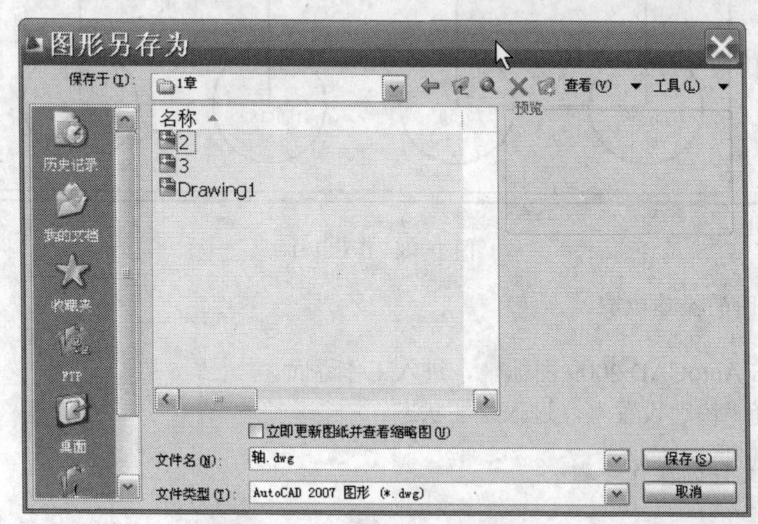

图 1-37　“图形另存为”对话框

将重新打开“图形另存为”对话框，在该对话框中用户可以为当前文件重新命名和重新指定路径存盘，以便不覆盖原来的文件。

1.8.3 打开图形文件（Open）命令

如果用户要对以前绘制的图形继续进行绘制、修改或其他操作，可以使用“打开”（Open）命令打开一个已经存在的.dwg 文件。打开已有文件的方法如下：

(1) 单击“文件”（File）中的“打开”（Open）命令，打开已有图形文件。

(2) 利用 Ctrl+O 组合键打开图形文件。

(3) 用命令窗口的命令：提示状态下输入 Open 命令来打开图形文件。

(4) 利用工具栏中的 “打开”按钮打开图形文件，执行“打开”命令后，用户在“选择文件”对话框中可选择需要打开的文件，单击“打开”按钮即可。

1.9 综 合 演 示

绘制如图 1-38 所示图形的操作步骤如下。

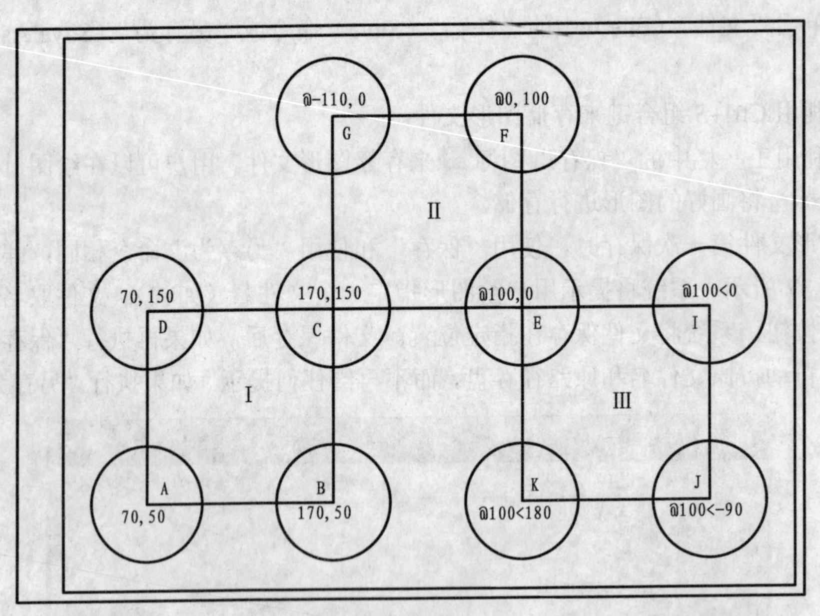

图 1-38 作业 1-1

1. 建新图的操作步骤

(1) 双击 AutoCAD 2009 图标，进入工作界面。

(2) 选择“快速设置”，进入绘图状态。

2. 保存文件的操作步骤

(1) 启动命令：Save/单击“保存”按钮/单击下拉菜单“文件”中的“保存”。

(2) 在“图形另存为”对话框中，单击“我的文档”文件夹，然后在“文件名”栏中输入文件名，如“作业 1-1”，最后单击“保存”按钮。

此步骤表示将文件“作业 1-1”保存在“我的文档”文件夹中。

为了防止由于误操作或者“死机”或者停电，而使信息丢失，用户在工作中可随时单击“保存”按钮，使当前绘制的图形以快速存储的方式用当前的文件名存储文件。

3. 利用绘制矩形命令画图幅边框和图框的操作步骤

启动命令：

输入命令“rec”后，按 Enter 键/单击图标/单击“绘图”下拉菜单中的“矩形”。

指定第一个角点或 [倒角(C)/标高(E)/圆角(F)/厚度(T)/宽度(W)]：0，0 按 Enter 键；

指定另一个角点或 [尺寸(D)]：420，297 后按 Enter 键，完成图幅外框。

按 Enter 键，（继续绘制矩形）命令窗口提示：

指定第一个角点或 [倒角(C)/标高(E)/圆角(F)/厚度(T)/宽度(W)]：25，5 按 Enter 键；

指定另一个角点或 [尺寸(D)]：415，292 按 Enter 键，完成图框（注：连续执行同一命令时，按 Enter 键便可继续执行此命令）。

注意：如果此时两个矩形只显示在屏幕的左下角上，可利用“Zoom”命令将所画图形以最大范围显示在屏幕上。具体操作步骤是：在命令窗口输入“Z”（Zoom）后按 Enter 键，再输入“A”（All）按 Enter 键。此时图形以最大范围显示在屏幕上。

4. 利用画线命令绘制边长为 100 的三个正方形

利用绝对坐标绘制第 I 个正方形，其 A 点距坐标原点为 70，50，操作步骤如下：

启动命令：

输入命令“L”后，按 Enter 键/单击图标/单击“绘图”下拉菜单中的“直线”。

命令：_line 指定第一点：70，50 按 Enter 键（输入 A 点的坐标）；

指定下一点或 [放弃(U)]：170，50 按 Enter 键（输入 B 点的坐标）；

指定下一点或 [放弃(U)]：170，150 按 Enter 键（输入点 C 的坐标）；

指定下一点或 [闭合(C)/放弃(U)]：70，150 按 Enter 键（输入点 D 的坐标）；

指定下一点或 [闭合(C)/放弃(U)]：C 按 Enter 键，完成正方形。

利用相对直角坐标绘制第Ⅱ个正方形，操作步骤如下：

按 Enter 键连续执行画线命令；

命令：_line 指定第一点：捕捉 C 点：按下辅助工具中的“对象捕捉”按钮，将光标移到 C 点并按下鼠标左键；

指定下一点或 [放弃(U)]：@100，0 按 Enter 键（输入 E 点相对 C 点的坐标，同时按下 Shift 键和 2@ 输入相对坐标符号@）；

指定下一点或 [闭合(C)/放弃(U)]：@0，100 按 Enter 键（输入 F 点相对 E 点的坐标）；

指定下一点或 [闭合(C)/放弃(U)]: @-100,0 按 Enter 键（输入 G 点相对 F 点的坐标）;

指定下一点或 [闭合(C)/放弃(U)]: C 按 Enter 键,完成第Ⅱ个正方形。

利用相对极坐标绘制第Ⅲ个正方形，操作步骤如下：

按 Enter 键连续执行画线命令;

命令: _line 指定第一点: 捕捉 E 点：将光标移到 E 点并单击鼠标左键（即以该点为基准画第Ⅲ个矩形）;

指定下一点或 [放弃(U)]: @100<0 按 Enter 键（同时按下 Shift 键和 2@ 键输入“@”; 100 为极坐标半径; 同时按下 Shift 键和 ,< 键输入角度符号“<”, 0 为 E 点到 I 点的角度）;

指定下一点或 [放弃(U)]: @100<-90 按 Enter 键（即 J 点到 I 点的距离为 100，角度为-90°）;

指定下一点或 [闭合(C)/放弃(U)]: @100<180 按 Enter 键（即 K 点到 J 点的距离为 100，角度为 180°）;

指定下一点或 [闭合(C)/放弃(U)]: C 按 Enter 键，完成第Ⅲ个矩形。

从三个矩形的绘制过程中，可以体会到，相对坐标比绝对坐标用起来要方便得多。在大多数情况下都是用相对坐标来绘制图形，因此应熟练掌握相对坐标的输入方法。

5. 以三个正方形的各顶点为圆心，绘制半径为 30 的圆

操作步骤如下。

启动命令：

输入命令“C”后按 Enter 键/单击图标 /单击“绘图”下拉菜单中的“圆”。

命令: _circle 指定圆的圆心或 [三点(3P)/两点(2P)/相切、相切、半径(T)]: 捕捉 A 点（按下辅助工具中的“对象捕捉”按钮，将光标移到 A 点并按下鼠标左键）;

指定圆的半径或 [直径(D)]: 30 按 Enter 键（输入半径画完第一个圆）;

按 Enter 键，连续执行画圆命令;

CIRCLE 指定圆的圆心或 [三点(3P)/两点(2P)/相切、相切、半径(T)]: 捕捉 B 点按 Enter 键（将光标移到 B 点并按下鼠标左键，画出第二个圆。当前后所画圆的半径相同时，后一个圆默认前一个圆的半径值，因此不用再输入半径值，直接按 Enter 键即可）。

重复上述步骤即可画出其余各圆。

用户也可利用“正交”和“动态输入”模式，绘制以上图形。

1.10 上机实践

(1) 绘制如图 1-39（c）所示图形。

另建一个新图，以文件名“作业 1-2”保存。

提示：先画 R20 的圆，利用“捕捉象限点”按钮绘制半径相同的 4 个圆； 利用“两点”（2P）画圆的命令，捕捉两圆上两个象限点来绘制半径 R10 的 4 个圆；利用“相切、相切、半径”画圆的命令，捕捉两个切点来绘制半径 R12 的 2 个圆；其余各圆利用“绘图”下拉菜单中的圆“相切、相切、相切”的命令绘制或用“三点”画圆的命令，捕捉三个切点画出，绘制结果如图 1-39（c）所示。比较两种画法的异同，并在绘制时注意利用 Enter 键练习重复执行画圆的命令。

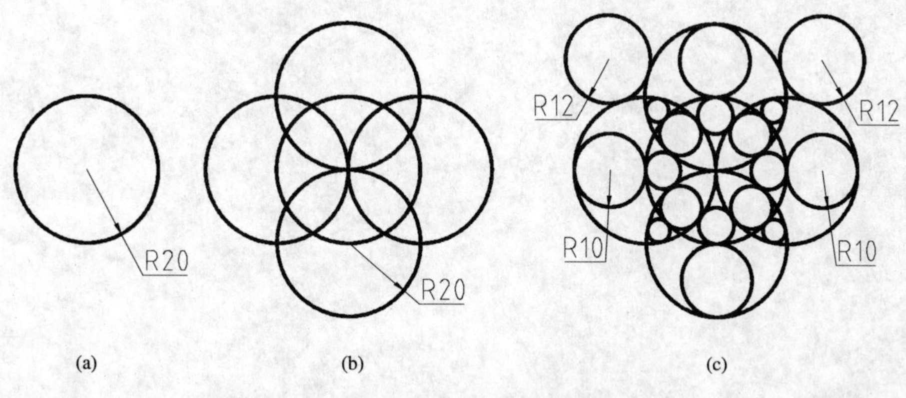

图 1-39　作业 1-2

(2) 设置如图 1-40 所示界面。

要求：显示“菜单栏”；将“标准”工具栏水平放置；将“绘图”、“捕捉”工具栏置于界面左侧；将“修改”、“标注”工具栏置于界面右侧。

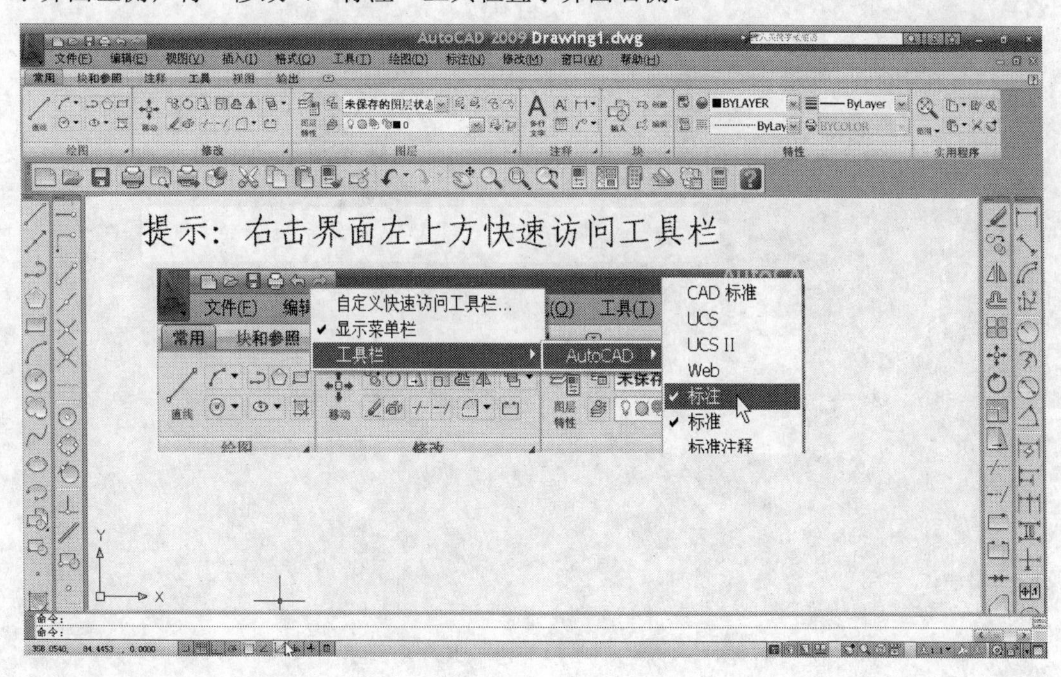

图 1-40　自定义界面

(3) AutoCAD2009 界面与 AutoCAD 经典界面之间的切换练习。

单击“工具”下拉菜单中的“工作空间”子菜单，选择“AutoCAD 经典”命令，即可切换到如图 1-41 所示的 AutoCAD 经典界面。重复上述步骤，再选择“二维草图与注释”命令即可切换回 AutoCAD2009 界面。

图 1-41　AutoCAD 经典界面

第2章　绘图环境设置、目标选择、绘图与编辑

本章学习导读

目的与要求：了解图层的作用与特点，掌握图层的设置和管理；掌握目标选择的方法；能熟练运用“正多边形”、“圆弧”、“椭圆”、“圆环”等命令绘制二维图形，能熟练运用“偏移”、“裁剪”、“延伸”等命令对图形进行编辑。

主要内容：图层的设置和管理；目标的选择；二维绘图命令，如正多边形命令、圆弧命令、椭圆命令、圆环命令；图形编辑命令，如偏移命令、裁剪命令、延伸命令。

作图技巧：在一个图层被选中的情况下，按 Enter 键可创建新图层，并且完全继承所选图层的特性；激活修剪或延伸命令，右击后，可用鼠标左键直接修剪线段或可直接延伸线段。

2.1　图层的设置和管理

2.1.1　图层的作用与特点

图层是一个用来组织图形中对象显示的工具，图中的每一种对象（如不同的图线、尺寸、文字等）应放在不同的图层中。图层就像透明胶片一样，不同的对象虽然处在不同的图层上，但重叠在一起后就形成一幅完整的图形。

图层是组织管理图形文件的有效手段，特别是在绘制复杂的图形时，可以关闭无关的图层，避免由于对象过多而产生相互干扰，从而降低图形编辑的难度，提高绘图精度。

每一个图层都必须有一种颜色、线型和线宽，图层、颜色、线型和线宽被称为对象特性。用户可以按照绘图需要来设置图层和管理图层，修改对象特性。

2.1.2　设置图层和管理图层

1. 创建新图层

1) 启动命令

输入命令“la”按 Enter 键/单击“图层”选项板中的“图层特性”按钮/选择“格式”下拉菜单中的“图层”，即可打开如图 2-1 所示的“图层特性管理器”对话框，此时该对话框中只有默认的 0 图层。

单击“图层特性管理器”对话框中的“新建图层”按钮，如图 2-2 所示，就会自动添加一个新的图层，如图 2-3 所示的“图层 1”。

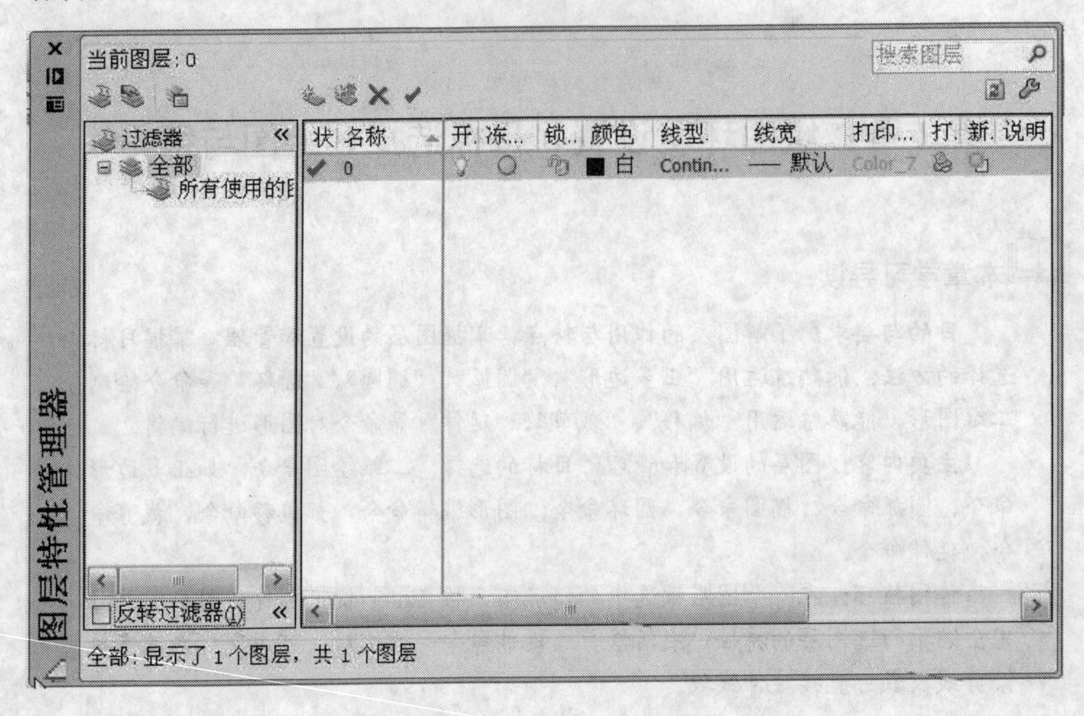

图 2-1 “图层特性管理器”对话框

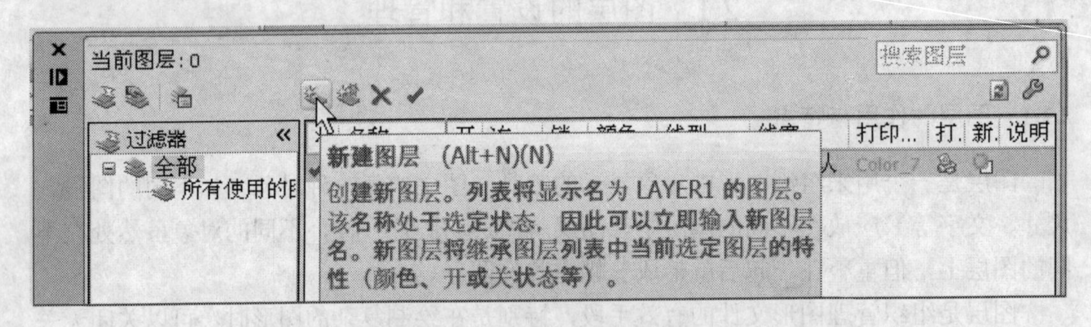

图 2-2 单击“新建图层”按钮

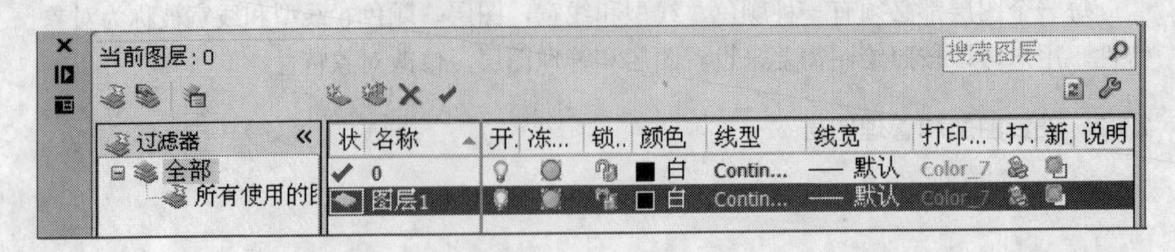

图 2-3 添加新建图层

列表框中出现的名为“图层 1”的新图层，具有默认的颜色、线型和线宽，颜色为白色，线型为 Continuous。

此时新建的图层处于被选中的状态，为方便绘图，用户可以修改图层的名称，如将“图层 1”改为“粗实线层”或“点画线层”或“虚线层”等。

修改图层名称的操作如下：单击“新建”按钮，列表框中出现一行名为“图层 1”的新图层。

此时“图层 1”处于待修改状态，打开输入法，将“图层 1”改为“粗实线层”，单击“确定”按钮。

重复上述过程，可以连续创建多个新图层，如图 2-4 所示。

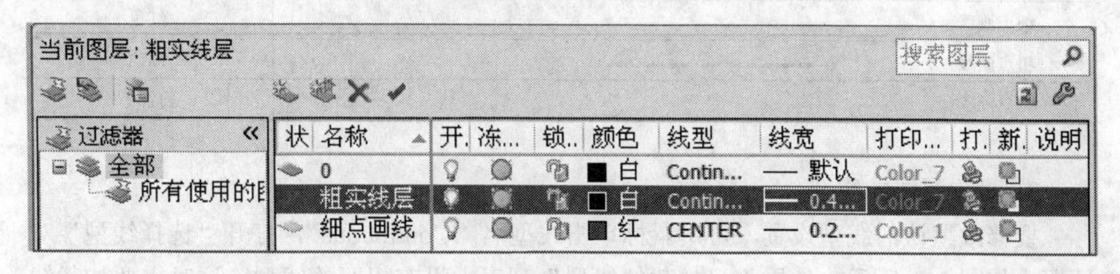

图 2-4　重新给图层命名

2) 设置图层的颜色

若要修改默认颜色，可单击颜色名“白色”，打开“选择颜色”对话框，如图 2-5 所示。如将图 2-4 中的“细点画线”层改为红色，选择索引颜色下的红色并单击按钮，返回到“图层特性管理器”对话框，则“细点画线”层的颜色改为红色。

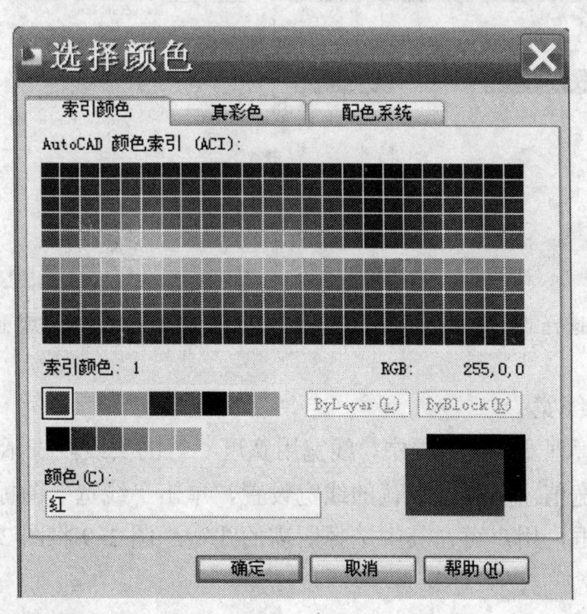

图 2-5　选择颜色对话框

按照 CAD 制图标准对图线颜色的规定，一般应按表 2-1 提供的颜色进行设置，优先使用 9 种索引颜色。

表 2-1　标准图线与颜色

图线颜色	屏幕上的颜色
粗实线	白色
细实线	白色
波浪线	
双折线	
虚线	黄色
细点画线	红色
粗点画线	棕色
双点画线	粉红色

3) 设置图层的线型

要修改默认的线型设置，可用鼠标单击线型名“Continuous”，打开“选择线型”对话框，如图 2-6 所示。如果“已加载的线型”列表中没有想要的线型，这时需要加载线型。单击 加载(L)... 按钮，打开“加载或重载线型”对话框，如图 2-7 所示。移动滚动条选择需要的线型；如 CENTER 并单击 确定 按钮，返回到如图 2-6 所示的“选择线型”对话框，在该对话框中出现 Continuous 和 CENTER 两种线型，如图 2-8 所示。选择 CENTER 赋给“细点画线”层，该图层的线型改为细点画线。

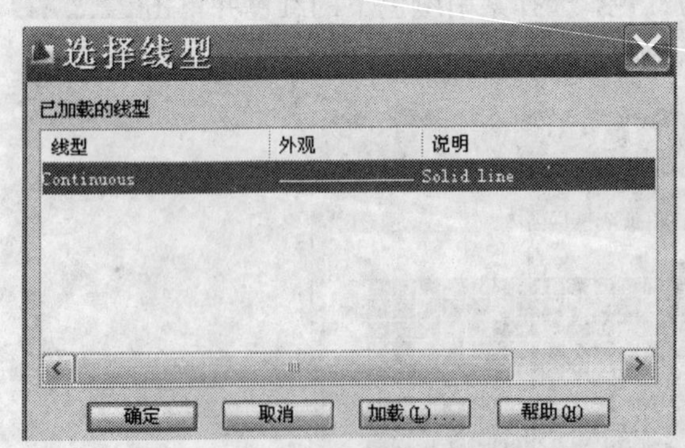

图 2-6　“选择线型”对话框

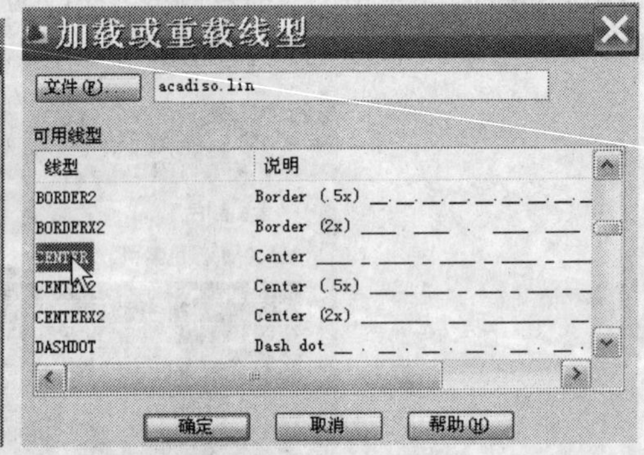

图 2-7　“加载或重载线型”对话框

4) 设置图层的线宽

在“图层特性管理器”对话框中，线宽用宽度不等的实线段表示，即“线宽”图标，并在其右侧显示线宽值。要修改默认的线宽设置，单击“线宽”图标，弹出如图 2-9 所示的“线宽”对话框，用户可在其中选择所需的线宽。图 2-9 将图 2-4 中的粗实线改为 0.4mm。

5) 设置图层的状态

通过设置图层的四种状态：打开/关闭、解冻/冻结、解锁/锁定、可打印/不可打印，可以控制图层上的对象是否显示、是否能编辑及打印，为图形的绘制和组织提供方便。

(1) 打开/关闭。图标是一盏灯泡，用灯泡的亮和灭表示图层的打开和关闭。单击图标，即可将图层在打开、关闭状态之间进行切换。图层被关闭，则该图层上的对象既

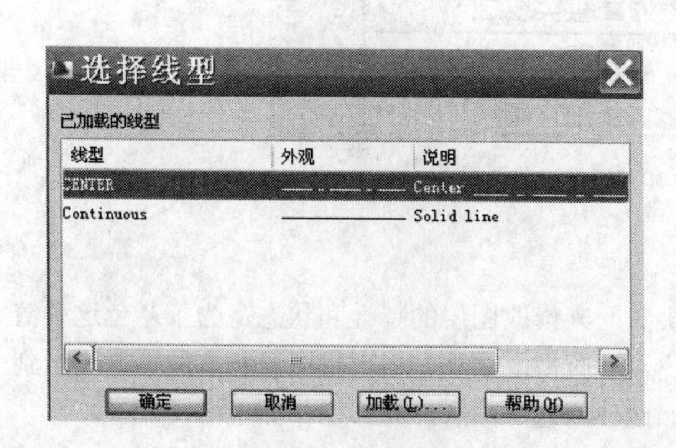

图 2-8　选择 CENTER

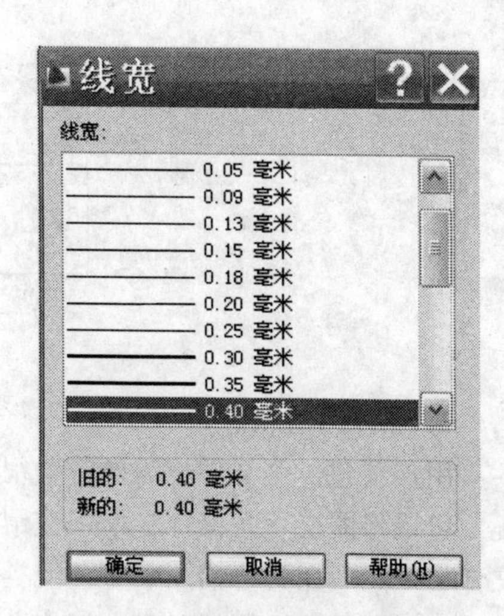

图 2-9　将粗实线改为 0.4mm

不能在显示器上显示，也不能编辑和打印，但该图层仍参与处理过程的运算。

(2) 解冻/冻结。解冻状态的图标是太阳，冻结状态的图标是雪花。单击这两个图标，即可将图层在解冻、冻结状态之间进行切换。图层被冻结，则该图层上的对象既不能显示，也不能编辑和打印，该图层也不参与处理过程的运算。一般情况下，用户不要冻结当前图层。

(3) 解锁/锁定。图标是一把锁头，用锁头的开和锁表示图层的解锁和锁定。单击图标，即可将图层在解锁、锁定状态之间进行切换。图层被锁定，则该图层上的对象既能显示，也能打印，但不能编辑。用户在当前图层上对部分对象进行编辑操作时，可以对其他图层加以锁定，以免不慎对其上的对象进行误操作。

(4) 可打印/不可打印。图层可打印状态的图标，单击该图标使之变为，则该图层是不可打印的。可打印/不可打印状态可以反复切换。

2. 管理图层

创建新图层并修改图层的特性和状态后，还需要对图层进行管理，如设置当前图层、删除图层、保存图层、恢复图层状态等。

1) 设置当前图层

要将某个图层设置为当前图层，应在“图层特性管理器”对话框中的图层列表中选择该图层，然后单击按钮，关闭对话框，则该图层被设置为当前图层。

切换当前图层的快捷方法是在“图层”选项板中单击图层控制下拉列表的箭头，在弹出的下拉列表中单击想要使之成为当前层的图层名称。如图 2-10 中单击“粗实线层”，该层以蓝色显示，即可将粗实线层设置为当前图层。

2) 删除图层

要将某个图层删除，应在“图层特性管理器”对话框的图层列表中选择该图层，单击按钮，则该图层被删除。也可以选中某个图层后右击，在弹出的菜单中选择“删除”命令。

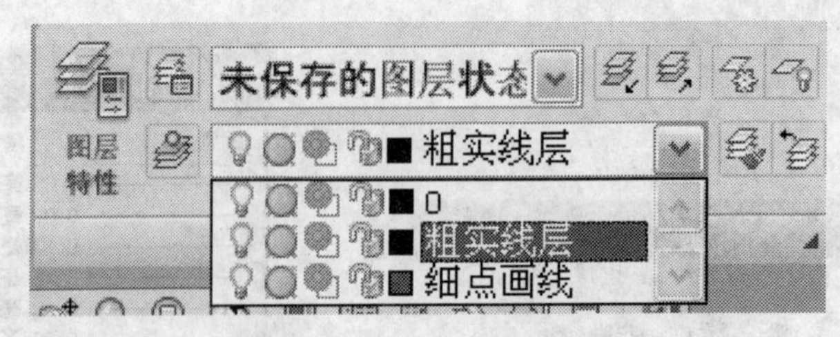

图 2-10　切换当前图层

3) 保存图层状态

用户新建一个文件，需要花费很多时间来修改图层的特性和状态，为了避免这种情况，可以将图层状态保存起来，在用户需要时恢复调用。还可将图层状态的设置输出到文件上，然后在另一幅图中完全或类似地使用这些图层。具体操作如下：

在“图层特性管理器”中新建 5 个图层，如图 2-11 所示。单击“图层状态管理器”按钮，如图 2-12 所示，弹出“图层状态管理器”对话框，在该对话框中单击“新建”按钮，弹出“要保存的新图层状态”对话框，如图 2-13 所示。

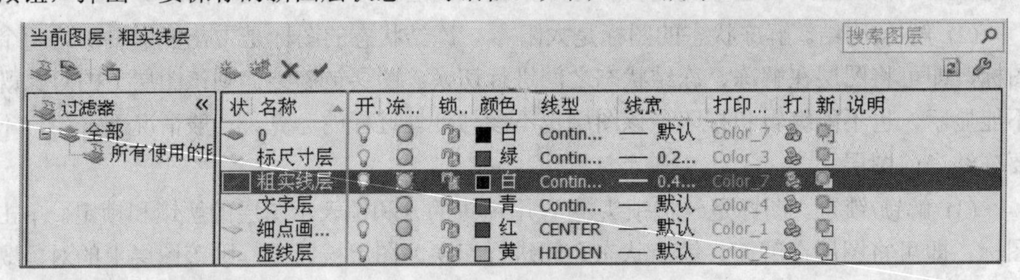

图 2-11　新建图层

图 2-12　单击“图层状态管理器”按钮

在该对话框中填入新图层状态名“标准图层”和说明文字“机械制图专用”。单击“确定”按钮，返回到如图 2-14 所示的“图层状态管理器”对话框，在该对话框中单击“输出”按钮，弹出如图 2-15 所示的“输出图层状态”对话框，在此对话框以“标准图层”命名并保存在指定文件夹中，单击“保存”按钮，返回到“图层状态管理器”对话框。在该对话框中单击“关闭”按钮。完成“标准图层”的保存。

4) 输入已保存的图层文件

输入已保存的图层文件的操作步骤：

新建一个新文件，单击图层选项板中的“图层状态管理器”按钮，如图 2-16 所

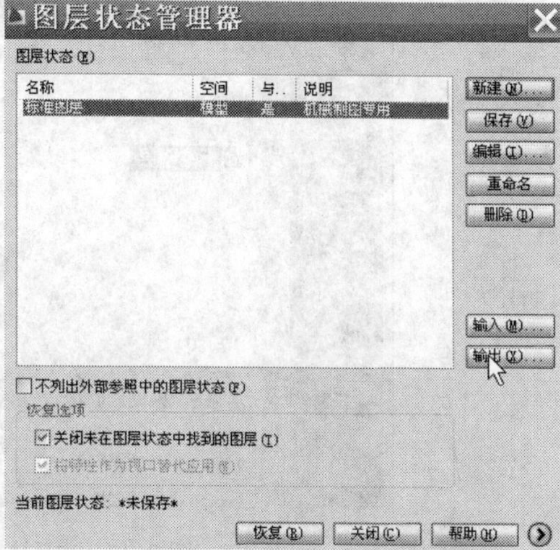

图 2-13　填写新图层状态名和说明　　图 2-14　要保存的新图层状态对话框

示。在打开的对话框中单击“输入”按钮，弹出“输入图层状态”对话框，如图 2-17 所示。在该对话框中找到保存文件的位置和文件名称，并在文件类型窗口中切换为“图层状态（*.las）”,单击“打开”按钮，在弹出的如图 2-18 所示的对话框中单击“确定”按钮，在打开的又一个对话框中单击“恢复状态”按钮，如图 2-19 所示，完成在新文件中输入已保存图层文件的操作。

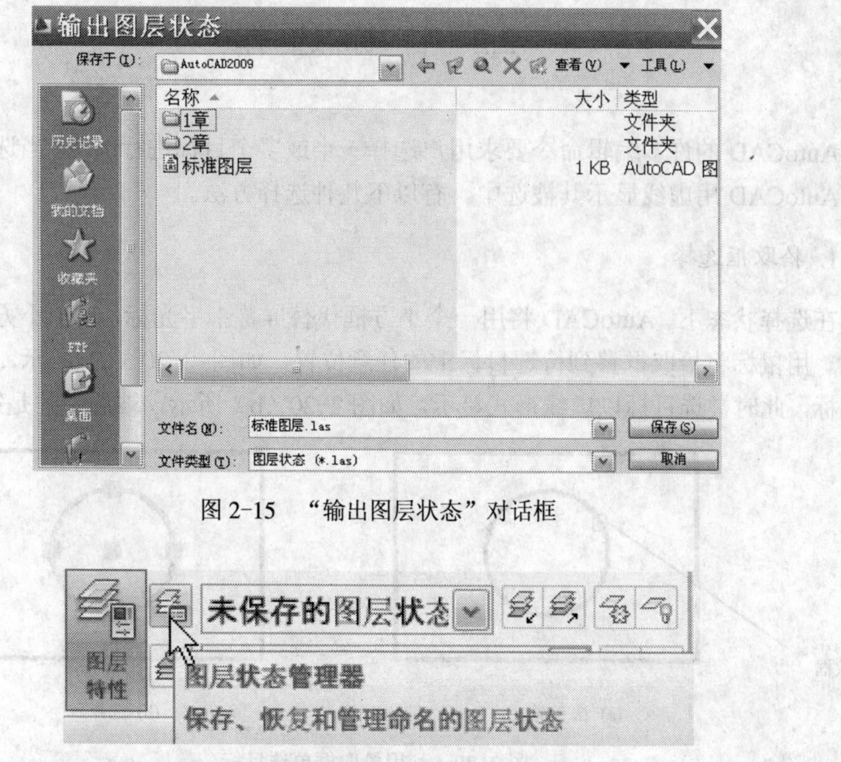

图 2-15　“输出图层状态”对话框

图 2-16　单击“图层状态管理器”按钮

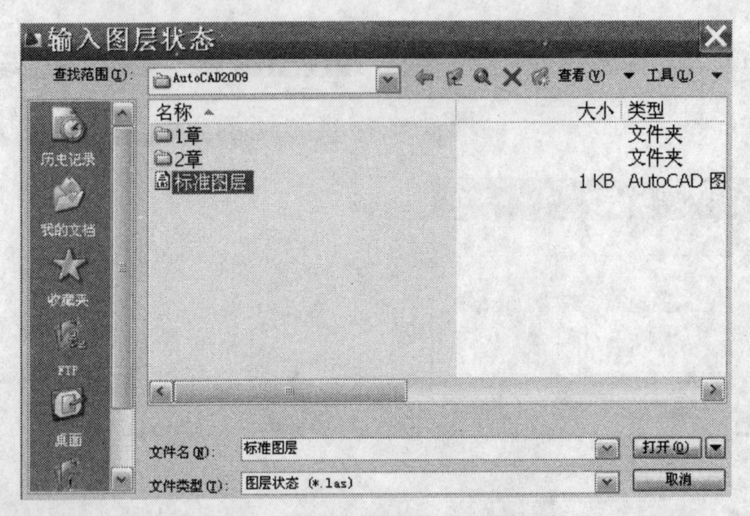

图 2-17 “输入图层状态”对话框

图 2-18 单击“确定”按钮

图 2-19 单击“恢复状态”按钮

2.2 目 标 选 择

AutoCAD 的许多编辑命令要求用户选择一个或多个目标进行编辑，当选择了目标之后，AutoCAD 用虚线显示其被选中。有以下几种选择方法。

1. 拾取框选择

在选择状态下，AutoCAD 将用一个小方框代替屏幕十字光标，这个小方框叫目标拾取框。用鼠标将拾取框移到待选目标上的任意位置，如图 2-20（a）所示，单击即可选中目标，此时被选目标以虚线形式显示，如图 2-20（b）所示，被选中的是矩形中的圆。

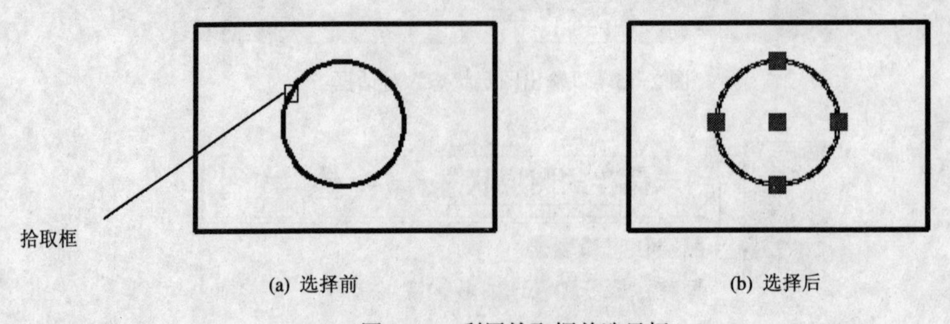

(a) 选择前　　(b) 选择后

图 2-20 利用拾取框单选目标

2. 拾取窗口选择

在选择状态下，用拾取框在屏幕上从左到右指定一个拾取窗口（该窗口显示实线框呈蓝色），如图 2-21（a）所示。如果待选目标完全在此窗口中，该目标即被选中；否则不被选中。如图 2-21（b）所示，包含在拾取窗口内的图形元素（圆和用直线命令绘制的四边形左侧的直线）被选中。

在选择状态下，用拾取框在屏幕上从右到左指定一个拾取窗口（该窗口显示虚线框呈绿色），如图 2-22（a）所示，则该窗口全部或部分包含的目标被选中。如图 2-22（b）所示，圆、用直线命令绘制的四边形右侧直线和上下两条直线被选中。

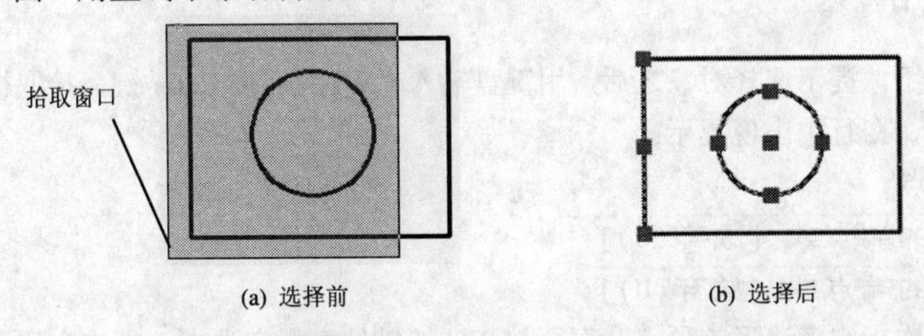

(a) 选择前　　(b) 选择后

图 2-21　利用从左到右窗口选目标

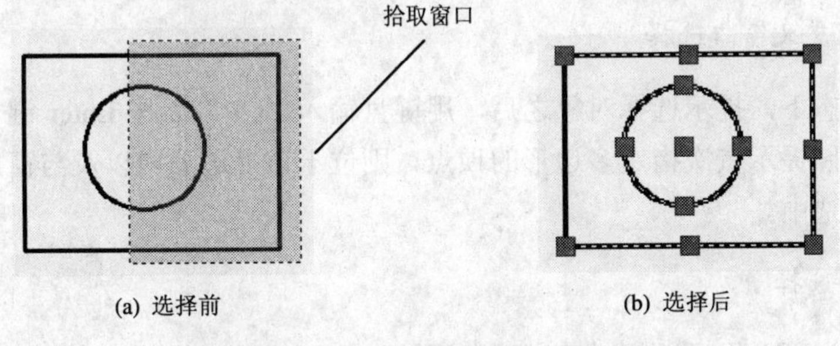

(a) 选择前　　(b) 选择后

图 2-22　利用从右到左窗口选目标

3. 全部选择

在选择状态下，提示选择对象之后，用键盘输入“ALL”后按 Enter 键，即可选中图形中的所有目标，此时屏幕上的所有元素都被选中，全部目标以虚线形式显示。

4. 窗口选择

在选择状态下，提示选择对象之后，用键盘输入“W”后按 Enter 键，拾取框变为十字光标，同时命令行中出现提示：

指定第一个角点：

指定对角点：

用户无论从左向右还是从右向左指定矩形的两个对角点后，完全位于该矩形窗口内的对象将被选中。窗口选择与拾取窗口选择的区别有两点：第一，两者的光标形状不同；第二，当指定矩形窗口的第一角点时，无论拾取的点是否在图形对象上，窗口选择均把该点作为第一角点，而不会选择该对象。

5. 交叉窗口选择

在选择状态下，提示选择对象之后，用键盘输入“C”后按 Enter 键，拾取框变为十字光标，同时命令行中出现提示：

指定第一个角点：

指定对角点：

用户无论从左向右还是从右向左指定矩形的两个对角点后，位于该矩形窗口内的对象以及与窗口边界相交的对象将被选中。

6. 多边形窗口选择

在选择状态下，提示选择对象之后，用键盘输入“WP”后按 Enter 键，拾取框变为十字光标，同时命令行中出现提示：

第一圈围点：

指定直线的端点或 [放弃(U)]:

指定直线的端点或 [放弃(U)]:

要求用户依次指定多边形的顶点，直至按 Enter 键结束指定顶点，则完全位于该多边形内的全部对象将被选中。

7. 多边形交叉窗口选择

在选择状态下，提示选择对象之后，用键盘输入“CP”后按 Enter 键，拾取框变为十字光标，按照提示依次指定多边形的顶点，则位于该多边形内以及与窗口边界相交的全部对象将被选中。

8. 上一次选择

在选择状态下，提示选择对象之后，用键盘输入“P”后按 Enter 键，AutoCAD 将再次选中上一次操作所选择的对象。

9. 最后选择

在选择状态下，提示选择对象之后，用键盘输入“L”后按 Enter 键，AutoCAD 将选中最后一次操作所选择的对象。

10. 栏选

在选择状态下，提示选择对象之后，用键盘输入“F”后按 Enter 键，拾取框变为十字光标，同时命令行中出现提示：

第一栏选点：

指定直线的端点或 [放弃(U)]:

指定直线的端点或 [放弃(U)]:

要求用户依次指定选择线的端点，直至按 Enter 键结束指定。AutoCAD 将选中与选择线相交的所有对象。

11. 加入选择集

在选择状态下，提示选择对象之后，用键盘输入“A”后按 Enter 键，根据 AutoCAD 的提示，可将选中的对象加入到选择集中。

12. 删除选择集

在选择状态下，提示选择对象之后，用键盘输入“R”后按 Enter 键，根据 AutoCAD 的提示，可将选中的对象从选择集中删除。

13. 交替选择

如果要选择的对象与其他对象重合或距离很近，很难准确地选择对象，则可以使用交替选择。方法如下：

例如，执行“删除”命令，提示选择对象时，将拾取框移到待选对象上，按住 Shift 键，按空格键，如果该对象不是要选择的对象，则再按空格键，AutoCAD 会依次选择对象，直至选中待选对象。确认选择对象后，选中删除对象并右击，在弹出的菜单中选择“删除”命令即可将选中的对象删除。

14. 取消选择

在选择状态下，提示选择对象之后，用键盘输入“U”后按 Enter 键，可以取消最后的选择操作；连续输入“U”并按 Enter 键，则从后向前依次取消前面的选择操作。

2.3　二维绘图命令

2.3.1　正多边形（Polygon）命令的绘制

1. 功能

正多边形命令可以用来绘制从 3 边到 1024 边的正多边形。

2. 启动命令

键盘输入命令：pol（按 Enter 键）/单击绘图工具栏中的“正多边形”图标/选择“绘图”下拉菜单中的“正多边形”。激活正多边形命令后，命令窗口提示：

命令: _polygon 输入边的数目 <4>:（指定所画正多边形的边数）；

指定正多边形的中心点或 [边(E)]:（指定正多边形中心点或正多边形边长）。

键盘输入命令“e”按 Enter 键后窗口提示：

指定边的第一个端点:

指定边的第一个端点: 指定边的第二个端点:

在屏幕上指定中心点后窗口提示：

输入选项 [内接于圆(I)/外切于圆(C)] <I>:

(1) 内接于圆（I）选项：要求用户指定从正多边形中心点到正多边形顶点的距离，这就定义了一个圆的半径，所画的正多边形内接于此圆。

用内接于圆的方式绘制图 2-23（a）中的正六边形的步骤如下：

命令：_polygon 输入边的数目 <4>: 6（按 Enter 键）;

指定正多边形的中心点或 [边(E)]: 在屏幕上指定中心点；

输入选项 [内接于圆(I)/外切于圆(C)] <I>:（按 Enter 键）;

指定圆的半径: 100 （按 Enter 键）（结束命令）。

(2) 外切于圆（C）选项：可以指定从正多边形中心点到正多边形一边中点的距离，这就定义了一个与正多边形相内切的圆。

用外切于圆的方式绘制图 2-23（b）中的正六边形的步骤如下：

命令：_polygon 输入边的数目 <4>: 6（按 Enter 键）;

指定正多边形的中心点或 [边(E)]: 在屏幕上指定中心点；

输入选项 [内接于圆(I)/外切于圆(C)] <I>: C（按 Enter 键）;

指定圆的半径: 100 （按 Enter 键）（结束命令）。

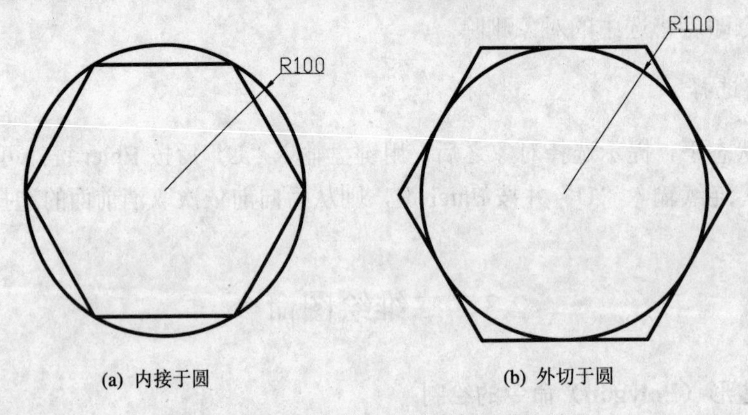

(a) 内接于圆　　　　(b) 外切于圆

图 2-23　正多边形命令中两个选项的说明

注意：如果用键盘输入半径，得到的正多边形的底边是水平方向；如果用鼠标拾取点来得到半径，可以得到所要方向的正多边形。转动鼠标光标，正多边形也在转，当转到满意位置时，选定即可。

2.3.2　圆弧（Arc）命令的绘制

1. 画圆弧的方式

圆弧是圆的一部分，因此为定义圆弧，不仅必须定义一个圆（如指定圆心半径），而且还要定义圆弧的起点和端点。AutoCAD 提供了几种定义圆弧的方法，用户选用何种方法取决于已拥有所要绘制圆弧的信息。

圆弧的选项有很多，要弄懂它们似乎是很困难的，但是一旦理解了圆弧的各要素和 AutoCAD 的术语，就能够选择适合自己要求的选项。在理解圆弧选项时可以参考如图 2-24 所示的圆弧各要素。

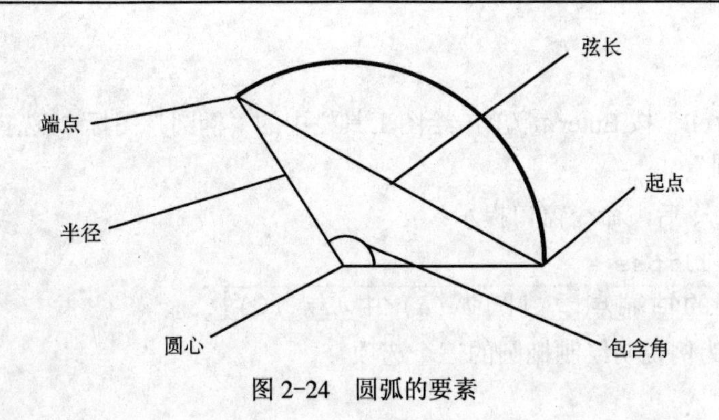

图 2-24　圆弧的要素

2. *启动命令*

输入命令“a”后按 Enter 键/单击“绘图”工具栏中的“圆弧”图标/选择“绘图”下拉菜单中的“圆弧”。

在启动圆弧命令时有两个选项：起点和圆心，根据这两个选项会给出更多的选择。图 2-25 是 11 种绘制圆弧的方式。

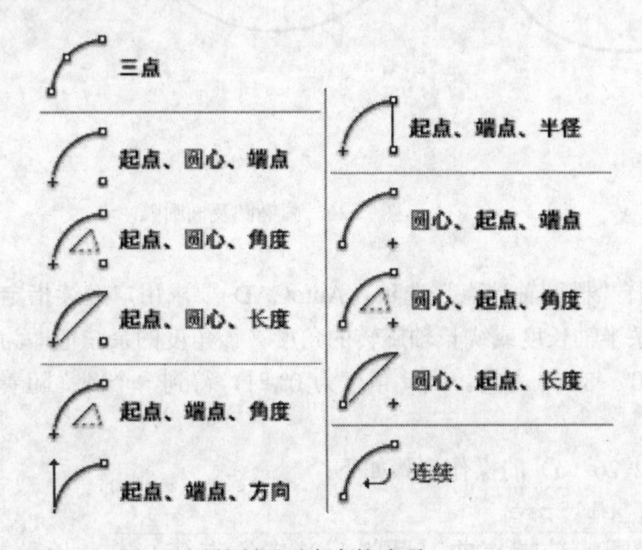

图 2-25　绘制圆弧命令的选项

注意：当利用起点、端点和半径选项画圆弧时，AutoCAD 在逆时针方向上绘出小圆弧作为默认（小圆弧指小于半圆的圆弧）。如果输入负数作为半径，则画出大圆弧。要求角度值的选项也定义了两个可能的圆弧：一个顺时针方向和一个逆时针方向。AutoCAD 默认按逆时针方向画圆弧，如果给出一个负角度值，AutoCAD 则按顺时针方向画圆弧。

2.3.3　椭圆（Ellipse）命令的绘制

1. *定义*

创建椭圆，AutoCAD 提供了三个选项：可以通过先定义圆心来画椭圆，也可以先定义轴端点，还可以建立椭圆弧。此时，必须指明起始角度和终止角度。

2. 启动命令

输入命令“ell”按 Enter 键/单击绘图工具栏中的“椭圆”图标/选择“绘图”下拉菜单中的“椭圆”。

激活椭圆命令后，命令窗口提示：

命令：_ellipse

指定椭圆的轴端点或 [圆弧(A)/中心点(C)]:

以图 2-26 为例说明绘制椭圆的三个选项。

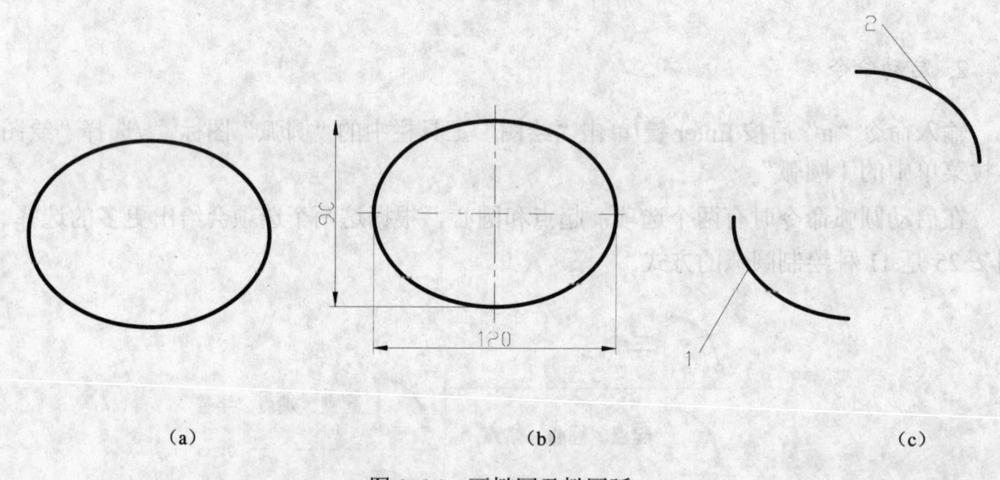

图 2-26 画椭圆及椭圆弧

(1) 选择“椭圆轴端点”选项，AutoCAD 要求用户继续指定轴的另一端点后，然后指定另一条半轴长度或绕长轴旋转的角度（该角度的余弦值即为短轴与长轴的比值），此角度应在 0º～89.4º 之间。当此角度为 0º 时，得到一个圆；随着此角度的增加，椭圆越来越扁。

绘制图 2-26（a）的操作步骤如下：

命令：_ellipse

指定椭圆的轴端点或 [圆弧(A)/中心点(C)]: 指定一点以确定长轴左端点；

指定轴的另一个端点：@120,0（按 Enter 键）；

指定另一条半轴长度或 [旋转(R)]: 45（按 Enter 键）。

(2) 选择“椭圆中心点（C）”选项，AutoCAD 要求用户先指定椭圆中心点，再指定第一根轴的端点，此轴可以是长轴也可以是短轴，然后指定另一根半轴长度。

绘制图 2-26（b）的操作步骤如下：

用直线命令绘制两条正交的点画线，再启动椭圆命令。

命令：_ellipse

指定椭圆的轴端点或 [圆弧(A)/中心点(C)]: C（按 Enter 键）；

指定椭圆的中心点：捕捉点画线交点；

指定轴的端点：@60,0（按 Enter 键）；

指定另一条半轴长度或 [旋转(R)]: 45（按 Enter 键）。

(3) 选择“圆弧（A）”选项，AutoCAD 要求用户先定义椭圆，再输入起始角度和终止角度或椭圆弧包含的圆心角，即可画出椭圆弧。

绘制图 2-26（c）中第一条椭圆弧的操作步骤如下：

命令: _ellipse
指定椭圆的轴端点或 [圆弧(A)/中心点(C)]: A（按 Enter 键）；
指定椭圆弧的轴端点或 [中心点(C)]: 指定一点以确定长轴左端点；
指定轴的另一个端点: @120,0（按 Enter 键）；
指定另一条半轴长度或 [旋转(R)]: 45（按 Enter 键）；
指定起始角度或 [参数(P)]: 0（按 Enter 键）；
指定终止角度或 [参数(P)/包含角度(I)]: 90（按 Enter 键）。

绘制图 2-26（c）中第二条椭圆弧的操作步骤如下：

命令: _ellipse
指定椭圆的轴端点或 [圆弧(A)/中心点(C)]: A（按 Enter 键）；
指定椭圆弧的轴端点或 [中心点(C)]: 指定一点以确定长轴左端点；
指定轴的另一个端点: @120,0（按 Enter 键）；
指定另一条半轴长度或 [旋转(R)]: 45（按 Enter 键）；
指定起始角度或 [参数(P)]: 180（按 Enter 键）；
指定终止角度或 [参数(P)/包含角度(I)]: I（按 Enter 键）；
指定弧的包含角度 <180>: 90（按 Enter 键）。

注意：弧的包含角度为沿逆时针方向从起点到终点之间的夹角。

2.3.4 圆环（Donut）命令的绘制

1. 概念和作用

圆环由一对同心圆组成，常常用在电路图设计和创建符号中。如果圆环的内径为零，则得到一个实心的填充圆，如图 2-27 所示。

2. 启动命令

输入命令“do”按 Enter 键/选择“绘图”下拉菜单中的“圆环”。

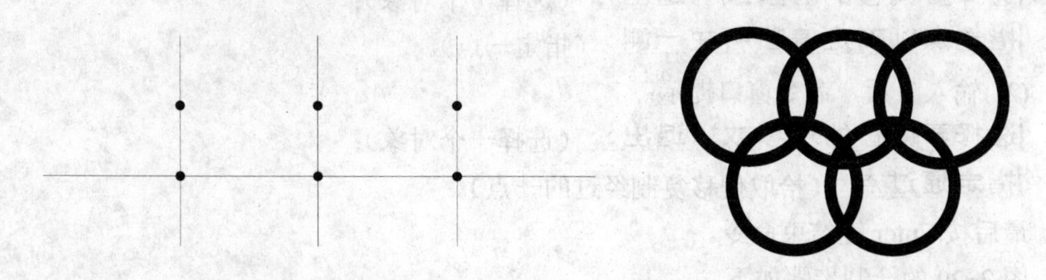

图 2-27 实心的填充圆　　　　图 2-28 五圆环

绘制图 2-28 的操作步骤如下：

命令：_donut

指定圆环的内径 <10.0000>：50（按 Enter 键）；

指定圆环的外径 <20.0000>：60（按 Enter 键）；

指定圆环的中心点或 <退出>：（拾取一点以画出第一个圆环）；

指定圆环的中心点或 <退出>：（拾取一点以画出第二个圆环）；

指定圆环的中心点或 <退出>：（拾取一点以画出第三个圆环）；

指定圆环的中心点或 <退出>：（拾取一点以画出第四个圆环）；

指定圆环的中心点或 <退出>：（拾取一点以画出第五个圆环）；

指定圆环的中心点或 <退出>：（按 Enter 键结束命令）。

注意：AutoCAD 一直提示用户输入圆心的位置，因此每次可以画许多圆环，直至按 Enter 键结束命令。

2.4 图形编辑命令

2.4.1 偏移（Offset）命令

1. 功能

偏移命令可以生成相对于已有对象的平行直线、平行曲线和同心圆。

2. 启动命令

输入命令“o”按 Enter 键/单击“修改”工具栏中的“偏移”图标/选择“修改”下拉菜单中的“偏移”。

激活偏移命令后，命令窗口提示：

命令：_offset

指定偏移距离或 [通过(T)] <1.0000>：

说明如下。

(1) 输入偏移距离后，命令窗口提示：

选择要偏移的对象或 <退出>：（选择一个对象）；

指定点以确定偏移所在一侧：（指定一点）。

(2) 输入 T 后，命令窗口提示：

选择要偏移的对象或 <退出>：（选择一个对象）；

指定通过点：（拾取偏移复制经过的一点）。

最后按 Enter 键结束命令。

图 2-29 的绘制步骤如下。

(1) 用直线命令绘制两条垂直线段 A 和 a。

(2) 用偏移命令偏移水平线段：

命令：_offset
指定偏移距离或 [通过(T)] <1.0000>：21（按 Enter 键）；
选择要偏移的对象或 <退出>：（选取线段a，按 Enter 键）；
指定点以确定偏移所在一侧：（在线段a 之上确定一点，得到线段b，按 Enter 键）；
选择要偏移的对象或 <退出>：（选取线段b，按 Enter 键）；
指定点以确定偏移所在一侧：（在线段b之上确定一点，得到线段d，按 Enter 键）；
选择要偏移的对象或 <退出>：（选取线段d，按 Enter 键）；
指定点以确定偏移所在一侧：（在线段d 之上确定一点，得到线段e，按 Enter 键）；
选择要偏移的对象或 <退出>：（选取线段e，按 Enter 键）；
指定点以确定偏移所在一侧：（在线段e之上确定一点，得到线段f，按 Enter 键）；
选择要偏移的对象或 <退出>：（按 Enter 键结束命令）。

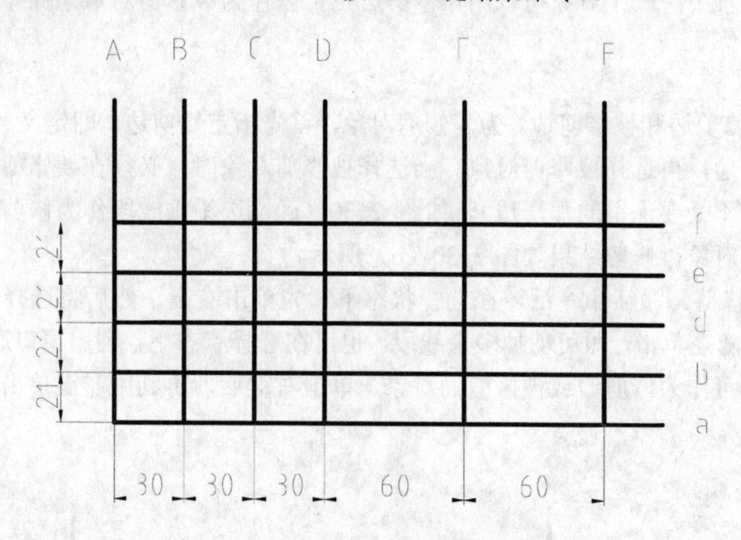

图 2-29　偏移命令的使用

(3) 用偏移命令偏移铅垂线段：

命令：_offset
指定偏移距离或 [通过(T)] <1.0000>：　30 （按 Enter 键）；
选择要偏移的对象或 <退出>：（选取线段 A，按 Enter 键）；
指定点以确定偏移所在一侧：（在线段 A 之右确定一点，得到线段 B，按 Enter 键）；
选择要偏移的对象或 <退出>：（选取线段 B，按 Enter 键）；
指定点以确定偏移所在一侧：（在线段 B 之右确定一点,得到线段 C，按 Enter 键）；
选择要偏移的对象或 <退出>：（选取线段 C，按 Enter 键）；
指定点以确定偏移所在一侧：（在线段 C 之右确定一点，得到线段 D，按 Enter 键）；
选择要偏移的对象或 <退出>：（按 Enter 键）；

命令：_offset
指定偏移距离或 [通过(T)] <1.0000>：　60 （按 Enter 键）；
选择要偏移的对象或 <退出>：（选取线段 D，按 Enter 键）；

指定点以确定偏移所在一侧：（在线段 D 之右确定一点，得到线段 E，按 Enter 键）；
选择要偏移的对象或〈退出〉：（选取线段 E，按 Enter 键）；
指定点以确定偏移所在一侧：（在线段 E 之右确定一点，得到线段 F，按 Enter 键）；
选择要偏移的对象或〈退出〉：（按 Enter 键结束命令）。

2.4.2 修剪（Trim）命令

1. 功能

编辑图形时，有时会发现要求与其他对象很好连接的线或圆弧突出一段，这时可用修剪命令去掉多余部分。该功能可以修剪圆弧、圆、椭圆、线、多段线、射线和样条曲线，也可使用多段线、圆弧、圆、椭圆、线、射线、面域、文本或构造线作为修剪边。在一个修剪过程中，一个对象可以用作修剪边也可以作为被修剪对象来操作。

2. 方法

(1) 选择修剪边和被修剪边。为了修剪对象，首先指定修剪边，即定义 AutoCAD 用来修剪对象的边，再选择被修剪对象。当选择被修剪对象时，必须在要修剪掉的那一边拾取对象（而不是要保留的那一边）。如图 2-30（a），选铅垂线段作为修剪边，水平线段作为被修剪对象，修剪结果如图 2-30（b）所示。

(2) 快速修剪。激活命令后，在选择状态下，先单击右键，然后将选择框移到待修剪的线段上，随之单击，即可剪掉多余线段。也可在选择状态下，利用窗口选择或全选，选中的对象都可作为修剪边或被修剪的对象，单击右键后，再利用左键单击即可进行修剪。

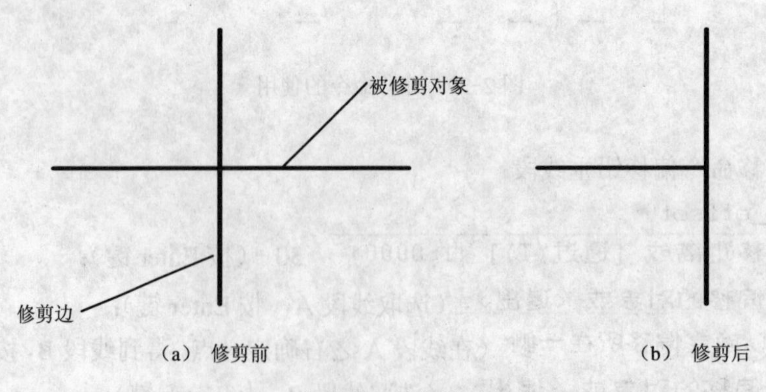

图 2-30　修剪边和被修剪对象的说明

3. 启动命令

输入命令“tr”按 Enter 键/单击“修改”工具栏中的“修剪”图标/选择修改下拉菜单中的“修剪”。

激活修剪命令后，命令窗口提示：

```
命令： trim
当前设置：投影=UCS，边=延伸
选择剪切边...
选择对象：
```
（选择修剪边对象）；

```
选择要修剪的对象，
```
（选择待修剪的对象并按 Enter 键结束）。

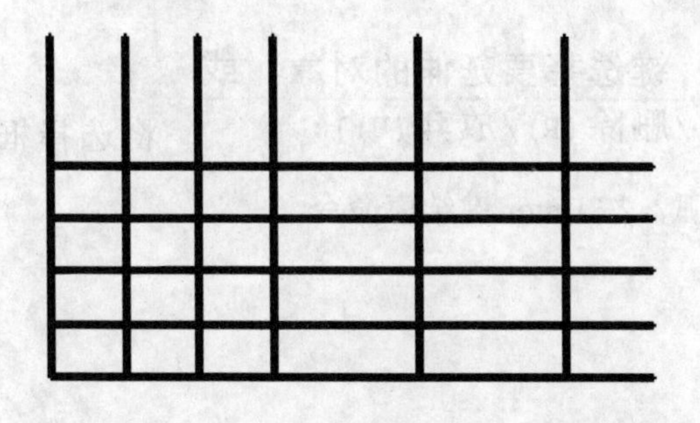

(a) 修剪前　　　(b) 修剪后

图 2-31　修剪命令的使用

由图 2-31 的（a）图修剪成（b）图的操作步骤如下：

激活修剪命令：

```
命令： trim
当前设置:投影=UCS，边=延伸
选择剪切边...
选择对象或 <全部选择>： 单击右键
```

```
选择剪切边...
选择对象或 <全部选择>：
选择要修剪的对象，或按住 Shift 键选择要延伸的对象，或
[栏选(F)/窗交(C)/投影(P)/边(E)/删除(R)/放弃(U)]：
```
将选择框移至待修剪的线上，单击左键，依次将多余线段剪掉后，按 Enter 键结束命令。

图 2-32 的绘制步骤如下：

(1) 用直线和圆命令绘制图 2-32（a）。

(2) 用修剪命令修剪多余圆弧。

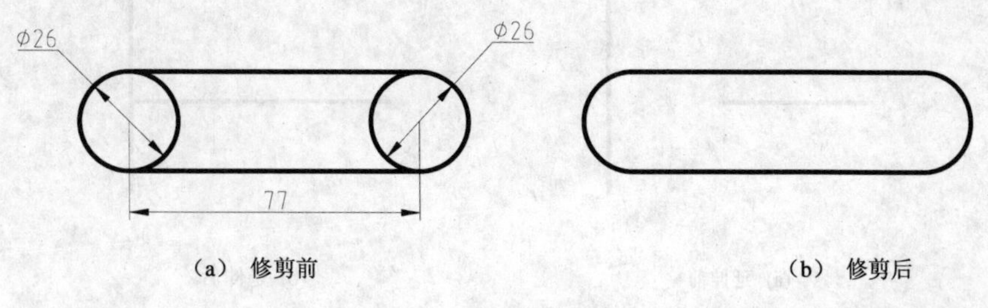

（a） 修剪前　　　（b） 修剪后

图 2-32　圆弧的修剪

```
命令:  trim
当前设置:投影=UCS, 边=延伸
选择剪切边...
选择对象或 <全部选择>:  单击右键
```

```
选择剪切边...
选择对象或 <全部选择>:
选择要修剪的对象, 或按住 Shift 键选择要延伸的对象, 或
[栏选(F)/窗交(C)/投影(P)/边(E)/删除(R)/放弃(U)]:
```

将选择框移至圆弧内侧，单击左键，依次剪掉两段圆弧，按 Enter 键结束命令。

2.4.3 延伸（Extend）命令

1. 功能

延伸命令可以将所选对象延伸到指定对象，如图 2-33 所示。它可以对圆弧、圆、椭圆、直线、开放多段线、射线和样条曲线进行延伸，也可使用多段线、圆弧、圆、椭圆、直线、射线、面域、文本或构造线作为延伸边界。在同一个延伸操作中，一个对象可以用作延伸边界，也可以同时作为待延伸的对象。

延伸的操作方法与修剪的操作方法相同，也可利用左、右键进行快速延伸。

2. 启动命令

输入命令“ex”按 Enter 键/单击“修改”工具栏中的“延伸”图标/选择“修改”下拉菜单中的“延伸”。

激活延伸命令后，命令窗口提示：

```
命令: _extend
当前设置:投影=UCS, 边=延伸
选择边界的边...
选择对象:
```

（选择延伸边界对象 AB 线）；

选择对象：（按 Enter 键或单击右键）；

选择要延伸的对象，（选择 CD 线的右端，按 Enter 键，完成图 2-33（b））。

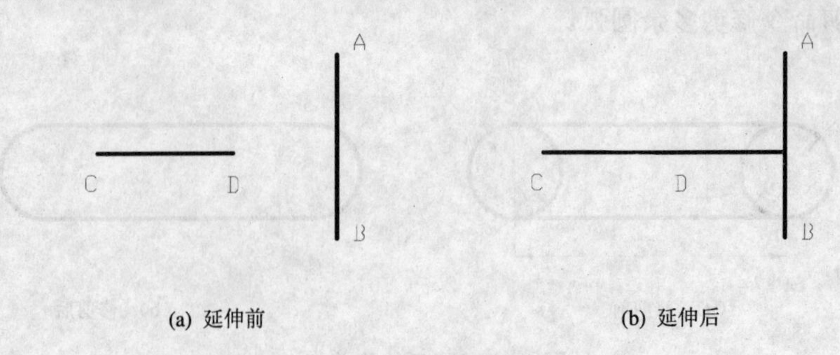

(a) 延伸前　　(b) 延伸后

图 2-33　直线的延伸

为了延伸对象，首先指定延伸边界，即定义 AutoCAD 用来延伸对象的边；再选择要延伸的对象。要延伸的对象在延伸之后不一定与延伸边界有实际的交点，AutoCAD 能够把对象延伸到一个延伸边界，该延伸边界被加长之后应与被延伸对象相交（图 2-34（c）），这被称为延伸到隐含交点，如图 2-34 所示。用户欲对隐含交点进行延伸操作时，需先设置隐含边延伸模式。

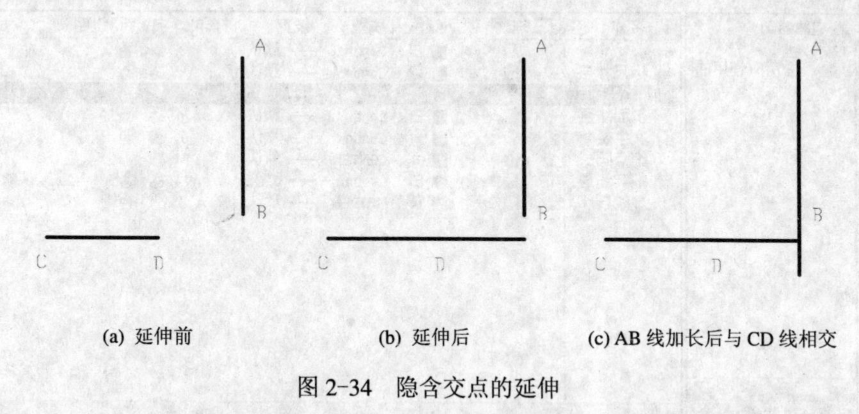

(a) 延伸前　　(b) 延伸后　　(c) AB 线加长后与 CD 线相交

图 2-34　隐含交点的延伸

图 2-34 的操作步骤如下：

命令: _extend
当前设置:投影=UCS, 边=延伸
选择边界的边...
选择对象:（选择延伸边界对象 AB 线）；
选择对象:（按 Enter 键或单击右键）；
选择要延伸的对象，或按住 Shift 键选择要修剪的对象，或 [投影(P)/边(E)/放弃
e（按 Enter 键）；
输入隐含边延伸模式 [延伸(E)/不延伸(N)] <延伸>: e（按 Enter 键）；
选择要延伸的对象，或按住 Shift 键选择要修剪的对象，或 [投影(P)/边(E)/放弃
（选择 CD 线的右端，按 Enter 键，完成图 2-34（b））。

2.5　综 合 演 示

1. 设置如图 2-35 所示的图层

按照本章内容，设置如图 2-35 所示的图层，并将文件取名为“标准图层”进行保存。

作图步骤如下：

(1) 启动 AutoCAD 后，创建新图，进入 AutoCAD 界面。

(2) 创建新图层并分配颜色。

单击“图层”工具栏中的“图层特性管理器”按钮，打开“图层特性管理器”对话框，连续 6 次单击“新建”按钮。在列表框中出现“图层 1”到“图层 7”共七个新

图层，将图层名分别改为标尺寸层、粗实线层、剖面线层、文字层、细点画线层、细实线层、虚线层。然后依次将七个图层的颜色分别设为绿色、白色、白色、青色、红色、白色和黄色。

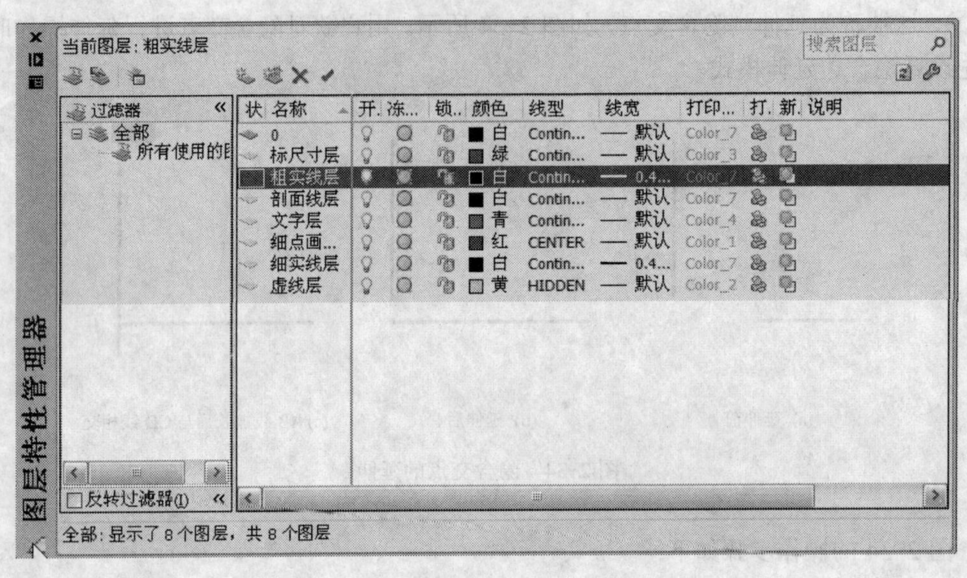

图 2-35　图层设置

(3) 分配线型。

在“图层特性管理器”对话框中单击“细点画线层”的线型名“Continuous”，打开“选择线型”对话框，单击 加载(L)... 按钮，打开“加载或重载线型”对话框，将“CENTER”线型选中，单击 确定 按钮返回“选择线型”对话框，选择“CENTER”线型并单击 确定 按钮返回“图层特性管理器”对话框，即将 CENTER 线型赋给“细点画线层”。按同样步骤将 HIDDEN 线型赋给“虚线层”，其余图层的线型均为实线。

(4) 单击“文件”下拉菜单的“另存为”选项，将文件存为“标准图层”。

2. 绘制如图 2-36 所示图形，并取文件名为“圆弧连接”存盘

作图步骤如下：

(1) 打开“标准图层”文件后，将其另存为“圆弧连接”。

(2) 利用“直线”和“偏移”命令，画点画线以确定圆（弧）的圆心，如图 2-37（a）。

(3) 利用“圆”命令（圆心、半径）画圆 $\phi 40$、 $\phi 80$、R30，如图 2-37（b）。

(4) 利用“圆”命令（相切、相切、半径）画 R20、R30、R100 的圆周，如图 2-37（c）。

(5) 利用“修剪”命令将多余线段和圆弧去掉，并整理图形，完成图 2-36。

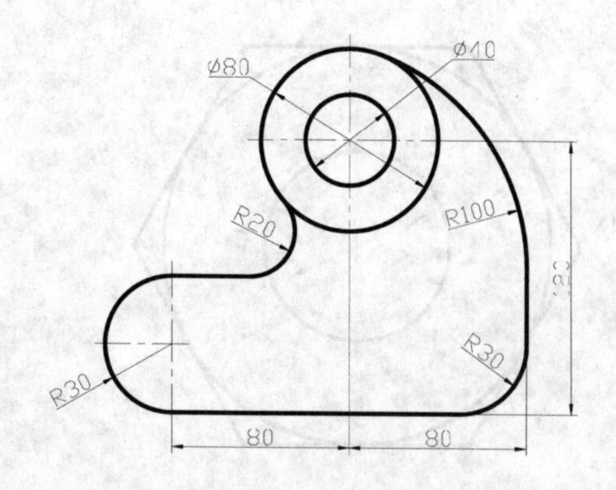

图 2-36　圆弧连接

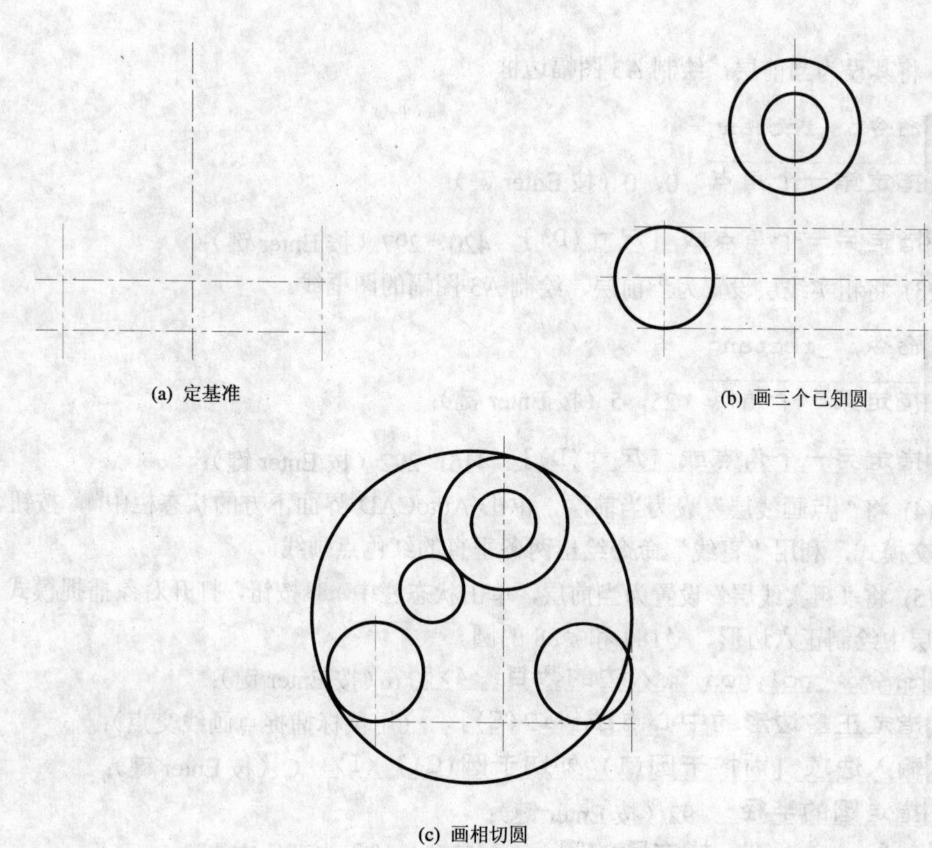

(a) 定基准

(b) 画三个已知圆

(c) 画相切圆

图 2-37　画图步骤

3. 绘制如图 2-38 所示图形

其中细点画线为红色，虚线为黄色，正六边形、直径为 ϕ184 和 ϕ88 的圆为绿色实线，四分之三圆为白色实线。

作图步骤如下：

(1) 打开“标准图层”文件后，将其另存为“作业 2-1”。

(2) 设置当前图层。单击“图层”工具栏中的“图层控制”下拉列表中的“细实线

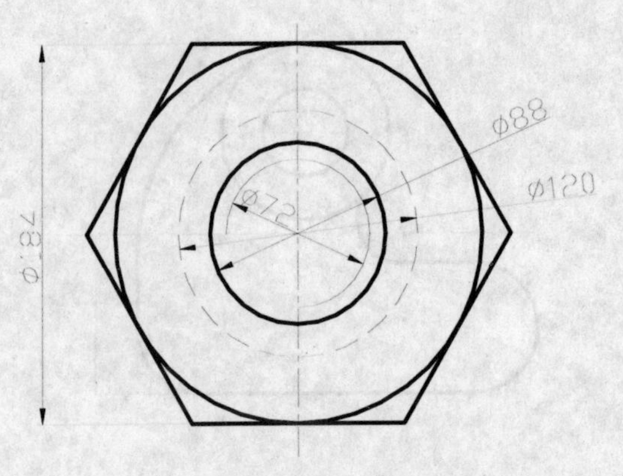

图 2-38　圆弧连接

层”，将其设为当前层，绘制 A3 图幅边框。

命令：_rectang

指定第一个角点　0，0（按 Enter 键）；

指定另一个角点或 [尺寸(D)]：420，297（按 Enter 键）；

(3) 将粗实线层设置为当前层，绘制 A3 图幅的图框线。

命令：_rectang

指定第一个角点　25，5（按 Enter 键）；

指定另一个角点或 [尺寸(D)]：415，292（按 Enter 键）；

(4) 将“点画线层”设为当前层，单击 AutoCAD 界面下方的状态栏中按钮，打开正交模式，利用“直线”命令绘出两条垂直的红色点画线。

(5) 将“粗实线层”设置为当前层，单击状态栏中按钮，打开对象捕捉模式。在该图层中绘制正六边形、ϕ184 和 ϕ88 的圆。

命令：_polygon 输入边的数目 <4>：6（按 Enter 键）；

指定正多边形的中心点或 [边(E)]：（用鼠标捕捉点画线交点）；

输入选项 [内接于圆(I)/外切于圆(C)] <I>：C（按 Enter 键）；

指定圆的半径：92（按 Enter 键）；

命令：_circle 指定圆的圆心：（用鼠标捕捉点画线交点）；

指定圆的半径或 [直径(D)]：92（按 Enter 键）；

命令：_circle 指定圆的圆心：（用鼠标捕捉点画线交点）；

指定圆的半径或 [直径(D)]：44（按 Enter 键）；

(6) 将“虚线层”设置为当前层，绘制直径为 ϕ120 的虚线圆。

(7) 将“细实线层”设置为当前层，绘制直径为 ϕ72 的四分之三圆。

命令：_arc 指定圆弧的起点或 [圆心(C)]：C（按 Enter 键）；

指定圆弧的圆心：（用鼠标捕捉点画线交点）；

指定圆弧的起点：@36 <180（按 Enter 键）；

指定圆弧的端点或 [角度(A)/弦长(L)]：A（按 Enter 键）；

指定包含角：–270（按 Enter 键）。

(8) 单击保存按钮，保存该图形。

2.6 上机实践

(1) 利用“偏移”和“修剪”命令，绘制如图 2-39 所示图形，并取文件名为“标题栏”存盘。

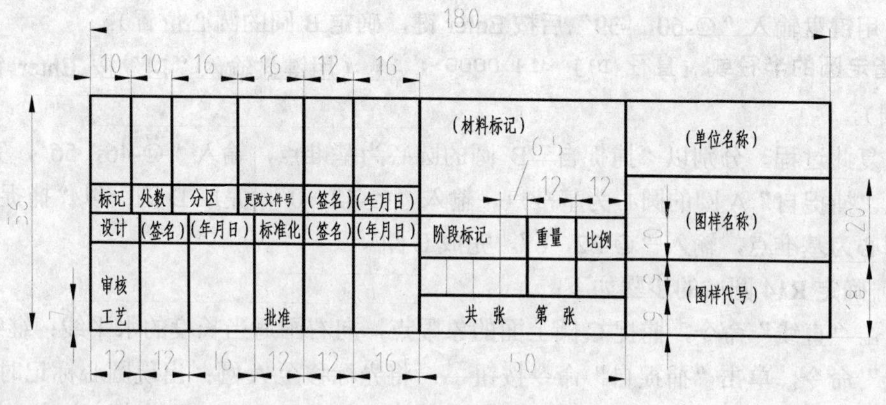

图 2-39　标题栏

(2) 按照尺寸绘制如图 2-40 所示图形，并取文件名为“轴架”存盘。本题重点练习利用“捕捉自”命令，确定圆及圆弧的圆心位置。

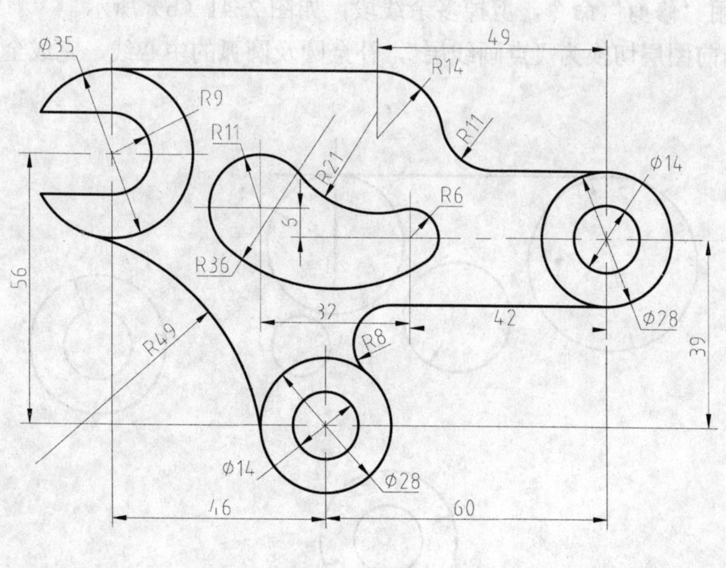

图 2-40　轴架

操作步骤如下：

① 打开“标准图层”文件后，将当前图层切换为“粗实线层”并另存为“轴架”。

② 单击“圆”命令，绘制图形右侧的 ϕ28A 圆，以此圆的圆心为基准点，利用“捕捉自”命令，确定与 A 圆有定位尺寸关系的 B 圆的圆心位置。具体操作如下：

单击“圆”命令；

命令：_circle 指定圆的圆心或 [三点(3P)/两点(2P)/切点、切点、半径(T)]:

点击“捕捉自”命令按钮；

命令：_circle 指定圆的圆心或 [三点(3P)/两点(2P)/切点、切点、半径(T)]: _from 基点:

将光标移至 A 圆；出现圆心标记时单击；

命令：_circle 指定圆的圆心或 :(T)]: _from 基点: <偏移>: @-60,-39

（用键盘输入“@-60，-39”后按 Enter 键，确定 B 圆的圆心位置）；

指定圆的半径或 [直径(D)] <14.0000>: 14 （用键盘输入“14”按 Enter 键，完成 B 圆）。

重复此过程，分别以“捕捉自”B 圆的圆心为基准点，输入“@-46，56”，完成 C 圆；以“捕捉自”A 圆的圆心为基准点，输入“@-42，0”，完成 D 圆；以“捕捉自”D 圆的圆心为基准点，输入“@-32，6”，完成 E 圆。

③ 确定 R14 圆心的步骤如下：

单击“直线”命令，捕捉 C 圆上面的象限点，向右画适当长度的水平线；继续执行“直线”命令，单击“捕捉自”命令按钮；将光标移至 A 圆；出现圆心标记时单击；输入“@-49，15”后，向上画一条适当长度的线，与水平线相交于 F 点；单击“圆”命令，单击“捕捉自”命令按钮；捕捉到交点 F 后单击，输入“@0，-14”后按 Enter 键，（确定 R14 圆弧的圆心位置），输入半径“14”后按 Enter 键结束。

④ 利用“切点、切点、半径（T）”的方式顺次画出 R49、R8、R11、R36、R21 等连接弧。利用“修剪”命令，剪掉多余线段，如图 2-41（b）所示。

⑤ 将当前图层切换为“点画线层”，补全圆及圆弧的中心线，完成全图，如图 2-41（c）所示。

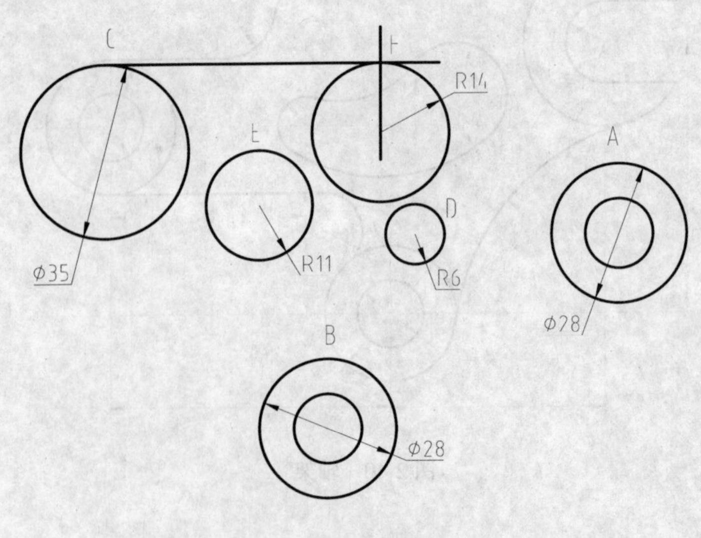

(a) 画已知圆

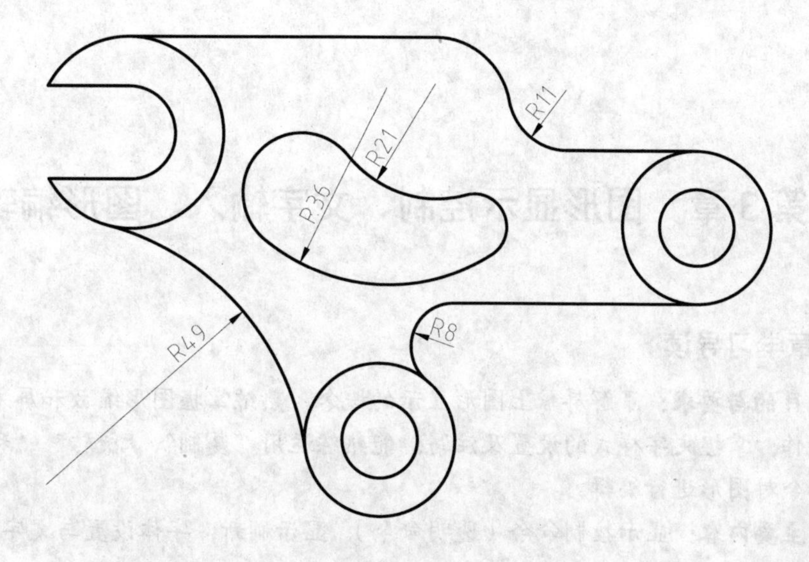

(b) 画相切圆弧

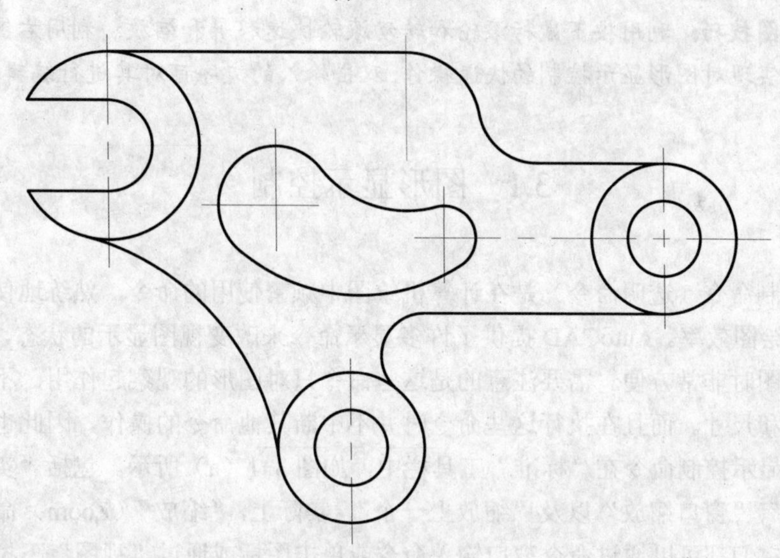

(c) 修剪多余线段，补全中心线，完成全图

图 2-41　画图步骤

第 3 章　图形显示控制、文字输入、图形编辑

本章学习导读

目的与要求： 了解屏幕上图形显示的概念，熟练掌握图形缩放和屏幕移动的操作；掌握文字样式的设置及注写；能熟练运用“复制”、“旋转”、“移动”等命令对图形进行编辑。

主要内容： 显示控制命令（透明命令）、显示刷新；字体设置与文字输入；图形编辑：复制、旋转、移动。

作图技巧： 利用按下鼠标滚轮和转动滚轮快速移屏和缩放；利用右键快捷菜单来实现对图形显示控制的快速操作；双击输入的文字可对其进行编辑修改。

3.1　图形显示控制

显示控制命令（透明命令）是在计算机绘图中频繁使用的命令，熟练地使用这些命令，可提高绘图效率。AutoCAD 提供了许多显示命令来改变视图显示的状态，使得用户在绘图和读图时非常方便。需要注意的是这些命令只对图形的观察起作用，不影响图形的实际位置和尺寸。而且在执行这些命令时并不中断其他命令的操作，因此也叫透明命令。常用的显示控制命令在“标准”工具栏中，如图 3-1（a）所示。包括“实时平移”、“实时缩放”、“窗口缩放”以及“缩放上一个”。实际上，“缩放”（Zoom）命令下面有 9 种选项，它们都可以通过命令窗口输入命令或单击图标或通过“视图”下拉菜单中的“缩放”命令进行操作，如图 3-1（b）所示。当单击图 3-1（a）图中第三个按钮时会弹出如图 3-1（b）所示的其他显示控制按钮，这些显示控制工具在“缩放”工具栏中也可找到。下面介绍图 3-1（a）图中 4 种显示控制工具的使用。

[全部(A)/中心(C)/动态(D)/范围(E)/上一个(P)/比例(S)/窗口(W)/对象(O)] <实时>:

(a)　　　　(b)

图 3-1　显示控制工具按钮

3.1.1　显示控制命令

1. 实时平移（Pan Realtime）

在不改变图形比例的情况下对图形的移动。它不改变窗口的比例，只是改变观察的部位。图形的移动可以通过以下几种方式来实现：

在命令窗口中输入命令“p”按 Enter 键/单击“标准”工具栏上的图标。

操作后在绘图区出现一个手形的图案，用户可以按住鼠标左键上下左右拖动，图形将随着鼠标的移动而移动。

2. 实时缩放（Zoom Realtime）

对图形进行连续放大或缩小的操作。图形的缩放可以通过以下几种方式实现：

在命令窗口中输入命令“Z”按两次 Enter 键/单击“标准”工具栏上的图标。

操作后在绘图区出现一个如放大镜似的图案，按住鼠标左键向上移动将放大视图，向下移动将缩小视图，缩放合适后按 Esc 键或 Enter 键可退出视图的缩放。

在实时缩放模式下，在绘图区右击弹出快捷菜单，如图 3-2 所示，可以选择菜单中的命令进行操作。例如，选择“平移”命令，即可进行实时移动屏幕的操作。因此掌握该项操作可快捷地变换视图缩放的各种命令。

3. 窗口缩放（Zoom Window）

当图形中某一部分需要局部放大的时候可以应用窗口放大的方式，窗口放大可以通过以下几种操作来实现：

在命令窗口中输入命令“Z”按 Enter 键，再输入“W”按 Enter 键/单击“标准”工具栏上的图标。

操作后按住鼠标左键以窗口方式选择需要局部放大的区域。如图 3-3 中将需要放大的区域置于选择窗口内，然后按下鼠标左键，选择窗口内的图形便放大成如图 3-4 中所示的状态。

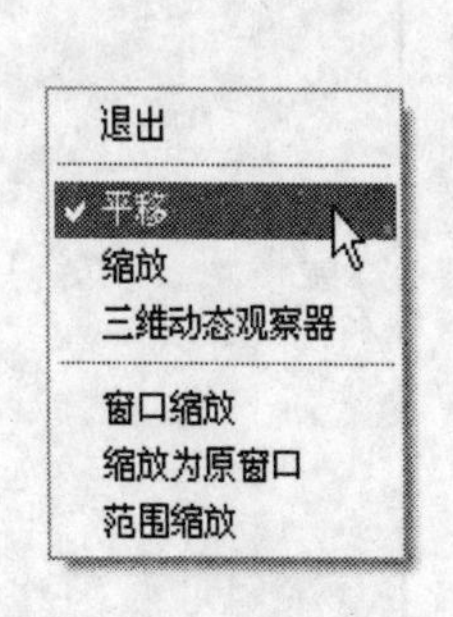

图 3-2　快捷菜单

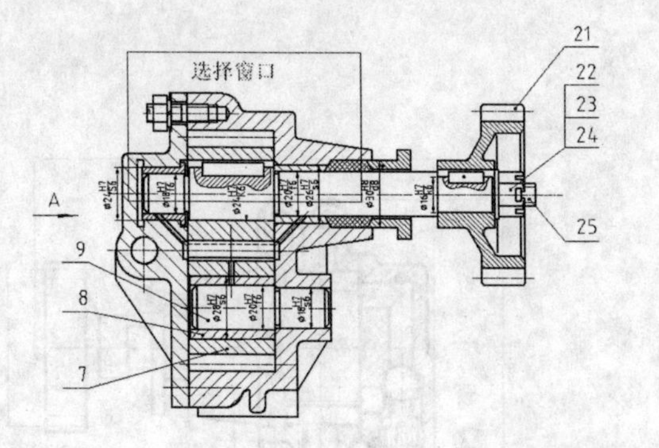

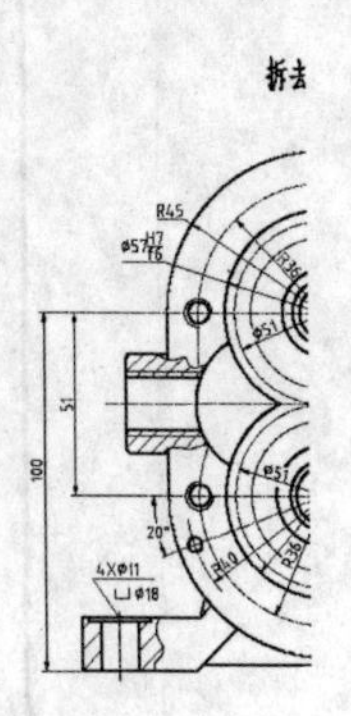

图 3-3　利用选择窗口放大图形

4. 缩放上一个（Zoom Previous）

在执行完视图缩放操作后，需要回到前一次作图状态时，可以使用“缩放上一个”命令使视图回退。以下几种方式可以实现视图回退：

在命令窗口中输入命令“Z”按 Enter 键，再输入“P”按 Enter 键/单击“标准”工具栏上的图标。

执行以上操作，即可回到前一次图形缩放状态。例如：将图 3-3 中的图形利用窗口缩放成图 3-4 中的图形后再执行“缩放上一个”的操作，即可回到图 3-3 的状态。

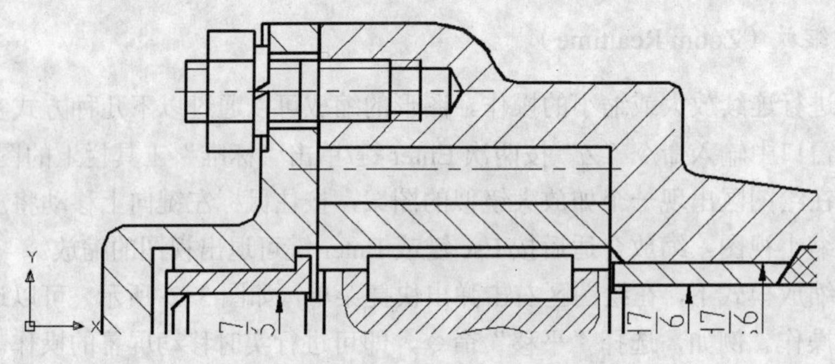

图 3-4 选择窗口内的放大图形

5. 全部缩放（Zoom All）

利用全部缩放功能可以将当前的图形文件全部显示出来。如果全部图形均在预先设置的绘图范围内，则在屏幕上显示该范围，如图 3-5 中的图形是绘制在预先设置的 A3 图幅之中。如果有些图形绘制在预先设置的绘图范围之外，利用该命令也可以将绘制在绘图范围之外的图形在屏幕上全部显示出来。以下几种方式可以实现全部缩放：

在命令窗中输入命令“Z”按 Enter 键，再输入“A”按 Enter 键/单击“缩放”工具栏上的图标。

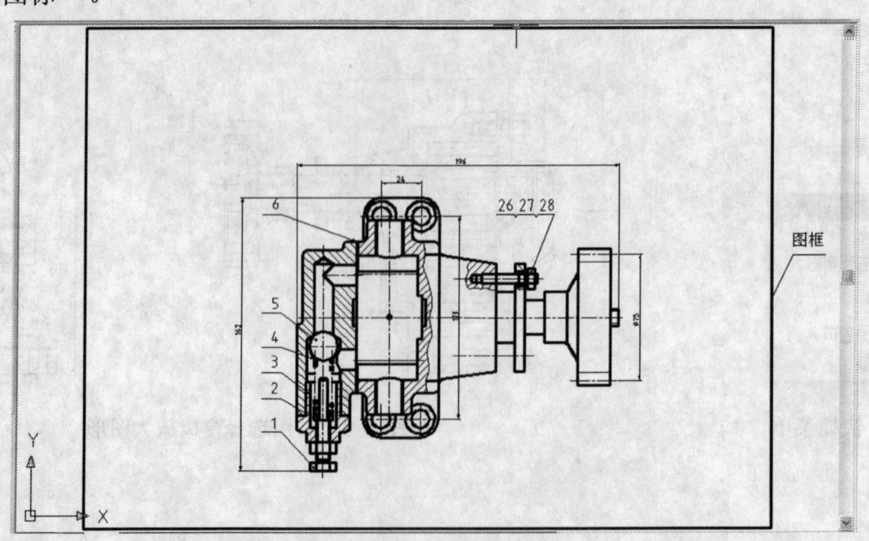

图 3-5 全部缩放

6. 范围缩放（Zoom Extents）

利用范围缩放功能可以将当前的图形文件尽可能大地在屏幕上全部显示出来，不再受预先设置的绘图范围的影响。“全部缩放”和“范围缩放”的区别就在于前者受预先设置的绘图范围影响，而后者不受此约束。例如：将图 3-5 中设置的图框删掉，再执行“范围缩放”的命令，就会出现如图 3-6 所示的状态。以下几种方式可以实现范围缩放：

在命令窗中输入命令“Z”按 Enter 键，再输入“E”按 Enter 键/单击“缩放”工具栏上的图标。

如果当前正进行“实时缩放”和“移屏”操作，右击鼠标，从快捷菜单中选择“范围缩放”命令，也会将图形文件尽可能大地在屏幕上全部显示出来。

全部缩放和范围缩放的共同之处是都可将全部图形对象显示在屏幕上，区别在于范围缩放能在最大范围内显示图形，因此在绘图过程中用得更多的是范围缩放。

以上 6 种控制图形显示的操作，在绘图中使用频繁，应熟练掌握。其他几种显示控制命令（动态缩放、比例缩放、中心缩放、对象缩放）读者可自己练习体会。

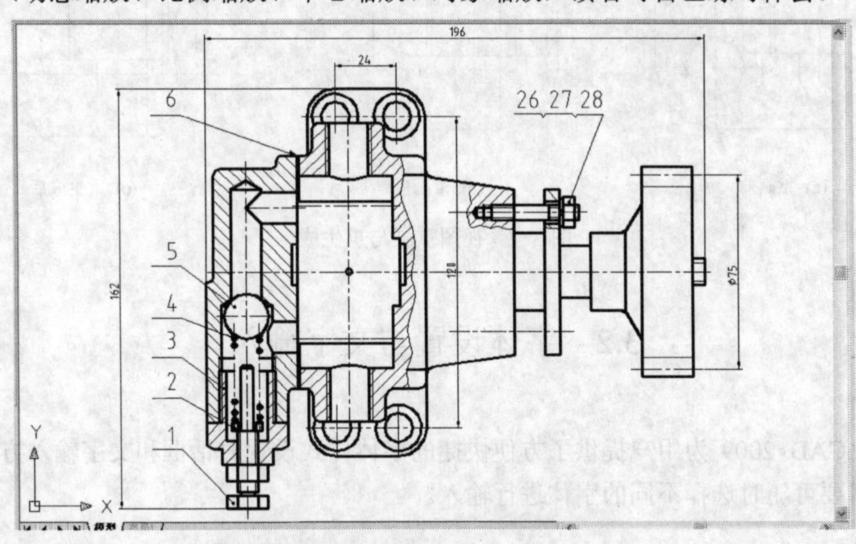

图 3-6　范围缩放

7. 利用鼠标移屏与缩放

如果计算机配置的是滚轮双键鼠标，则可利用鼠标快捷实现移屏和缩放的操作。

具体操作过程是：按下滚轮并移动鼠标即可对屏幕进行移动；向前转动滚轮即可放大屏幕；向后转动滚轮即可缩小屏幕。

3.1.2　重画（Redraw）与重生成（Regen）

1. 重画（Redraw）功能

在对图形进行编辑与修改过程中，会在屏幕的绘图区域留下作图的痕迹，会显示一些小斑点，如图 3-7（a）所示。这些痕迹在打印图形时并不显示出来，但是影响视觉效果，利用重画命令可删除这些痕迹。以下几种方式可以实现重画：

在命令窗中输入命令“Redraw”按Enter键/选择“视图”下拉菜单中的“重画”。执行“重画”命令的结果如图3-7（b）所示。

2. 重生成（Regen）功能

在绘图过程中，对于某些图形对象，如圆、圆弧等，在屏幕上以折线形式显示，如图 3-7（a）、（b）中的圆和圆弧为多段直线段，而通过重画操作往往不能消除这种显示误差。利用重生成操作则可以使它们按实际形状显示，如图3-7（c）所示。以下几种方式可以实现重生成：

在命令窗中输入命令“Re”按Enter键/选择“视图”下拉菜单中的“重生成”或“全部重生成”。

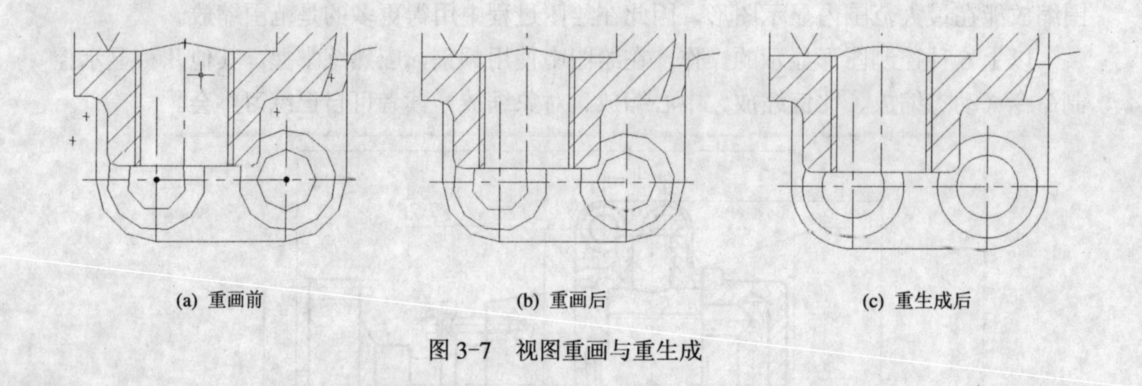

(a) 重画前　　(b) 重画后　　(c) 重生成后

图3-7　视图重画与重生成

3.2　字体设置与文字输入

AutoCAD 2009为用户提供了方便快捷的字体样式设置对话框和文字输入方式。用户根据需要可随时选择不同的字体进行输入。

3.2.1　字体样式（Style）设置的操作

通过以下几种方式可以打开如图3-8所示的文字样式设置对话框：

在命令窗口中输入命令“st”按Enter键/选择“格式”下拉菜单中的“文字样式”/单击选项板中的 注释 ，再选择 文字样式 。

系统默认设置的文字样式名为“Standard”，该样式所对应的字体为“宋体”，如果要输入其他字体，则需在此对话框中重新设置。例如国家标准规定，工程图样中的汉字应写成长仿宋字，其字体应选择“T仿宋_GB2312”，字母应选择“gbenor.shx”，数字应选择“isocp.shx”，因此应在“文字样式”对话框中设置所需要的字体。字体设置步骤如下：

(1) 单击对话框中的 新建(N)... ，弹出“新建文字样式”对话框，如图3-9所示。系统默认样式名为“样式1”。可根据需要更改样式名，如改为“仿宋体”，更改后单击“确定”按钮。

(2) 在“文字样式”的对话框中，打开“字体名”窗口，选择“T 仿宋_2312”，将宽度比例设为“0.7”(字宽与字高之比为 0.7)，即长仿宋字，如图 3-10 所示。

(3) 单击 应用(A) 按钮后，单击 关闭(C) 按钮。重复此过程可设置多种样式的字体。

在设置字体的过程中，可利用“文字样式”对话框对所设字体重新命名或删除所设字体。

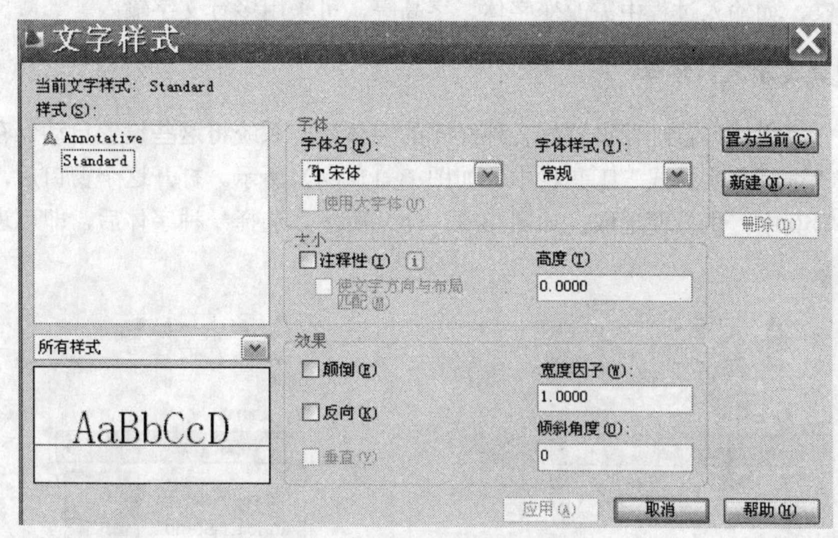

图 3-8　“文字样式”对话框

图 3-9　“新建文字样式”对话框

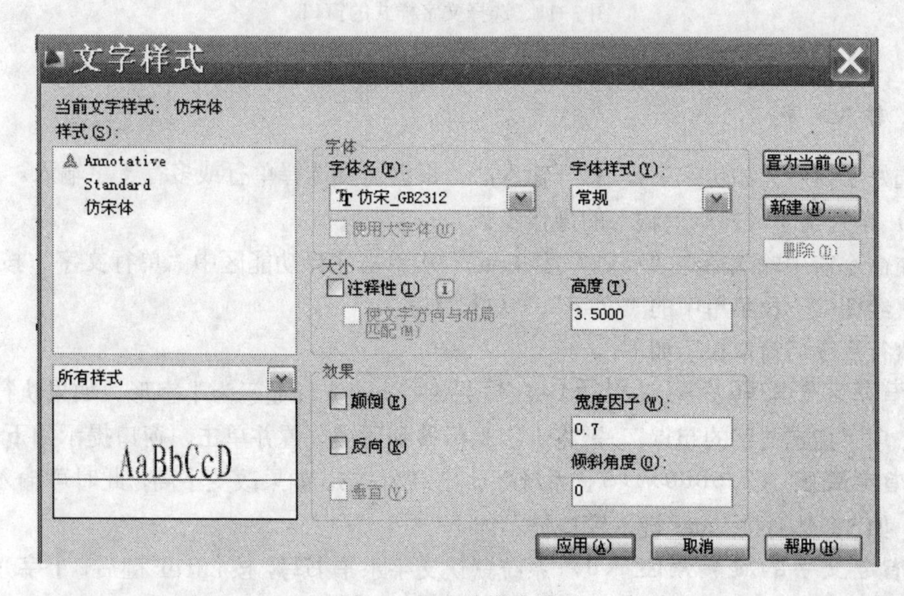

图 3-10　字体样式设置

3.2.2 文字输入的操作

AutoCAD 2009 的文字输入有两种方式：单行文字输入和多行文字输入。

如果输入的文字较少，且不断变换书写位置，可以采用单行文字输入。如果输入的格式较复杂，如输入过程中需改变字体、字高等，可采用多行文字输入。

1. 选择要输入的字体

在“文字样式”管理器设置好各种样式的字体后，系统将这些设置自动保存在注释功能区的“选择文字样式”工具栏中，如图 3-11（a）所示。打开这个窗口后，所设置的字体尽显其中，供方便选取，如图 3-11（b）所示。选择一种字体后，即可进行文字输入。

(a)

(b)

图 3-11 选择文字样式的窗口

2. 输入文字

选好字体后（如仿宋字），打开输入法，根据需要选择单行或多行文字输入。

1）单行文字（Text）输入的操作步骤

在命令窗中输入命令“text”按 Enter 键/单击注释功能区中“单行文字”按钮/选择“绘图”下拉菜单中的“文字”、“单行文字”。

执行命令后窗口提示如下：

指定文字的起点或 [对正(J)/样式(S)]: 光标显示为十字形。如果执行窗口中第 1 项“指定文字的起点”，需将十字光标移到适当位置并单击，窗口提示如下：

指定高度 <2.5000>: 5，系统默认字高为 2.5。如果改变字高，此时可输入所需字高，如 5，然后按 Enter 键，窗口提示如下：

指定文字的旋转角度 <0>: 系统默认文字水平书写，按 Enter 键后，十字光标变成闪动的“I”形（此时如果“I”形位置不合适，可移动光标进行调整），选择一种汉字输入法，如智能 ABC，即可输入所选字体的汉字。如敲出“齿轮传动”后，按下空格键，即可将其输入到绘图区中。注意单行文字输入时，十字光标可随时移动到需要写字的位置，如图 3-12 中由“齿轮传动”移到“技术要求”左侧，按下左键后即可在此输入“技术要求”等文字。文字输入完成后需二次按 Enter 键方能确认。

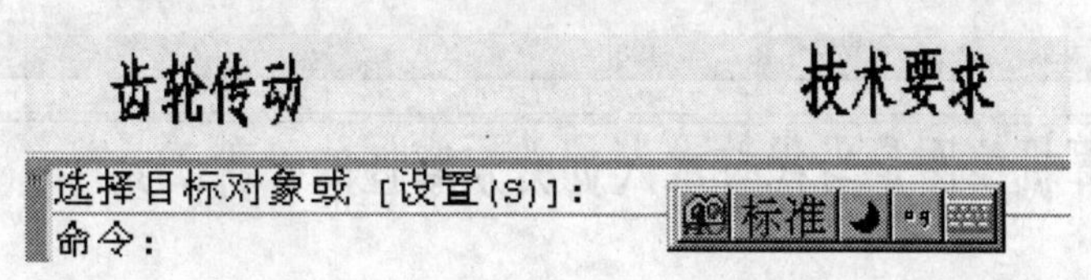

图 3-12　单行文字输入

启动单行文字输入后，命令窗口提示：“指定文字的起点或[对正(J)/样式(S)]：”此时输入对正命令“J”按 Enter 键，命令窗口显示 14 种对齐方式，如图 3-13 所示。

输入选项
[对齐(A)/调整(F)/中心(C)/中间(M)/右(R)/左上(TL)/中上(TC)/右上(TR)/左中(ML)/正中(MC)/右中(MR)/左下(BL)/中下(BC)/右下(BR)]:

图 3-13　文字的 14 种对齐方式

单行文字输入时，系统默认的对齐方式为左对齐，即以光标为基准，从左向右排列。如果选择中间对齐，则所写文字以十字光标中点为基准向两侧排列。对齐方式可通过以下操作进行选择：出现 14 种对齐方式后，只需输入括号中的字母，如选择中间对齐, 只需输入“M”, 按 Enter 键即可，接着便可以按照前述步骤输入文字。文字输入完成后, 按 Enter 键两次, 所输入文字即以十字光标中点为基准向两侧排列。读者可自行练习各种排列方式, 观察各种对齐方式的区别。

2) 多行文字（Mtext）输入的操作步骤

在命令窗中输入命令“T”按 Enter 键/单击“注释”功能区中的“多行文字”图标 A/选择“绘图”下拉菜单中的“文字”的下级菜单“多行文字”。

(1) 执行命令后窗口提示：如图 3-14 所示。

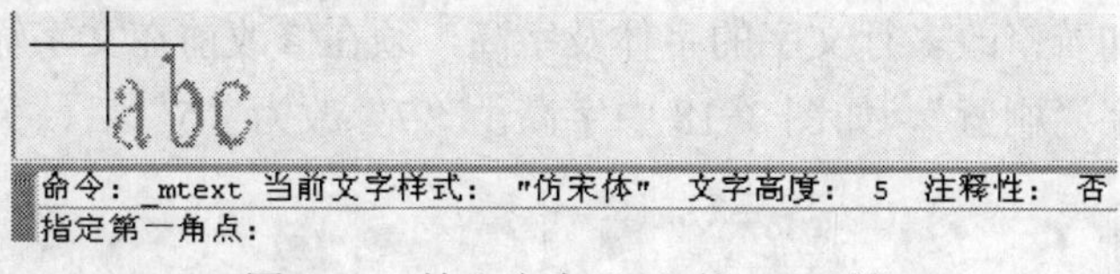

图 3-14　输入命令“T”按 Enter 键

(2) 在需要写字的位置单击，指定第一角点，命令窗口提示如图 3-15 所示。

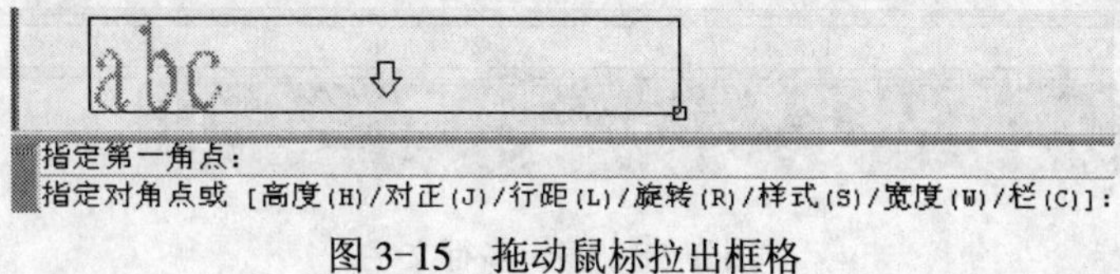

图 3-15　拖动鼠标拉出框格

(3) 在第二次单击之前，可选择中括号内的项目进行重新设置，如不需要重新设置，只需拖动鼠标拉出框格，再次单击确定框格的对角点，此时弹出如图 3-16 所示的文字格式对话框。

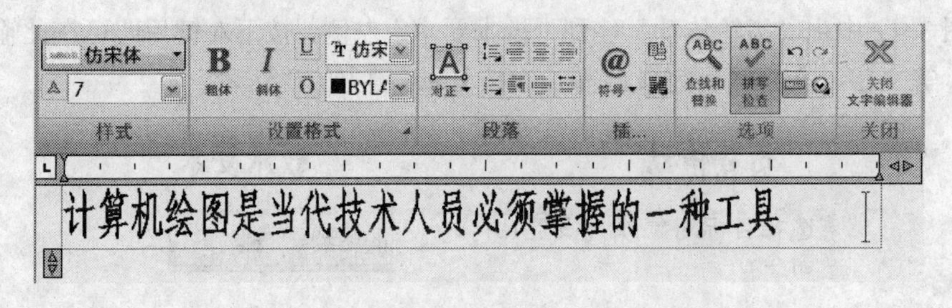

图 3-16　多行文字的输入

(4) 选择需要的字体，确定字的高度，打开汉字输入法即可输入文字，如图 3-16 所示。输入后单击“关闭文字编辑器”按钮或在对话框外的空白处单击，完成多行文字的书写。

3. 文字的编辑与修改

1) 单行文字的修改

单行文字的修改过程如图 3-17 所示。双击写好的单行文字如“计算器绘图”，就会出现图 3-17（b）所示的待修改状态，然后即可对文字进行编辑修改。需要说明的是，单行文字的字体及字高在此操作中不可修改，如若修改须利用“特性”对话框对有关属性进行修改，详见第 6 章“属性修改”。

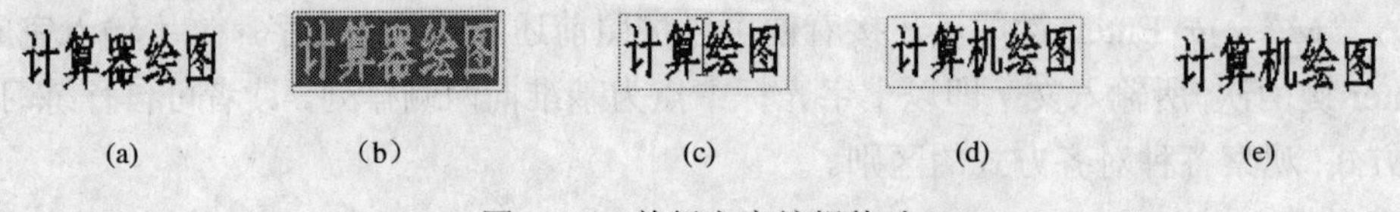

图 3-17　单行文字编辑修改

2) 多行文字的修改

双击写好的多行文字，在弹出的图 3-18 所示的对话框中，即可对文字进行编辑修改。需要说明的是，如若修改多行文字的字体及字高，须在修改前在文字输入框中按下左键将需要改动的文字“刷蓝”，如图 3-18 中字高由“7”改为“5”后，关闭对话框即可。

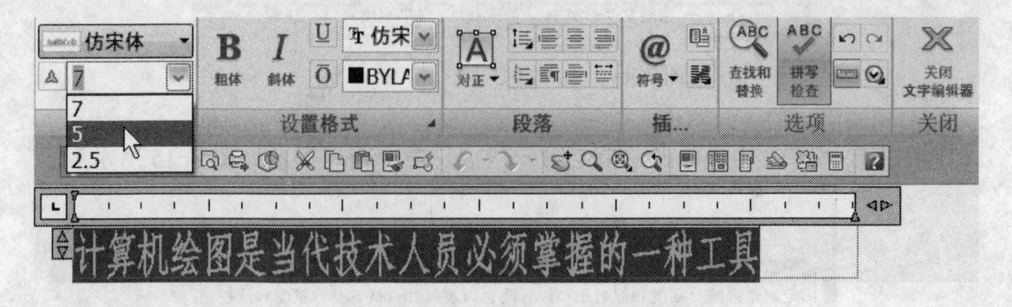

图 3-18　编辑多行文字

3.3　图形编辑：复制、旋转、移动

3.3.1　复制（Copy）命令

1. 功能

将绘制好的图形、写好的文字等复制到其他位置。

2. 启动命令

输入命令“Cp”后按 Enter 键/单击“复制”图标/选择“修改”下拉菜单中的“复制”。

下面以图 3-19～图 3-23 为例说明复制的操作过程（先按尺寸绘制图 3-19，然后利用复制命令完成图 3-23）。

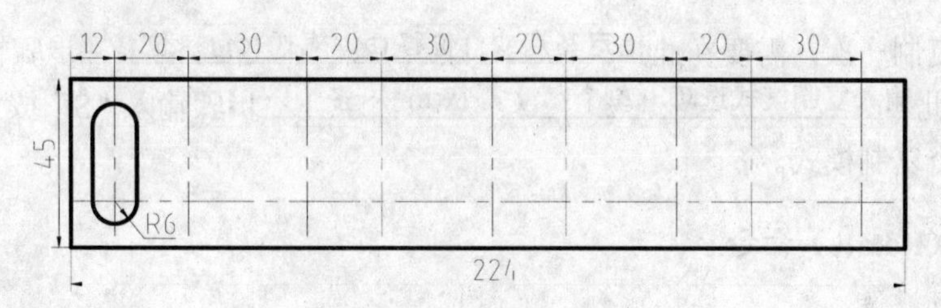

图 3-19　按尺寸绘图

执行“复制”命令后窗口提示：

选择对象：选取图 3-20 中的长圆形后按 Enter 键。

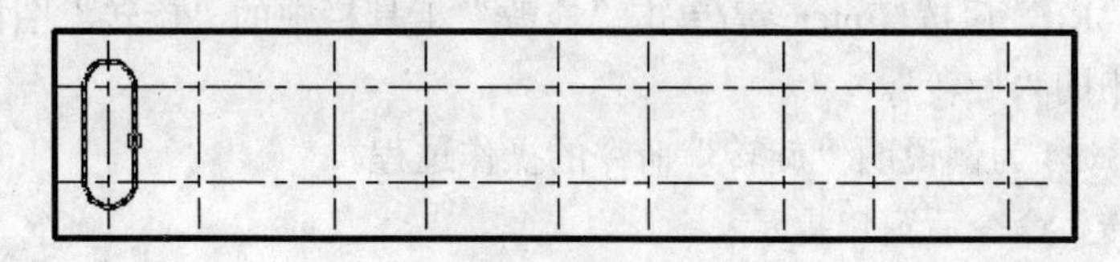

图 3-20　选择长圆形

当前设置：　复制模式 = 多个

指定基点或 [位移(D)/模式(O)] <位移>：（说明：AutoCAD 2009 默认的复制模式为重复复制。直接指定基点，进行复制即可）用光标捕捉长圆形的圆心后单击，如图 3-21 所示。

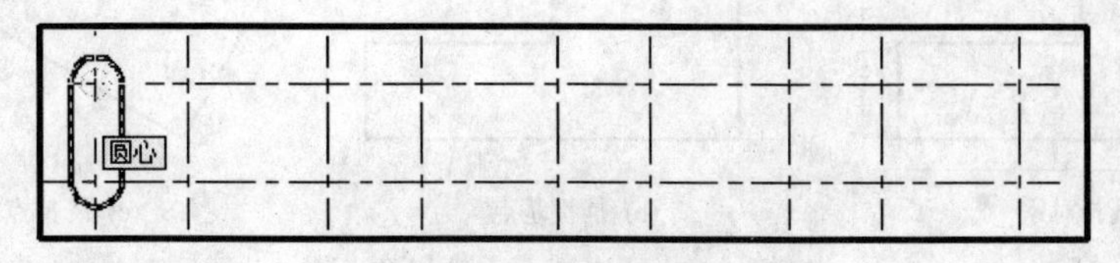

图 3-21　捕捉长圆形的圆心

指定基点：指定位移的第二点或 <用第一点作位移>：单击捕捉交点，完成一次复制，如图 3-22 所示，重复此步骤即可完成如图 3-23 所示的图形。

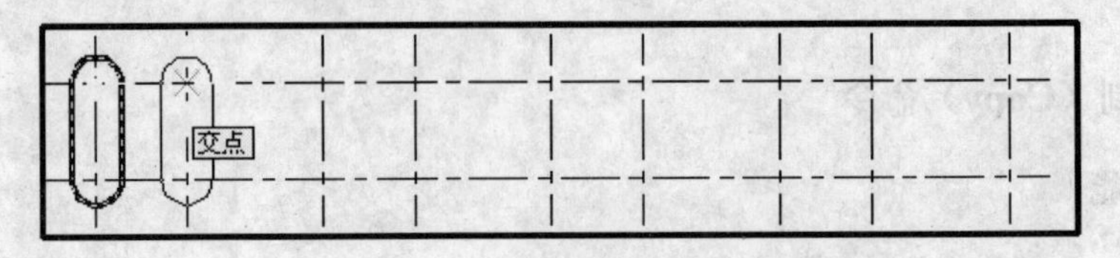

图 3-22 捕捉交点

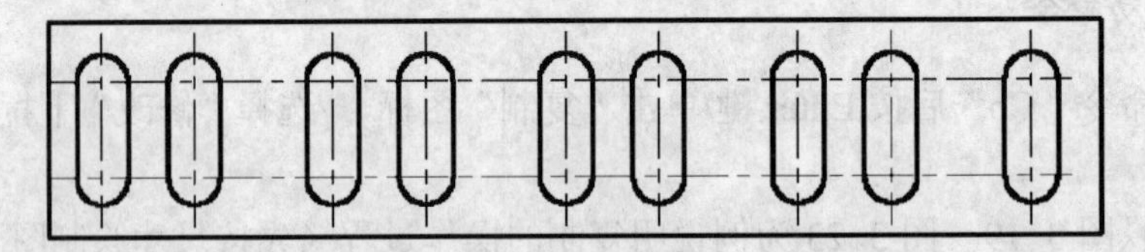

图 3-23 复制后的图形

如果只复制一次，需要在此指定基点或 [位移(D)/模式(O)] <位移>：步骤输入“O”按 Enter 键；在此输入复制模式选项 [单个(S)/多个(M)] <多个>：步骤输入“S”按 Enter 键，即可切换成单个复制模式。

3.3.2 旋转（Rotate）命令

1. 功能

将绘制好的图形进行适当角度的旋转。

2. 启动命令

输入命令“Ro”后按 Enter 键/单击“修改”工具栏中的“旋转”图标/选择“修改”下拉菜单中的“旋转”。

下面以图 3-24 为例说明“旋转”命令的操作过程。

执行“旋转”命令后窗口提示：

选择对象：用矩形框选中图 3-24（a）所示的图形后按下左键按 Enter 键；

指定基点：用光标捕捉左下角点，如图 3-24（b）所示；

指定旋转角度或 [参照(R)]：输入“30”后按 Enter 键（将原图形旋转 30°，如图 3-24（c）所示）。

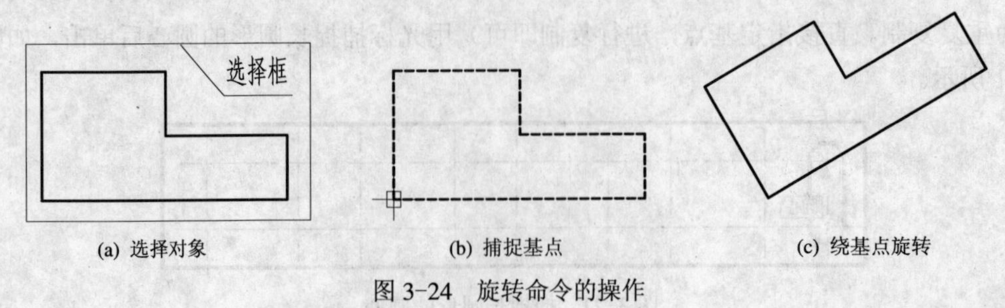

(a) 选择对象　(b) 捕捉基点　(c) 绕基点旋转

图 3-24 旋转命令的操作

3.3.3　移动（Move）命令

1. 功能

将绘制好的图形沿着基点移动一定的距离，使其到达指定的位置。移动和移屏的区别是：利用“移动”命令可以使当前屏幕上的实体与实体（包括图形、尺寸、文字等各种实体）之间的距离发生变化。而移屏是指当前屏幕上的全部实体整体移动，实体之间的位置不发生变化。

2. 启动命令

输入命令“M”后按 Enter 键/单击“修改”工具栏中的“移动”图标/选择“修改”下拉菜单中的“移动”。

下面以图 3-25 为例说明“移动”命令的操作过程。

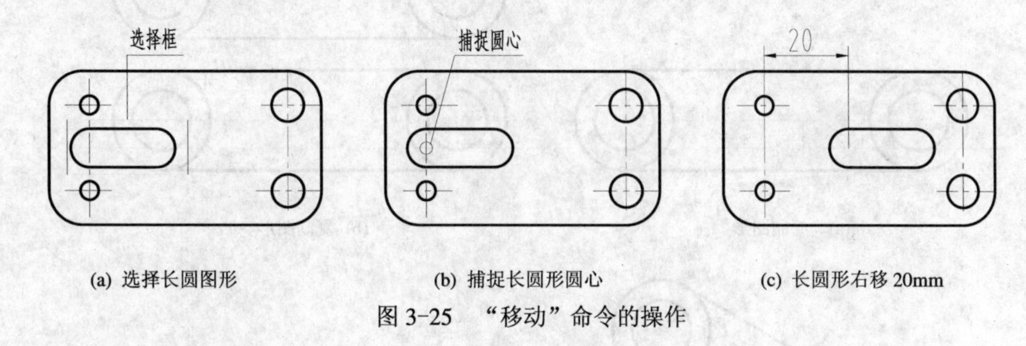

(a) 选择长圆图形　(b) 捕捉长圆形圆心　(c) 长圆形右移 20mm

图 3-25　“移动”命令的操作

执行“移动”命令后窗口提示：

选择对象：用矩形框选中图 3-25（a）中的长圆图形按下左键后按 Enter 键；

指定基点：单击捕捉长圆形左侧圆心，如图 3-25（b）所示；

指定基点或位移：指定位移的第二点或 <用第一点作位移>：输入“@20，0”后按 Enter 键，完成长圆图形向右移动 20mm 的操作，如图 3-25（c）所示。

3.4　综合演示

综合运用上述编辑命令绘制如图 3-26 所示的图形。具体操作步骤如下：

(1) 利用“直线”、“圆”等绘图命令绘制如图 3-27（a）所示的图形；

(2) 将图 3-27（a）进行复制，如图 3-27（b）所示；

(3) 将复制以后的图形进行旋转，如图 3-27（c）所示；

(4) 捕捉圆心点移动上面的图形，使两个图形的圆心重合，如图 3-27（d）所示；

(5) 利用“修剪”命令裁掉多余线段，完成如图 3-26 所示的图形。

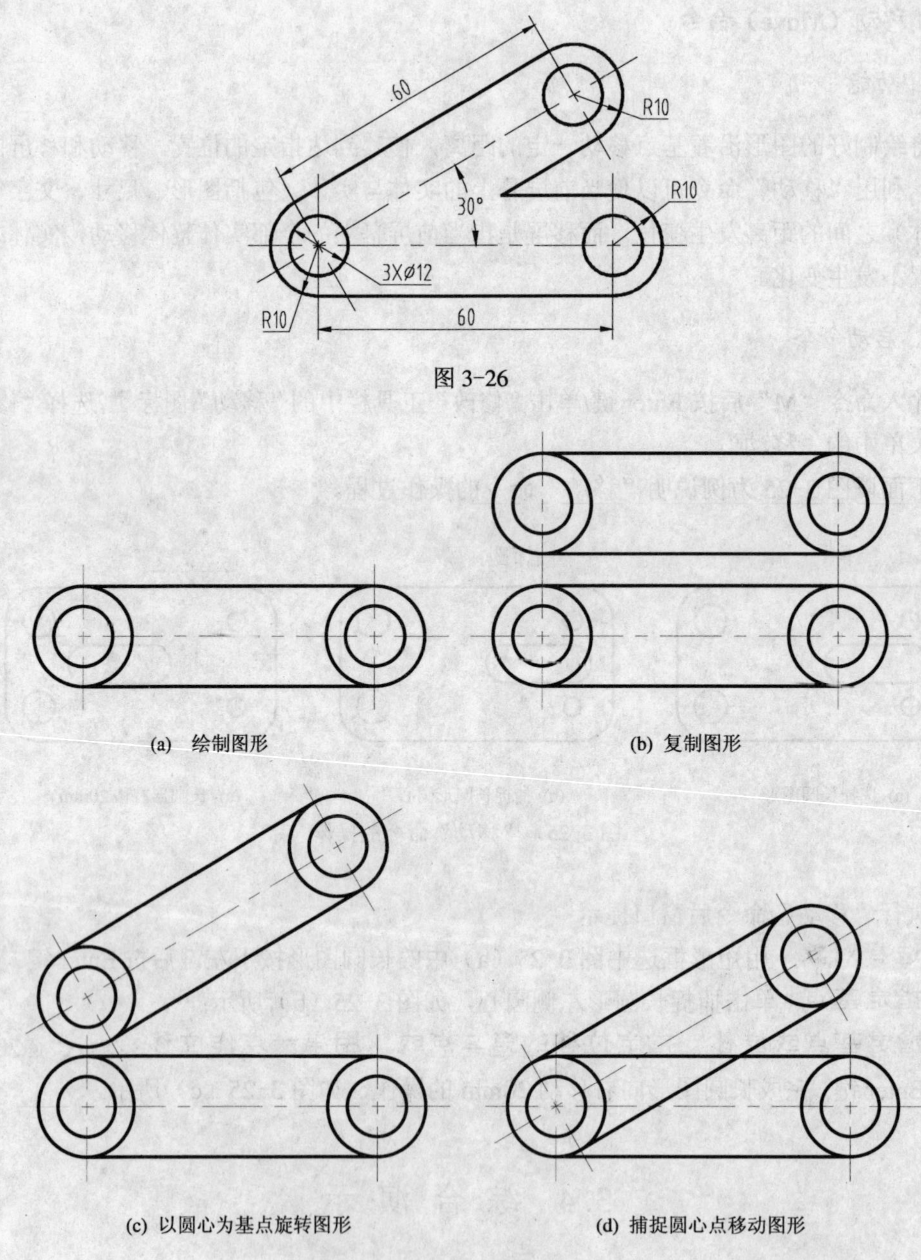

图 3-26

(a) 绘制图形

(b) 复制图形

(c) 以圆心为基点旋转图形

(d) 捕捉圆心点移动图形

图 3-27 绘图步骤

3.5 上 机 实 践

(1) 调出图 2-39 所示的标题栏，按照图 3-28 的式样填写文字并取名“标题栏”保存，以备以后使用。

提示: 样式名为“仿宋字”；字体为“T 仿宋_GB2312”（不要选择“@T 仿宋_GB2312”的字体，否则写出的字不是水平排列，而是字头朝左）；字体高度分别为“3.5”、“5”、

“10”。

									吉林大学 学院　　班
标记	处数	分区	更改文件号	签名	年月日				主动齿轮
设计	赵子龙	20050815	标准化			阶段标记	重量	比例	
审核									00.01
工艺			批准			共　张		第　张	

图 3-28　填写标题栏中的文字

(2) 绘制如图 3-29（a）和图 3-30 所示的图形，文件名分别为“作业 3-29”、“作业 3-30”。

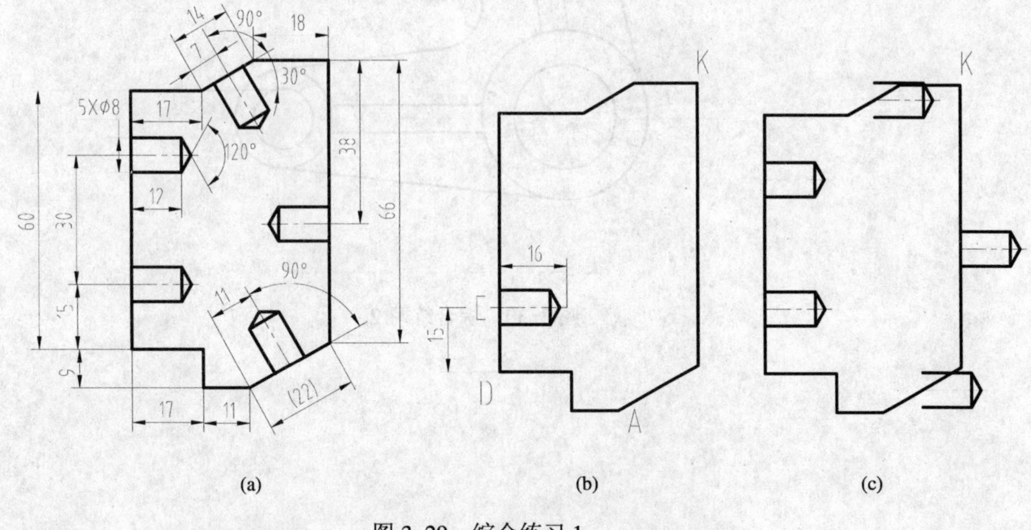

图 3-29　综合练习 1

提示：

① 按照图 3-29（a）给出的尺寸，从 A 点向左画起，其中 30°斜线利用相对极坐标（@长度<角度）绘制，输入@14<30。

② 利用“画线”命令和“捕捉自”命令，过 E 点画点画线。具体步骤是：

启动画线命令；单击“捕捉自”按钮；捕捉 D 点再单击鼠标；输入“@0，15”按下 Enter 键；打开正交，输入“16”（点画线长度）按下 Enter 键，完成点画线。

③ 利用“画线”命令和“捕捉自”命令，画矩形（120°角利用相对极坐标绘制，略）。具体步骤是：

启动“画线”命令；单击“捕捉自”按钮；捕捉 E 点再单击鼠标；输入“@0，-4”按下 Enter 键；打开正交，输入“12”按下 Enter 键，输入“8”按下 Enter 键，输入“12”按下 Enter 键，完成矩形。

④ 利用“复制”命令和“捕捉自”命令，复制 ϕ8 孔，具体步骤是：

启动“复制”命令；选择 E 处图形并右击鼠标，捕捉 E 点，单击“捕捉自”按钮；输入“@0，30”按下 Enter 键；移动鼠标，出现捕捉框时单击鼠标，完成一次复制。继续单击“捕捉自”按钮；捕捉 K 点，输入“@0，-38”按下 Enter 键；移动鼠标，出现捕捉框时单击鼠标，完成二次复制。

单击“捕捉中点”按钮；捕捉 30° 线中点再单击鼠标；完成三次复制。继续单击“捕捉中点”按钮；捕捉下部斜线中点，按下左键；完成四次复制。

⑤ 利用“旋转”命令，将右侧三个孔转至图 3-29（a）所示位置。

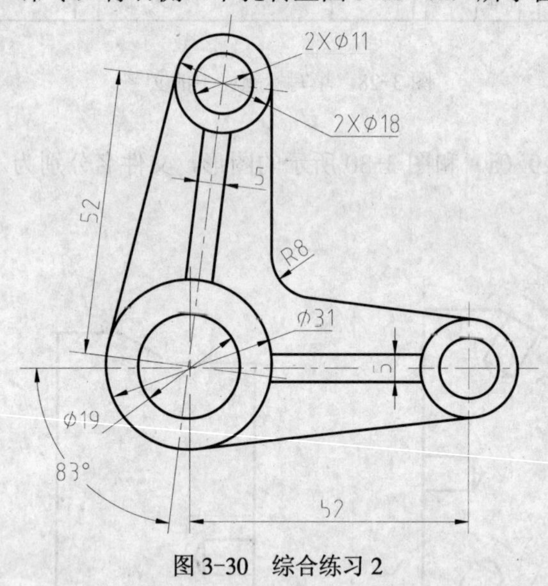

图 3-30 综合练习 2

第4章 夹点功能、目标查询、绘图和编辑

本章学习导读

目的与要求： 熟练掌握夹点功能和缩放、镜像、阵列等编辑命令，可以加快图形编辑的速度。使用查询功能可以方便地查询两点间的距离，计算平面图形的面积。利用多线、多段线命令可以使特殊图形的绘制速度加快。

主要内容： 夹点的功能与使用。目标查询：距离查询、面积查询。二维绘图：多线、多段线。图形编辑：缩放、镜像、阵列。

作图技巧： 在使用夹点功能延长或缩短水平或垂直方向线时，打开“正交”方式，关闭“对象捕捉”方式。

4.1 夹点的功能与使用

4.1.1 夹点的功能

利用夹点功能可以对对象方便地进行拉伸、移动、缩放、加长以及旋转等修改操作。

在“命令”状态下，选取欲修改的对象，被选取的对象上出现若干个蓝色小方格，如图4-1所示，将这些小方格称为相应对象的特征点。利用夹点功能对对象进行修改，也就是利用特征点对所选对象进行修改。

选取欲修改的对象后，对象呈虚线形式显示并出现特征点标记。光标移至特征点，特征点变橘红色表示被捕捉到，单击特征点变深红色，此时命令行出现下列提示：

指定拉伸点或 [基点(B)/复制(C)/放弃(U)/退出(X)]:

选择以上各选项可以实现对相应对象的拉伸、指定任意点为基点的复制、放弃、退出等操作。操作完成后，按Enter键或Esc键退出。

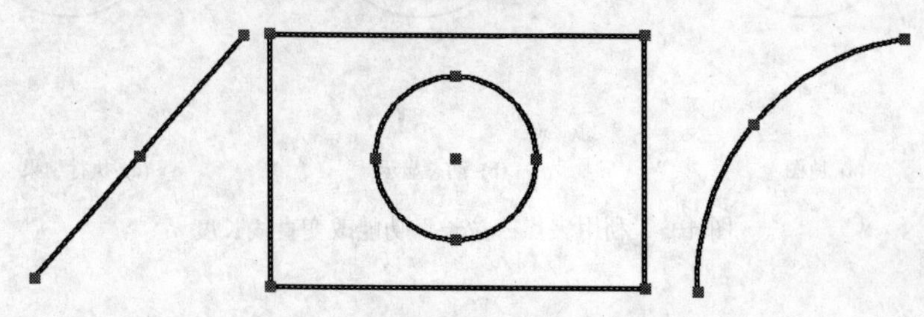

图4-1 被选目标特征点显示情况

4.1.2 夹点的使用

1. 移动（Move）

将如图 4-2（a）所示的两圆移动成图 4-2（b）所示的同心圆。

选择如图 4-2（a）所示 ϕ20 的圆，显示蓝色特征点（四个象限点和一个圆心），将光标移至圆心特征点处单击并移动鼠标，此时圆弧随鼠标动态移动，利用捕捉方式选择 ϕ30 的圆心，执行结果如图 4-2（b）所示，移动后两个圆成为同心圆。

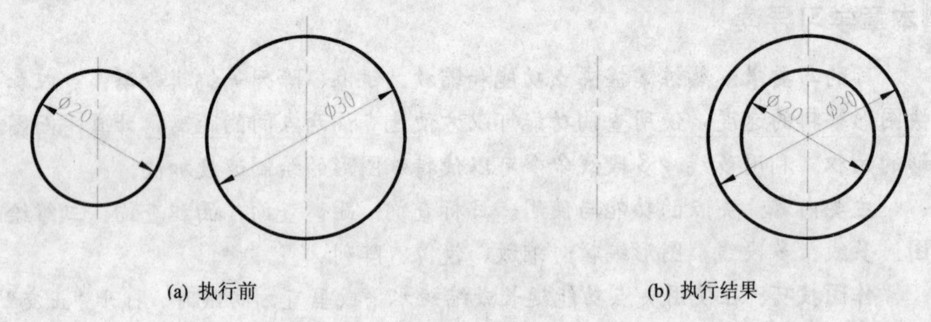

(a) 执行前　　(b) 执行结果

图 4-2　利用夹点功能移动目标

2. 拉长（Lengthen）

利用夹点“拉长”功能，既可以使直线拉长，也可以使直线缩短。例如在绘制圆时，要求必须绘制垂直相交的两条点画线，且点画线两端点超出轮廓 2～5mm，长短大致均匀。如图 4-3（a）所示，水平方向线 BD 过长，而垂直方向线 AC 又太短，都不符合要求。此时可以利用夹点功能，使直线沿垂直方向拉长、水平方向缩短。在拖动特征点之前要打开“正交”方式，关闭“对象捕捉”方式，通过鼠标拖动特征点 A、C 沿箭头方向移动拉长线段，再拖动特征点 B、D 沿箭头方向移动缩短直线，调整到符合要求的状态如图 4-3（c）所示。

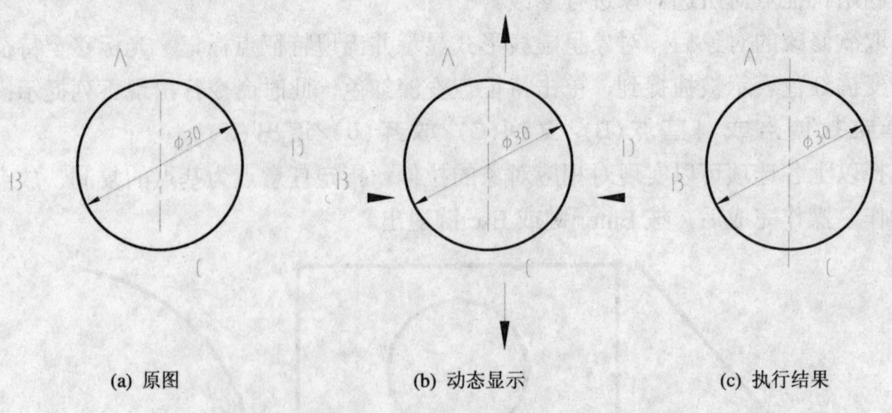

(a) 原图　　(b) 动态显示　　(c) 执行结果

图 4-3　利用夹点“拉长”功能改变直线长度

4.2　目 标 查 询

AutoCAD 提供了查询功能，利用此功能可以方便地查询两点间的距离、计算平面图形的面积等内容。查询项目如图 4-4 所示。

4.2.1　距离查询（Dist）

1. 功能

查询指定两点间的距离和有关角度，以及指定两点在 X、Y、Z 方向的增量值。

2. 启动命令

键盘输入命令“DI”按 Enter 键/单击“查询”工具栏中的“距离”图标/选择“工具”下拉菜单中的“查询（Q）”子菜单中的“距离（D）”。

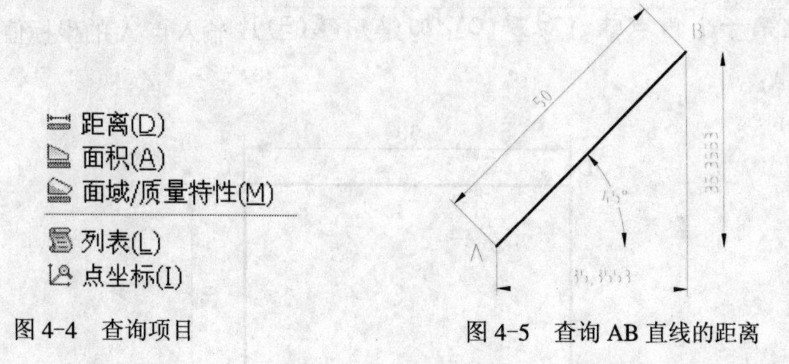

图 4-4　查询项目　　　　图 4-5　查询 AB 直线的距离

3. 举例

查询如图 4-5 所示的直线 AB 的长度及相关数据。

命令：DI　按 Enter 键

命令： '_dist 指定第一点：输入点 A 的坐标值或用鼠标捕捉指定点 A；

命令： '_dist 指定第一点： 指定第二点：输入另一点 B 的坐标值或用鼠标捕捉指定点 B；

查询过程和查询结果在命令窗口中的显示如图 4-6 所示。

```
命令: '_dist 指定第一点:  指定第二点:
距离 = 50.0000, XY 平面中的倾角 = 45,    与 XY 平面的夹角 = 0
X 增量 = 35.3553,   Y 增量 = 35.3553,    Z 增量 = 0.0000
命令:
```

图 4-6　查询直线距离结果

4.2.2 面积查询（Area）

1. 功能

求有若干个点所确定的区域或由指定对象所围成区域的面积与周长，还可以进行面积的加、减运算。

2. 启动命令

键盘输入命令“AA”按 Enter 键/单击“查询”工具栏中的图标/选择“工具”下拉菜单中的“查询（Q）”子菜单中的“面积（A）”。

3. 举例

查询如图 4-7 所示四边形 ABCD 的面积及相关数据。

命令：AA 按 Enter 键

AREA

指定第一个角点或 [对象(O)/加(A)/减(S)]：输入点 A 的坐标值或用鼠标捕捉指定点 A；

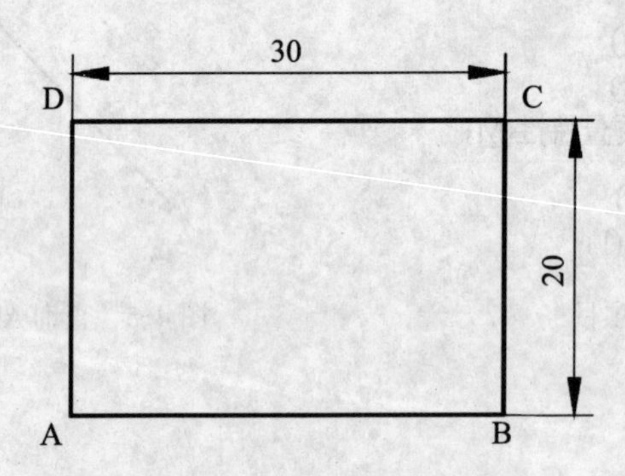

图 4-7 查询矩形 ABCD 的面积

指定下一个角点或按 ENTER 键全选：输入另一点 B 的坐标值或用鼠标捕捉点 B；

指定下一个角点或按 ENTER 键全选：输入另一点 C 的坐标值或用鼠标捕捉点 C；

指定下一个角点或按 ENTER 键全选：输入另一点 D 的坐标值或用鼠标捕捉点 D；

指定下一个角点或按 ENTER 键全选：输入另一点 A 的坐标值或用鼠标捕捉点 A；

指定下一个角点或按 ENTER 键全选：按 Enter 键 （结束命令）。

查询过程和查询结果在命令行中的显示如图 4-8 所示。

```
命令: aa
AREA
指定第一个角点或 [对象(O)/加(A)/减(S)]:
指定下一个角点或按 ENTER 键全选:
指定下一个角点或按 ENTER 键全选:
指定下一个角点或按 ENTER 键全选:
指定下一个角点或按 ENTER 键全选:
指定下一个角点或按 ENTER 键全选:
面积 = 600.0000, 周长 = 100.0000
```

图 4-8　面积查询结果

如果四边形 ABCD 是用“矩形（RECTANG）”命令绘制的，则可按下面方式操作。

命令：AA　按 Enter 键

AREA

指定第一个角点或 [对象(O)/加(A)/减(S)]: O（键盘输入字母）按 Enter 键；

选择对象: 用鼠标点取四条边上的任意一点。

结果即刻在命令行中显示，如图 4-9 所示。

```
命令: aa
AREA
指定第一个角点或 [对象(O)/加(A)/减(S)]: o
选择对象:
面积 = 600.0000, 周长 = 100.0000
```

图 4-9　面积查询结果

4. 说明

当提示“选择对象”时，用户只能选取由圆（CIRCLE）、椭圆（ELLIPSE）、二维多段线（PLINE）、矩形（RECTANG）、正多边形（POLYGON）、样条曲线（SPLINE）、面域（REGION）等命令绘出的单一封闭图形，即只能求上述对象所围成的面积，否则 AutoCAD 提示：“所选对象没有面积”。

对于宽多段线，面积按多段线的中心线计算。

对于非封闭的多段线或样条曲线，执行该命令后，AutoCAD 先假设用一条直线将其首尾相连，然后再求所围成封闭区域的面积，所计算出的长度是该多段线或样条曲线的封闭长度。

4.3　二维绘图：多线及多段线

4.3.1　多线（Mline）的绘制

1. 功能

所谓多线，是指有多条平行线构成的直线。连续绘制的多线是一个图元。多线内的直线线形可以相同，也可以不同，图中给出了几种多线形式。多线常用于建筑图形的墙线、电子线路等平行线的绘制。在绘制多线前应该对多线样式进行定义，然后用定义的样式绘制多线。

2. 定义多线样式

定义多线样式的操作步骤如下：

（1） 单击“菜单浏览器”按钮执行“格式”/“多线样式”命令，弹出一个“多线样式”对话框，如图 4-10 所示。

（2） 单击新建(N)...按钮，在“创建新的多线样式”对话框中输入新建样式名称，如“电路线”，如图 4-11 所示。之后单击继续按钮，弹出如图 4-12 所示的对话框。

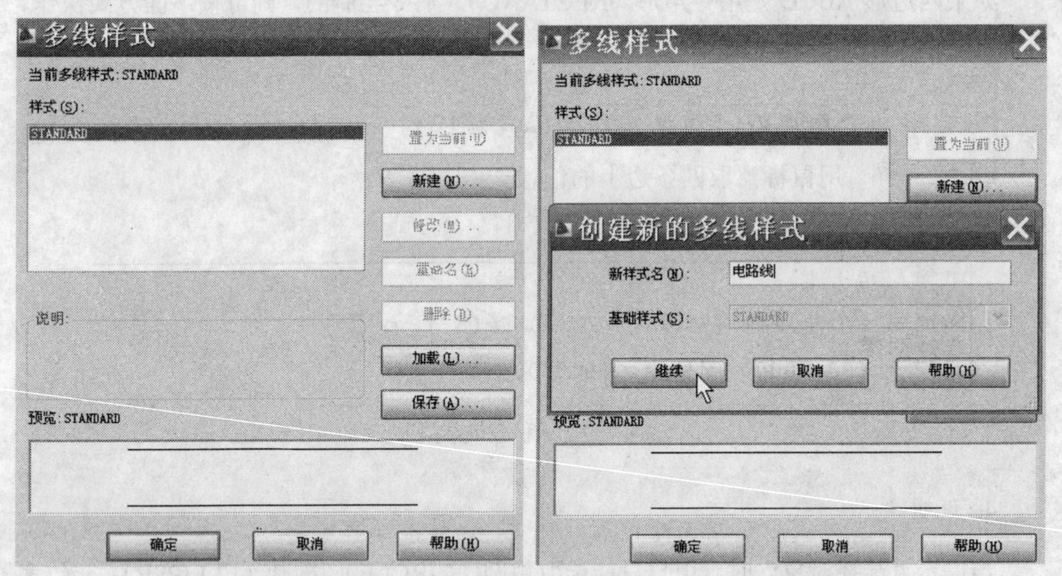

图 4-10 “多线样式”对话框　　　图 4-11 “创建新的多线样式”对话框

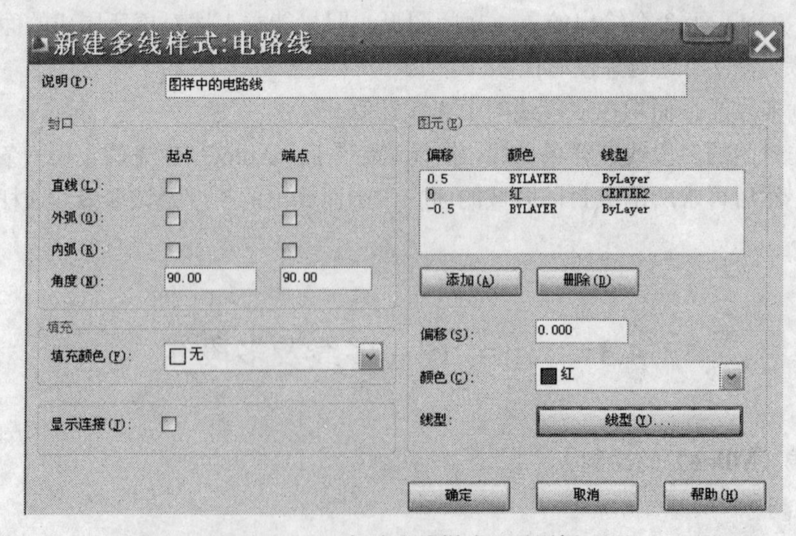

图 4-12 “新建多线样式”对话框

(3) 在弹出的“新建多线样式”对话框中，图元区域中的默认设置为两行，其中偏移的默认设置为 0.5 和–0.5，即偏移量 0.5～–0.5 之间为 20，默认状态下多线形式是距离为 20mm 的平行线，如图 4-13 所示。在“偏移”栏内可以设置新增元素的偏移量，其步骤如下：

① 单击 添加(A) 按钮，自动增加一行 0　BYLAYER　ByLayer 设置。如果偏移量默认为 0，其含义为在两条默认的平行线之间添加一条平行线且距两条线之间的距离均为 10mm，如图 4-14 所示。在颜色窗口中设置适当的颜色，如红色。

图 4-13　默认多线图例

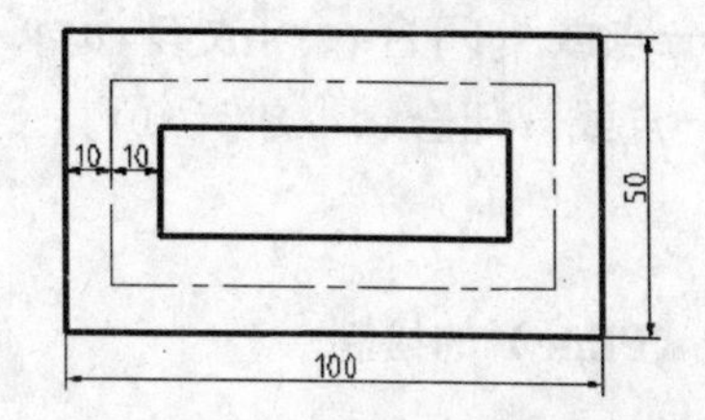

图 4-14　设置后的多线图例

② 单击 线型(Y) 按钮，设置需要的线型，如中心线；单击 确定 按钮，回到图 4-15 中的多线样式对话框。在该对话框中单击 置为当前(U) 按钮，单击 保存(A) 按钮，完成设置。

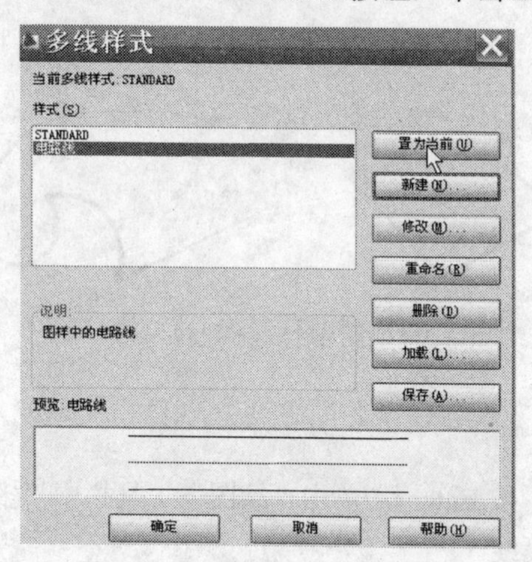

图 4-15　多线样式设置后的预览

3. 启动命令

键盘输入命令“ML”按 Enter 键/选择“绘图”下拉菜单中的“多线（M）”。

4. 举例

绘制如图 4-13 所示的图形。

1）　定义多线样式

按上述过程设置多线样式。

2）　绘制多线

键盘输入命令“ML”按 Enter 键/选择“绘图”下拉菜单中的“多线（M）”。提示如下：

```
当前设置：对正 = 上，比例 = 20.00，样式 = STANDARD
```

指定起点或 [对正(J)/比例(S)/样式(ST)]: st　　　　按 Enter 键；
输入多线样式名或 [?]: 电路线　　　　按 Enter 键；
指定起点或 [对正(J)/比例(S)/样式(ST)]:　　　　鼠标确定左上角点；
指定下一点: 100　　　　输入 100 按 Enter 键；
指定下一点或 [放弃(U)]: 50　　　　输入 50 按 Enter 键；
指定下一点或 [闭合(C)/放弃(U)]: 100　　　　输入 100 按 Enter 键；
指定下一点或 [闭合(C)/放弃(U)]: C　　　　输入 C 按 Enter 键；完成图形绘制。

4.3.2 多段线（Pline）的绘制

1. 功能

二维多段线可以由等宽或不等宽的直线、圆弧组成，如图 4-16 所示。一次多段线操作完成是一个独立的对象，可以用多段线编辑（PEDIT）命令对多段线进行各种编辑和修改操作。

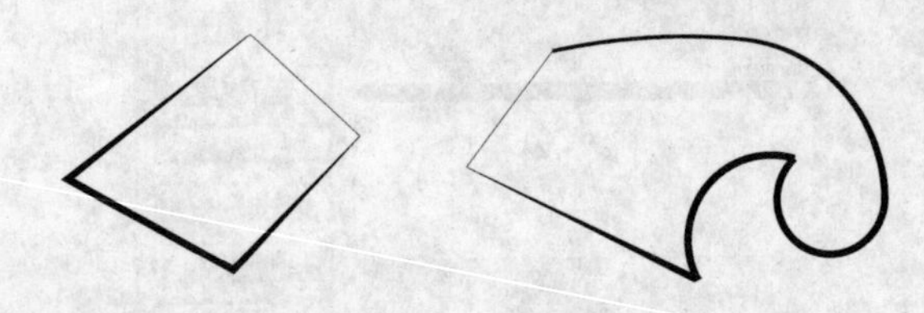

图 4-16 多段线

2. 启动命令

键盘输入命令“PL”按 Enter 键/单击“绘图”工具栏中“多段线”图标/选择“绘图”下拉菜单中的“多段线（P）”。

PLINE
指定起点：给出始点位置坐标后按 Enter 键；

当前线宽为 0.0000
指定下一个点或 [圆弧(A)/半宽(H)/长度(L)/放弃(U)/宽度(W)]: 给出第二点位置坐标后按 Enter 键（此时也可以选择方括号内各选项，选择方式为在提示行后输入小括号内的字母后按 Enter 键）。

指定下一点或 [圆弧(A)/闭合(C)/半宽(H)/长度(L)/放弃(U)/宽度(W)]:

命令提示行中各项含义如下：

1) 圆弧（Arc）

选择该项使 PLINE（多段线）命令由画直线方式改为画圆弧方式，并产生画圆弧的提示。

2) 闭合（Close）

选择该项后执行从当前点到多段线的起始点以当前宽度画一条直线的命令，使所画多段线首尾相接，并结束 PLINE（多段线）命令。

3) 半宽度（Halfwidth）

该选项用来确定所绘多段线宽度的一半。

4) 长度（Length）

在提示下输入一个长度数值，执行结果是沿着上次所绘直线方向或圆弧的切线方向绘出所给长度的一段直线。

5) 放弃（Undo）

选择此项将删除最后加到多段线上的直线或圆弧，可以及时修改刚刚绘制出的错误图线。

6) 宽度（Width）

此项用来确定多段线的宽度。按照提示可以选择始点和终点相同或不同的线宽。

3. 举例

1） 绘制 ABCD 三段不等宽的多段线（图 4-17）

图 4-17　多段线的绘制

启动正交模式命令：PL 按 Enter 键 （或单击 ⮐ ）

PLINE

指定起点：给出始点（A 点）位置；

当前线宽为 0.0000

指定下一个点或 [圆弧(A)/半宽(H)/长度(L)/放弃(U)/宽度(W)]：W 按 Enter 键（确定多段线的宽度）；

指定起点宽度 <0.0000>：1 按 Enter 键；

指定端点宽度 <1.0000>：按 Enter 键；

指定下一个点或 [圆弧(A)/半宽(H)/长度(L)/放弃(U)/宽度(W)]：8（AB 段长度）按 Enter 键；

指定下一个点或 [圆弧(A)/半宽(H)/长度(L)/放弃(U)/宽度(W)]：W 按 Enter 键；

指定起点宽度 <1.0000>：0 按 Enter 键；

指定端点宽度 <0.0000>：按 Enter 键；

指定下一个点或 [圆弧(A)/半宽(H)/长度(L)/放弃(U)/宽度(W)]：0（BC 段长度）按 Enter 键；

指定下一个点或 [圆弧(A)/半宽(H)/长度(L)/放弃(U)/宽度(W)]：W 按 Enter 键；

指定起点宽度 <0.0000>: 2 按 Enter 键；

指定端点宽度 <2.0000>: 0 按 Enter 键；

指定下一个点或 [圆弧(A)/半宽(H)/长度(L)/放弃(U)/宽度(W)]: 8（CD 段长度）按 Enter 键。

以上操作完成 AB、BC、CD 三段线的绘制，在进行编辑的过程中三段线作为一个整体，选中三段线上的任意一点，即选中了这个整体。

2） 绘制 EKFG 圆弧（图 4-17）

关闭“正交”模式，先用画圆或画圆弧的命令绘制半径 5mm 的半圆弧 EG，然后在命令行输入 PLINE 按 Enter 键（或单击 ）。

PLINE

指定起点: 给出始点位置（准确捕捉圆弧始点 E）；

当前线宽为 0.0000

指定下一个点或 [圆弧(A)/半宽(H)/长度(L)/放弃(U)/宽度(W)]: W 按 Enter 键（确定多段线的宽度）；

指定起点宽度 <0.0000>: 按 Enter 键；

指定端点宽度 <0.0000>: 2 按 Enter 键；

指定下一个点或 [圆弧(A)/半宽(H)/长度(L)/放弃(U)/宽度(W)]: A（圆弧）按 Enter 键；

[角度(A)/圆心(CE)/方向(D)/半宽(H)/直线(L)/半径(R)/第二个点(S)/放弃(U)/宽度(W)]

S 第 2 个点按 Enter 键；

指定圆弧上的第二个点: 选择圆弧上的点 K（利用捕捉“最近点”方式）；

指定圆弧的端点: 选择圆弧上的点 F（利用捕捉“最近点”方式）；

指定圆弧的端点或

[角度(A)/圆心(CE)/闭合(CL)/方向(D)/半宽(H)/直线(L)/半径(R)/第二个点(S)/放弃(U)/宽度(W)]

按 Enter 键（结束命令）。

以上操作完成如图 4-17 所示的 EKFG 圆弧。

4.4 图形编辑命令

4.4.1 比例缩放（Scale）命令

1. 功能

可以将所选图形相对于指定的基点按给定的比例放大或缩小。

2. 启动命令

键盘输入命令“SC”按 Enter 键/单击“修改”工具栏中“比例缩放”图标/选择“修改”下拉菜单中的“缩放（L）”。

选择对象：选择要缩放的对象后提示：找到 *n* 个；

选择对象：按 Enter 键（结束选择）；

指定基点：确定基点位置；

指定比例因子或 [参照(R)]：给出缩放比例值后按 Enter 键。

上面提示行两个选项的含义：

1) 比例因子（Specify scale factor）

此项为默认项，直接输入一个数值即可。大于 1 为放大的比例，小于 1 为缩小的比例。

2) 参照（Reference）

此选项使所选对象按参考方式缩放。如选择此方式则作如下操作：

指定比例因子或 [参照(R)]：R　按 Enter 键；

指定参照长度 <1>：输入参考长度的值后按 Enter 键；

指定新长度：输入新的长度值后按 Enter 键。

执行结果为新长度值取代参考长度值，即新的长度值与参考长度的值之比为新图相对原图的缩放倍数。

3. 举例

将如图 4-18（a）所示 $\phi15$ 的圆放大一倍。

命令：SC　按 Enter 键（或单击图标）。

选择对象：用鼠标选择如图 4-18（a）所示 $\phi15$ 的圆上任意一点；

选择对象：指定对角点：找到 1 个

选择对象：按 Enter 键（结束选择）；

指定基点：利用捕捉方式选择圆心；

指定比例因子或 [参照(R)]：2　按 Enter 键。

执行结果如图 4-18（b）所示，$\phi15$ 的圆放大成 $\phi30$ 的圆。

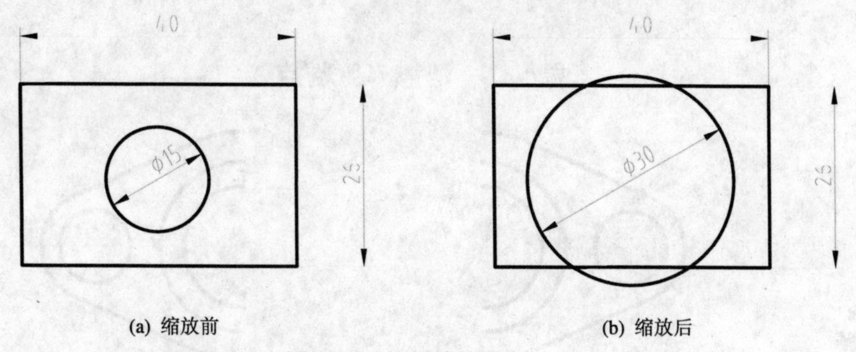

(a) 缩放前　　(b) 缩放后

图 4-18　比例缩放图例

在给出基点后作如下操作，也可以得到如图 4-18（b）所示的结果。

指定比例因子或 [参照(R)]：R　按 Enter 键；

指定参照长度 <1>：按 Enter 键（确认参照长度为 1）；

指定新长度: 2　按 Enter 键。

4.4.2　镜像（Mirror）命令

1. 功能

镜像命令可以将指定部分图形以给出的镜像线作镜像，绘制与原图对称的图形，原图可以保留也可以不保留。

2. 启动命令

键盘输入命令“MI”按 Enter 键/单击“修改”工具栏中“镜像”图标/选择“修改”下拉菜单中的“镜像（I）”。

选择对象: 用窗口方式选择要镜像的对象；

选择对象: 按 Enter 键或继续选择；

指定镜像线的第一点: 给出镜像线上的第一点；

指定镜像线的第一点: 指定镜像线的第二点: 给出镜像线上的第二点；

是否删除源对象？[是(Y)/否(N)] <N>: 按 Enter 键或输入字母 Y 按 Enter 键。

3. 举例

将图 4-19（a）进行镜像操作。

命令：MI 按 Enter 键 （单击“镜像”图标）

选择对象: 用窗口方式选择要镜像的对象（如图 4-19（a）所示除文字和尺寸外的所有图线）此时被选中元素变虚线。

再次出现提示：“选择对象：”按 Enter 键（结束选择）。

指定镜像线的第一点: 给出镜像线上的第一点（准确捕捉点画线上端点 A）；

指定镜像线的第一点: 指定镜像线的第二点: 给出镜像线上的第二点（准确捕捉点画线上端点 B）；

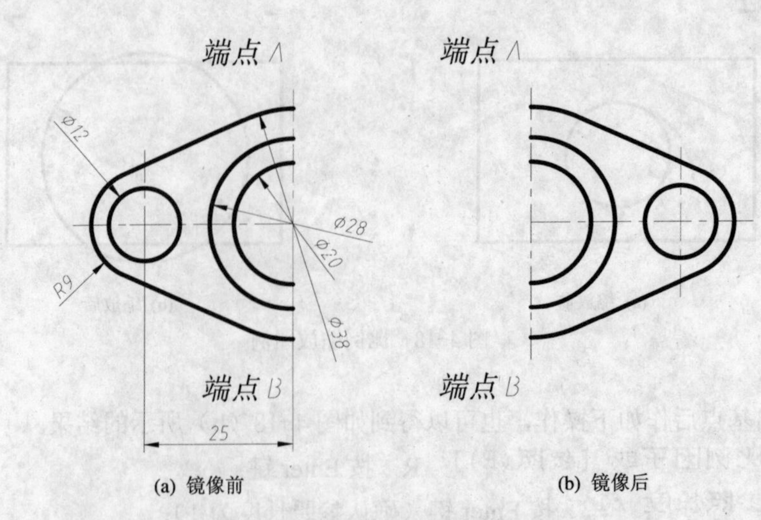

(a) 镜像前　　(b) 镜像后

图 4-19　删除源对象的操作

是否删除源对象？[是(Y)/否(N)] <N>: Y 按 Enter 键。

执行结果如图 4-19（b）所示。

是否删除源对象？[是(Y)/否(N)] <N>: 按 Enter 键。

执行结果如图 4-20（b）所示。

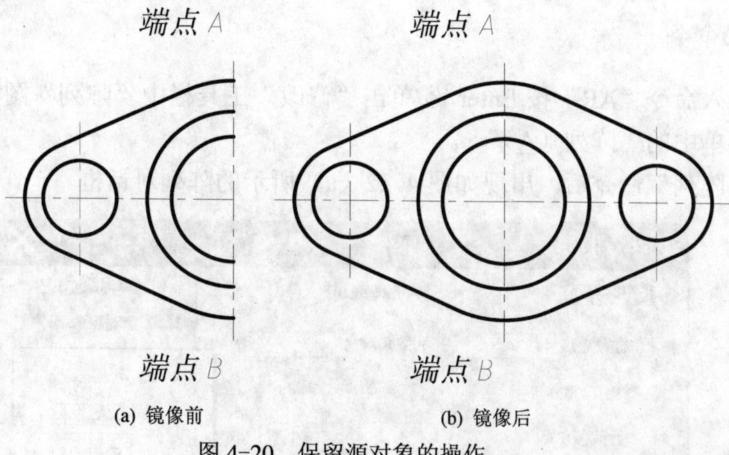

(a) 镜像前　　(b) 镜像后

图 4-20　保留源对象的操作

4. 说明

图形中如有文字被选中，在以上两种执行结果中也会被镜像，文字可能变成不可读。要想文字可读，应在镜像操作之前将系统变量 MIRRTEXT 的值进行修改。操作如下：

命令：MIRRTEXT 按 Enter 键。

输入 MIRRTEXT 的新值 <0>: 可以输入“1”按 Enter 键，或输入“0”按 Enter 键。

系统变量 MIRRTEXT 的值为 0 时，进行“镜像”操作后，被选中文字镜像后可读。系统变量 MIRRTEXT 的值为 1 时，进行“镜像”操作后，被选中文字镜像后不可读。运行结果如图 4-21 所示。

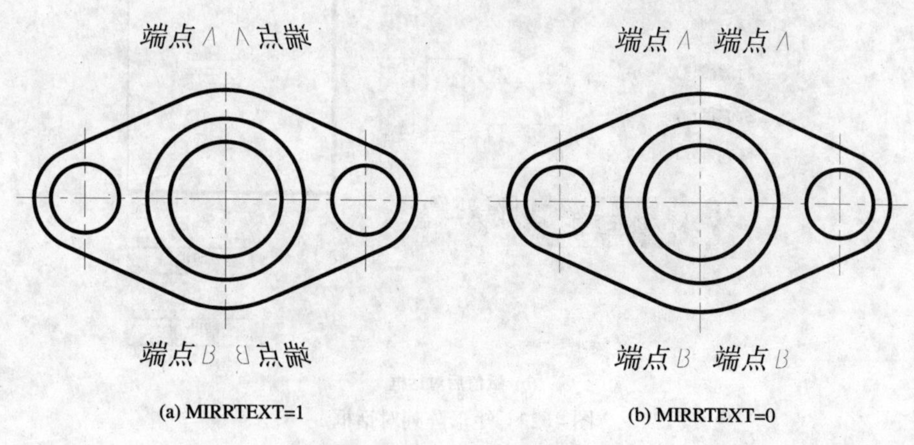

(a) MIRRTEXT=1　　(b) MIRRTEXT=0

图 4-21　文字镜像

4.4.3 阵列（Array）命令

1. 功能

阵列命令可以将指定部分图形复制并按矩形或环形方式排列。

2. 启动命令

键盘输入命令“AR”按 Enter 键/单击“修改”工具栏中“阵列”图标 /选择“修改”下拉菜单中的“阵列（A）”。

执行“阵列”命令后，出现如图 4-22（a）所示的阵列对话框。

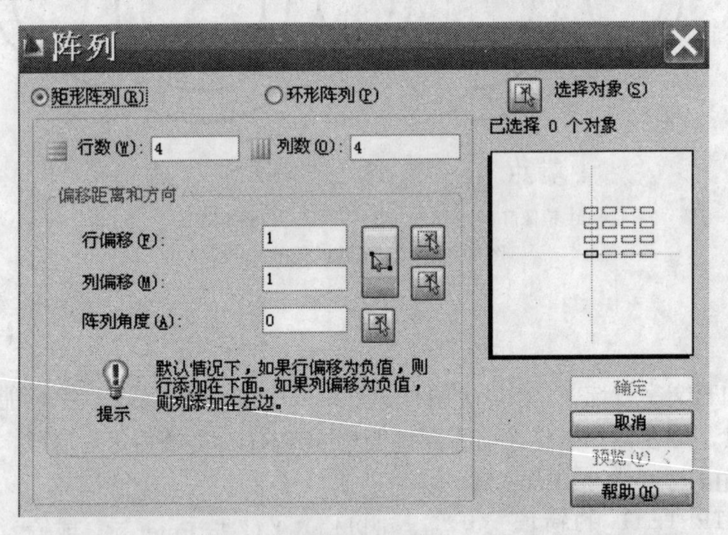

(a) 初始对话框

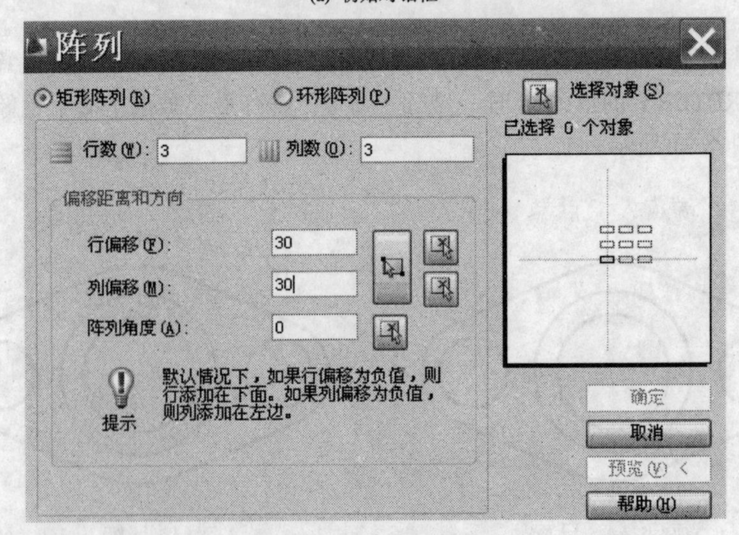

(b) 赋值后对话框

图 4-22　矩形阵列对话框

在此对话框中可选择阵列方式（矩形或环形）。选择矩形阵列用鼠标单击 ⊙矩形阵列(R) 处，圆圈内显示实心绿点即被选中如图 4-22（a）所示。在图 4-22（a）

所示对话框中为各参数赋值，在右侧预显窗口中将显示阵列结果，以便观察是否符合要求。选择被阵列对象后，单击 确定 按钮完成任务。

3. 举例

1) 将图 4-23（a）所示三角形通过矩形阵列成为如图 4-23（b）所示的图形

命令：AR 按 Enter 键（或单击图标）

弹出图 4-22（a）所示的对话框，选择 ⊙矩形阵列(R)。

在图 4-22（a）所示的对话框中将行数、列数、行间距、列间距、阵列角度参数赋值为 3、3、30、30、0，在右侧预显窗口中将显示阵列结果为以原图为左下角，向上三行、向右三列的阵列结果，如图 4-22（b）所示。观察确认符合要求后，用鼠标单击“选择对象”按钮，对话框消失。命令行出现提示：

选择对象：用窗口方式选择被阵列对象图 4-23（a）;

选择对象：按 Enter 键（结束选择）此时再次弹出如图 4-22（b）所示对话框。

如对各项参数无修改即可单击 确定 按钮完成任务。运行结果如图 4-23（b）所示。

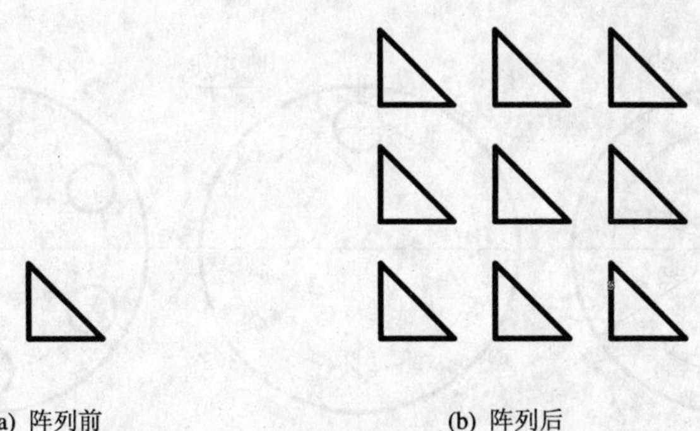

(a) 阵列前　　(b) 阵列后

图 4-23　矩形阵列

在图 4-22（a）所示对话框中选择 ⊙环形阵列(P)，出现如图 4-24 所示的对话框，在此对话框中将各参数赋值，在右侧预显窗口中将显示阵列结果，以便观察是否符合要求。选择被阵列对象后，单击 确定 按钮完成环形阵列任务。

2） 将图 4-25（a）所示 $\phi 6$ 的圆通过环形阵列成为图 4-25（c）所示的图形

按给出的尺寸先将图 4-25（a）中 $\phi 6$ 圆垂直方向的点画线断开至合适位置，结果如图 4-25（b）所示。

在图 4-24 所示的对话框中为各参数赋值，“项目总数”为 6，“填充角度”为 360°。

单击“中心点”后的按钮，此时对话框消失，用捕捉方式准确找出 $\phi 40$ 圆的圆心，对话框弹出。

单击“选择对象（S）”前的按钮，此时对话框消失。提示行出现如下提示：

选择对象：用单选方式选择被阵列对象 $\phi 6$ 的圆及其垂直方向的一段点画线。

选择对象：按 Enter 键（结束选择）对话框弹出，如图 4-26 所示。

选择默认设置 ☑复制时旋转项目(T)，观察确认无误，单击 确定 按钮，完成如图

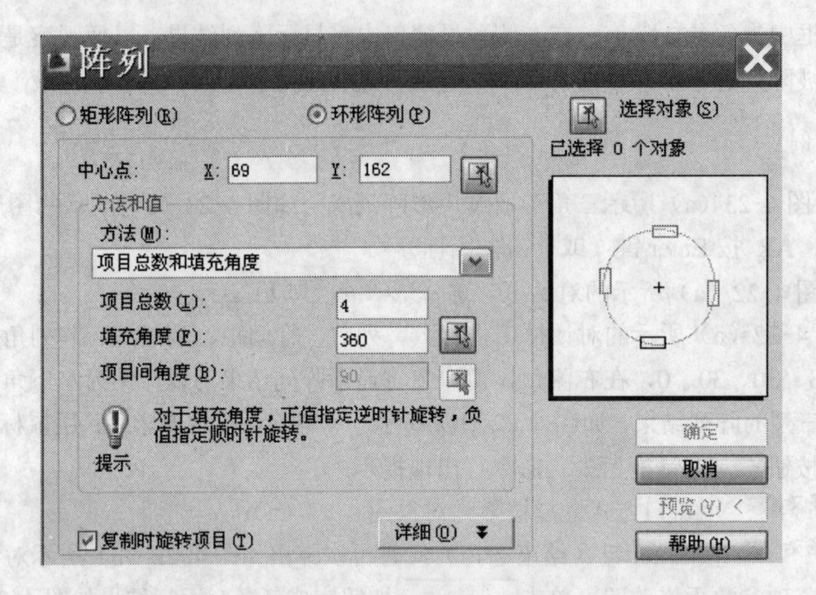

图 4-24 “环形阵列”对话框

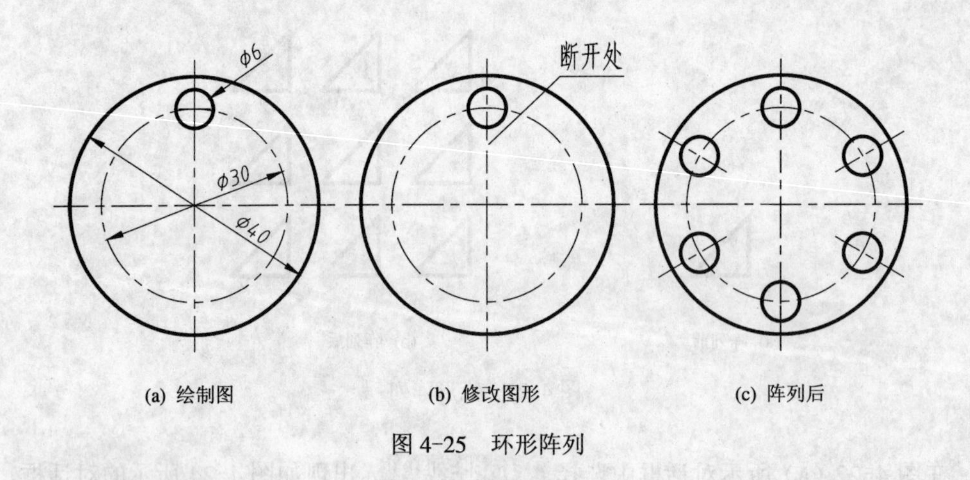

(a) 绘制图 (b) 修改图形 (c) 阵列后

图 4-25 环形阵列

4-25（c）所示的图形。

说明：

(1) 选择“复制时旋转项目”，即在图 4-26（a）左下角显示☑复制时旋转项目(T)。于是右侧预显窗口中将显示阵列结果，观察确认是否符合要求。

(2) 不选择“复制时旋转项目”，即在图 4-26（b）左下角显示☐复制时旋转项目(T)，在右侧预显窗口中将显示阵列结果如图 4-26（b）所示的对话框，运行结果读者自己实验一下。

环形阵列有三种方法：项目总数和填充角度、项目总数和项目间的角度、填充角度和项目间的角度，如图 4-27 所示。选择不同的方法就有不同的参数相对应，为各参数赋值后，将得到此方式下的运行结果。

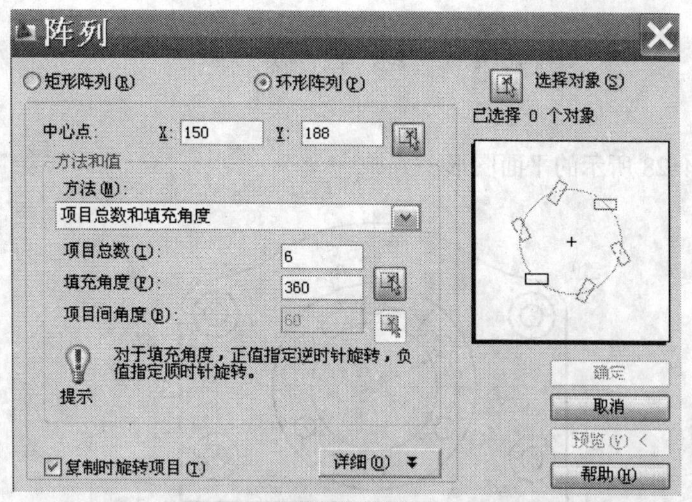

(a) 复制时旋转项目

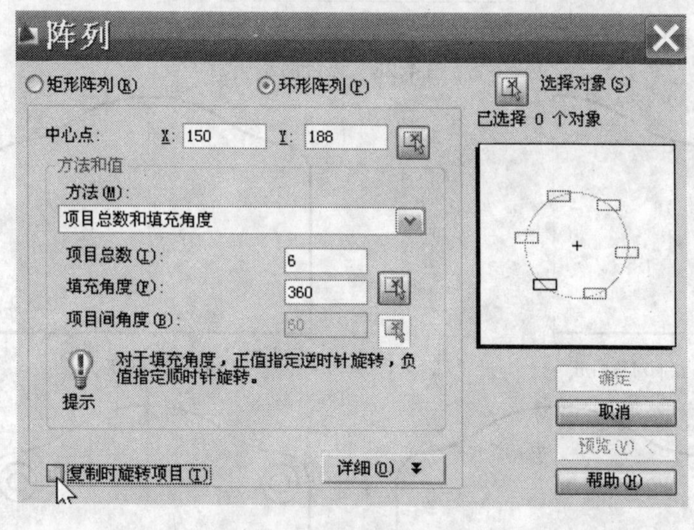

(b) 复制时不旋转项目

图 4-26　“阵列”对话框

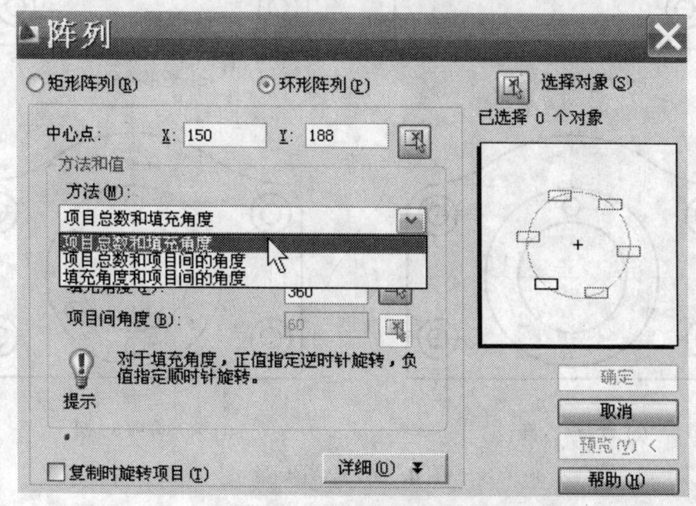

图 4-27　设置环形阵列

4.5 综 合 演 示

绘制如图 4-28 所示的平面图形。

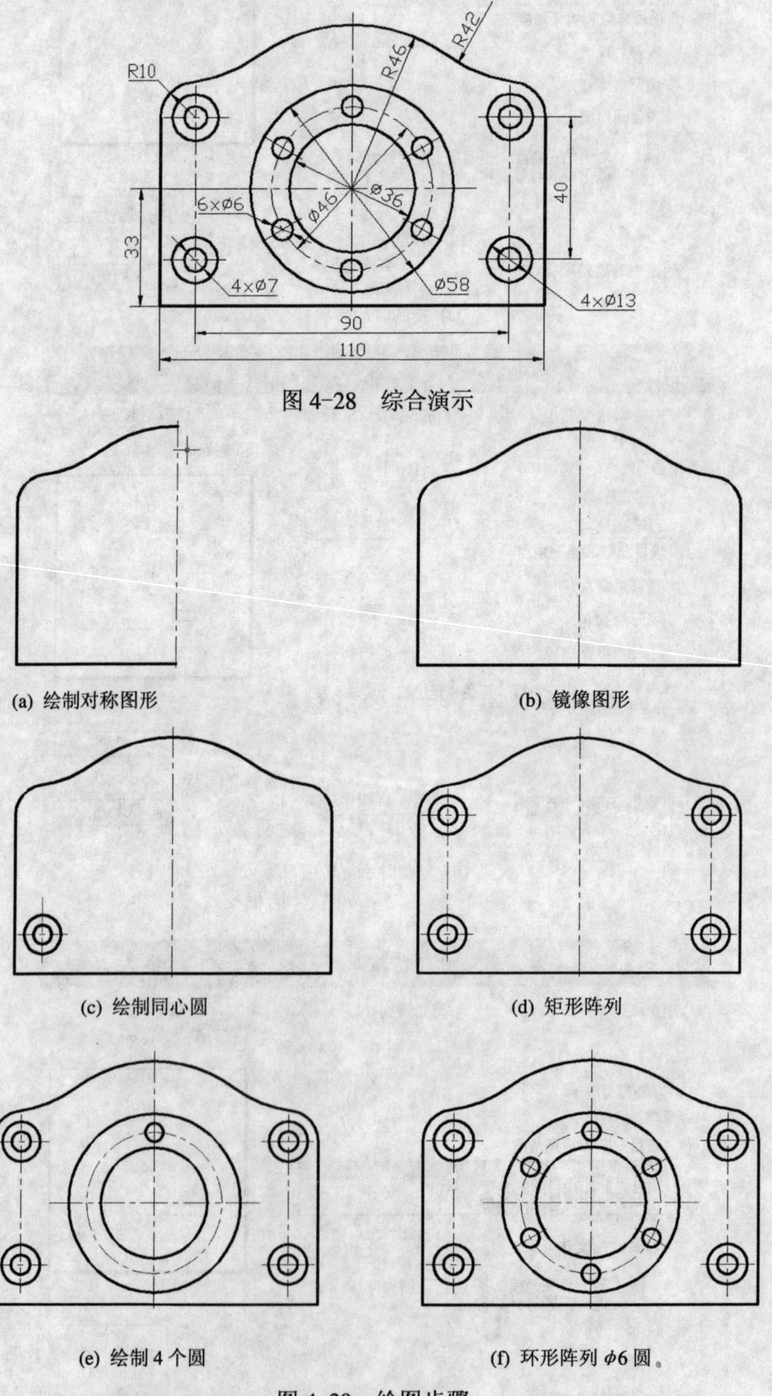

图 4-28 综合演示

(a) 绘制对称图形

(b) 镜像图形

(c) 绘制同心圆

(d) 矩形阵列

(e) 绘制 4 个圆

(f) 环形阵列 $\phi6$ 圆。

图 4-29 绘图步骤

作图步骤：

(1) 按照图 4-28 所给尺寸，用“直线”、“圆”命令绘制如图 4-29（a）所示的图形。

(2) 利用“镜像”命令，完成有对称性的图形如图 4-29（b）所示。

(3) 按指定尺寸在左下角绘制两个同心圆，如图 4-29（c）所示。

(4) 利用“矩形阵列”绘制如图 4-29（d）所示图形。

(5) 利用“圆”命令完成中间部分三同心圆的绘制，在指定位置绘制直径为 $\phi 6$ 的圆，如图 4-29（e）所示。

(6) 利用“环形阵列” 完成等直径、均布在圆周上的六个 $\phi 6$ 圆的绘制，如图 4-29（f）所示。

4.6　上 机 实 践

(1) 完成图 4-30 所示图形。　　　　(2) 完成图 4-31 所示的图形。

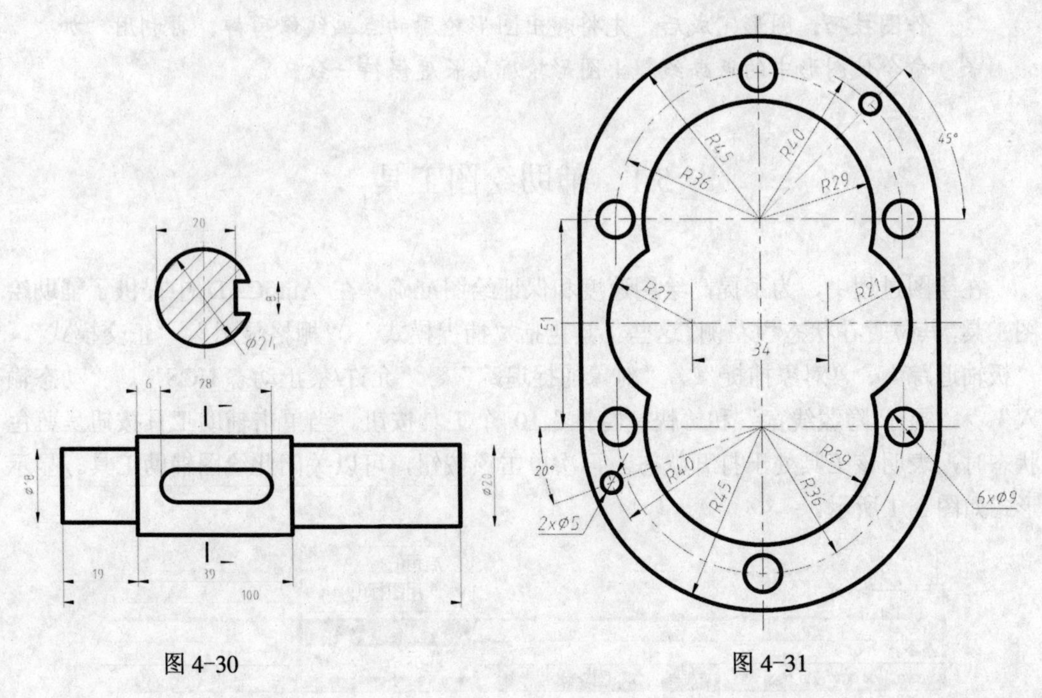

图 4-30　　　　图 4-31

第5章　辅助绘图工具及绘图与编辑

本章学习导读

目的与要求： 熟练掌握辅助绘图工具和编辑命令，可以使绘图更快、更准确。

主要内容： 辅助绘图工具：捕捉和栅格、极轴追踪、对象捕捉。二维绘图命令：射线、构造线。图形编辑命令：单点打断、两点打断、拉伸、拉长、合并。

作图技巧： 图形完成后，先将超出图形轮廓的点画线修剪掉，再利用“加长”命令使图形中的点画线超出图形轮廓的长度保持一致。

5.1　辅助绘图工具

在绘图过程中，为了提高绘图速度和保证绘图准确，在 AutoCAD 中提供了辅助绘图工具，其位置在状态栏左侧。这些工具包括“捕捉模式”、“栅格显示”、“正交模式”、“极轴追踪”、“对象捕捉”、“对象捕捉追踪”、“允许/禁止动态 UCS”、“动态输入”、“显示/隐藏线宽”和“快捷特性”10 个工具按钮。当单击辅助工具按钮呈蓝色状态时，表明该工具处于打开状态。再次单击该按钮，可以关闭此绘图辅助工具。显示形式如图 5-1 所示。

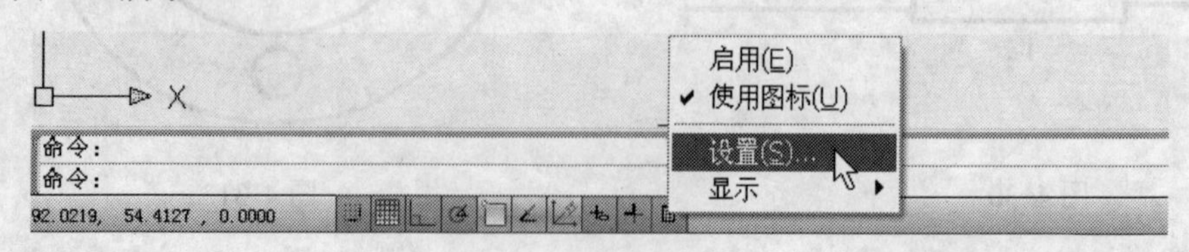

图 5-1　辅助绘图工具

辅助绘图工具中的捕捉和栅格、极轴追踪、对象捕捉等功能可根据需要通过“草图设置”对话框进行设置。初学者使用默认设置即可。

启动“草图设置”对话框的操作步骤：

单击“对象捕捉”工具栏中“对象捕捉设置”图标 /选择“工具”下拉菜单中的“草图设置”/将光标移动到如图 5-1 中的捕捉模式 等按钮上并右击，在弹出的菜单上单击“设置（S）”即可打开如图 5-2 所示的“草图设置”对话框。

5.1.1　捕捉和栅格

栅格是一些以指定间距排列的点，它与可以自定义的坐标纸相似，能给用户以直观而精确的距离和位置参照。系统默认的栅格和捕捉的间距如图 5-2 所示。用户根据需要可重新设置间距。当用户启动栅格显示功能时，屏幕上显示栅格点。当用户启动捕捉模式功能时，光标只能在栅格点之间移动且自动捕捉栅格点。

说明：捕捉模式功能和栅格显示功能应同时启动，光标才能捕捉到栅格点。图 5-3 为启动栅格和捕捉命令之后绘制的图形。

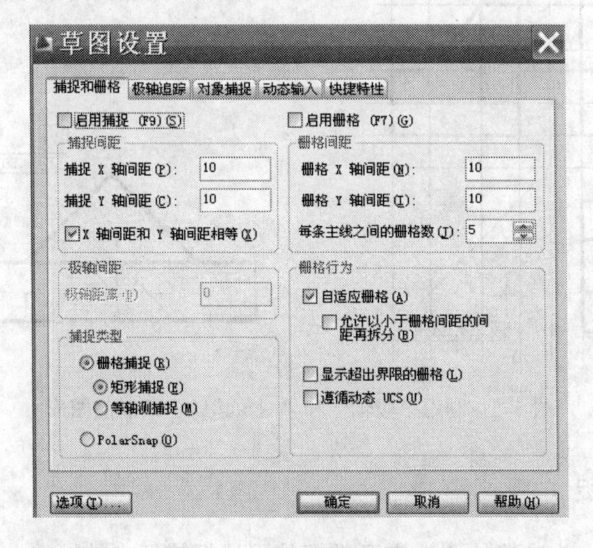

图 5-2　“草图设置”对话框

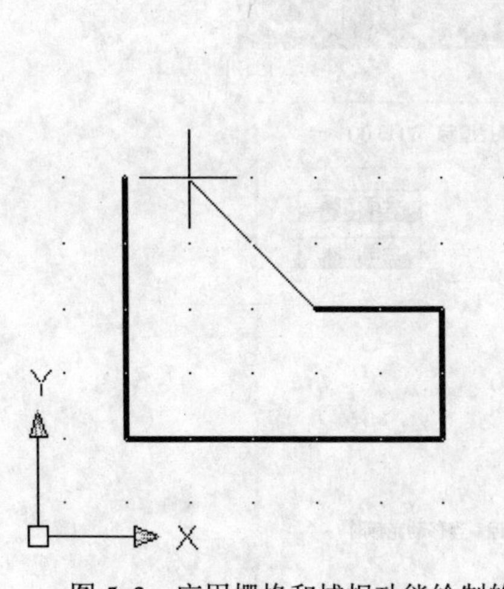

图 5-3　应用栅格和捕捉功能绘制的图形

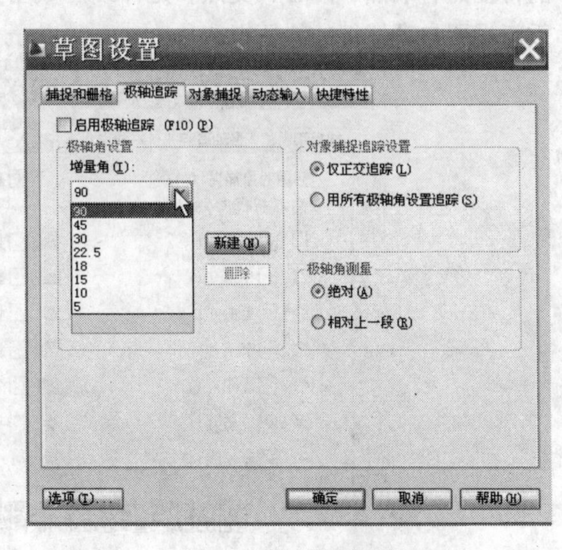

图 5-4　极轴追踪设置

5.1.2　极轴追踪

极轴追踪也是在“草图设置”对话框中进行设置，如图 5-4 所示。默认设置是

⊙仅正交追踪(L)，它表示仅在水平和垂直方向对捕捉点进行追踪。若选择 ○用所有极轴角设置追踪(S) 则表示可在所有极轴方向进行追踪。系统默认的极轴角为90°，用户可根据需要重新设置极轴角。当启动辅助绘图工具中的“极轴追踪”按钮和“对象捕捉追踪”按钮时，系统将沿着极轴方向自动捕捉一些特征点。利用极轴追踪可以方便地使主、俯视图“长对正”，主、左视图“高平齐”。图5-5就是利用“极轴”和“对象追踪”绘制的图形。

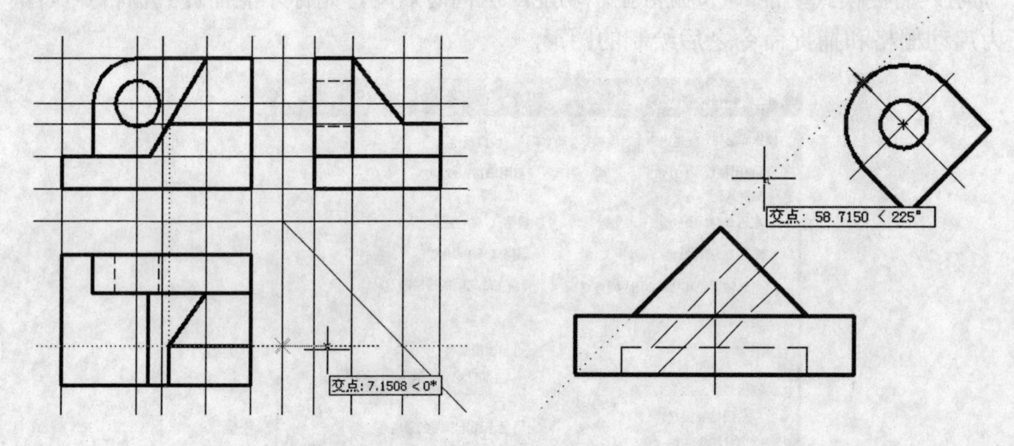

图5-5　利用“极轴”和“对象追踪”绘制的图形

5.1.3　自动对象捕捉

在绘图过程中，为准确绘图，需要频繁使用捕捉特征点的功能，系统默认自动捕捉的特征点有端点、圆心、交点和延伸线，如图5-6所示。用户根据需要在此对话框中可重新设置自动捕捉的特征点。

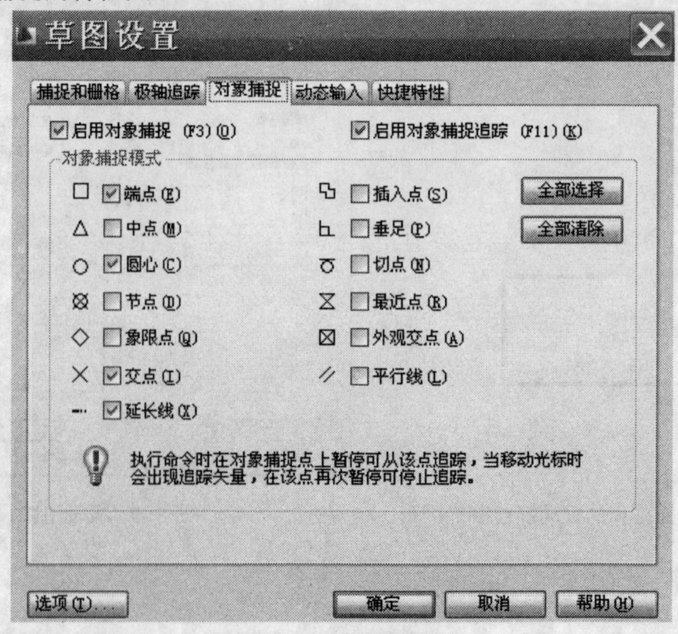

图5-6　对象捕捉设置

需要使用此功能时，单击如图 5-1 所示的“辅助绘图工具”中的按钮，系统自动启动自动“对象捕捉”功能，在鼠标移动到特征点附近时，被设置的特征点即被显示。再次单击按钮，使按钮弹起，关闭自动“对象捕捉”功能。

5.2　二维绘图命令

5.2.1　构造线（Xline）的绘制

1. 功能

“构造线”命令用来绘制向两个方向无限延伸的辅助直线，如图 5-7 中的细实线。

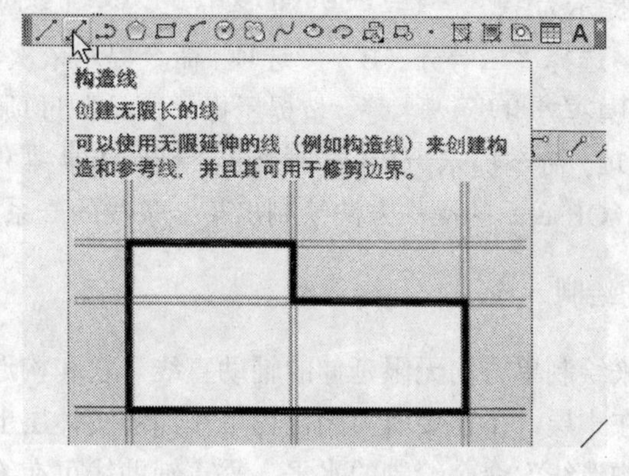

图 5-7　构造线的作用

2. 启动命令

键盘输入命令“XL”按 Enter 键/单击“绘图”工具栏中“构造线”图标/选择“绘图”下拉菜单中的“构造线”。

3. 举例

绘制图 5-8 所示图例。

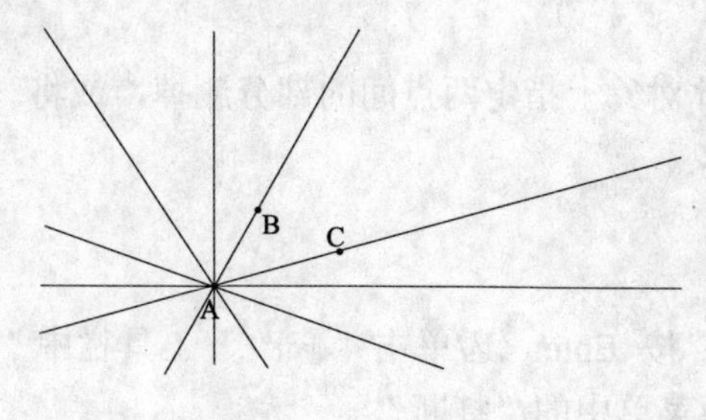

图 5-8　绘制构造线图例

操作步骤如下：

```
命令: _xline 指定点或 [水平(H)/垂直(V)/角度(A)/二等分(B)/偏移(O)]
```

(选择“指定点”选项；或输入命令选项后按 Enter 键，激活相应的命令选项)；

指定通过点：(指定构造线通过的第一点 A)；

指定通过点：(指定构造线通过的第二点 B 后画出第一条构造线)；

指定通过点：(若接着指定构造线通过的点 C，将画出过该点与第一点的第二条构造线。

系统会继续提示：

指定通过点：如此进行下去将会画出若干条所需要的构造线)；

指定通过点：按 Enter 键(结束命令)。

选择不同的命令选项可绘制贯穿全屏幕的不同方向的直线。若选择“水平（H）”选项，可绘制一系列水平线；选择“垂直（V）”选项，可绘制一系列垂直线；选择“角度（A）”选项，命令提示为输入构造线的角度 (0) 或 [参照(R)]：，按提示操作可绘制一系列倾斜线；选择“二等分（B）”选项，命令提示依次为指定角的顶点：、指定角的起点：、指定角的端点：等，按提示操作可绘制过顶点的一系列角平分线；选择“偏移（O）”选项，命令提示为指定偏移距离或 [通过(T)] <通过>：，接下来可按“偏移”命令（Offset）的操作方法绘制出某一条线的一系列偏移线。

5.2.2 射线（Ray）的绘制

“射线”命令用来绘制单方向无限延伸的辅助直线。它和构造线均为辅助线，在绘图时可以把它们单设在一层，不需要时关闭，也可在当前实体层上绘制完后经编辑修改成有用的实体。用“构造线”命令绘制的水平、垂直辅助线可在绘制三视图中作为长对正、高平齐的辅助线，使用起来很方便。通过选择“绘图”下拉菜单中的射线(R)选项，可启动“射线”命令。

5.3 图形编辑命令

5.3.1 双点打断（Break）命令

1. 功能

打断命令可以将实体对象上指定两点间的部分删掉，或将一个对象打断成两段首尾相接具有同一端点的对象。

2. 启动命令

键盘输入命令“Br”按 Enter 键/单击“修改”工具栏中“打断”图标（如图 5-9）/选择“修改”下拉菜单中的“打断”。

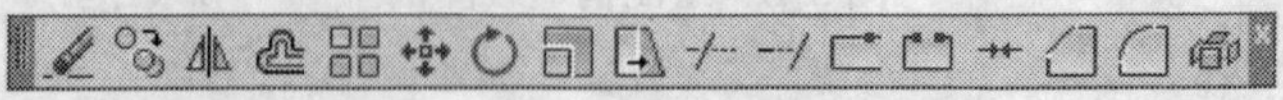

图 5-9 “修改”工具栏

执行上述命令后:

命令: _break 选择对象:（选取欲打断的线段，该选择点被默认为第一个打断点）。

指定第二个打断点或 [第一点(F)]:

此时出现两个选项:

1) 指定第二个打断点

选择此项为默认选项，此时用鼠标指定后，两点间的线段被删除。

2) 第一点（F）

若选择此项则需在提示行后输入“F”后按Enter键，系统将依次提示指定第一个打断点:、指定第二个打断点:，按要求指定新的打断点后所选线段上两指定点间的线段将被删除。

在此选项中，系统提示指定第二个打断点:时若输入“@”后按 Enter 键，所选线段将从第一点处打断，并使线段在该处分成两段线段。

3. 举例

完成图 5-10 的打断操作。

步骤如下:

启动命令后，命令窗口提示:

命令: _break 选择对象: 选欲打断的线段，该选择点将被默认为第一个打断点 A;

指定第二个打断点或 [第一点(F)]: 用鼠标指定 B 后，A、B 两点间的线段被删除，结果如图 5-10（a）所示。

若选择在提示行后输入“F”按 Enter 键，系统将依次提示指定第一个打断点:选择 C 点、指定第二个打断点:将鼠标移至线段右端点右侧，按要求指定新的打断点后所选线段上两指定点间的线段将被删除,如图 5-10（b）所示。

在此选项中，系统提示指定第二个打断点:时若输入“@”后按 Enter 键(即第二点与第一点重合)，所选线段将从第一点处打断，使线段成为两段线段。此结果与即将介绍的“单点打断”命令的执行结果一致。

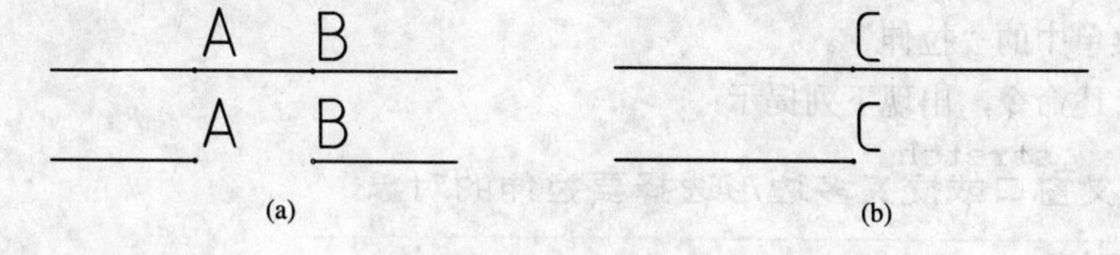

图 5-10　打断图例

5.3.2　单点打断（Break）命令

1. 功能

“单点打断”命令可以将实体对象在指定一点处打断成两段首尾相接具有同一端点

的对象。

2. 启动命令

单击“修改”工具栏中“单点打断”图标。

3. 举例

单击“单点打断”图标。

命令：_break 选择对象：用鼠标点选直线 CD；

指定第二个打断点或 [第一点(F)]：_f

指定第一个打断点：此时用鼠标捕捉两直线交点，如图 5-11（b）所示。

指定第二个打断点：@

结束命令，执行结果是 CD 在交点处被分为两段线段，如图 5-11（c）所示。

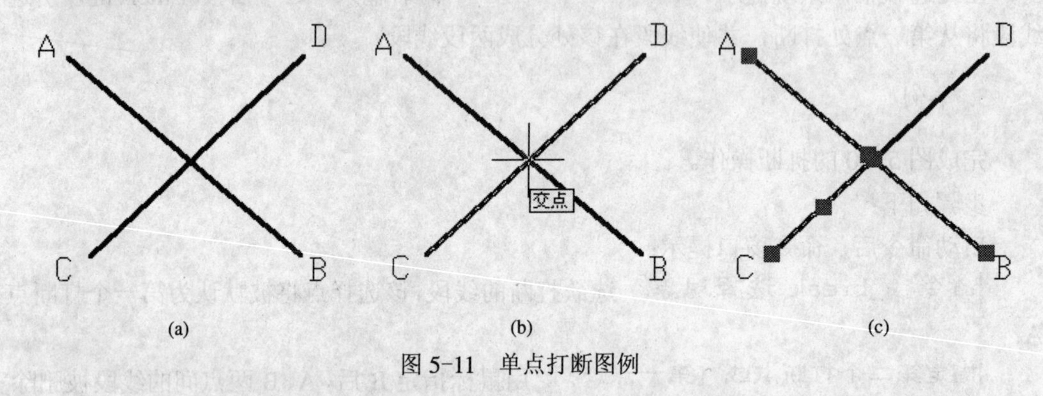

图 5-11 单点打断图例

5.3.3 拉伸（Stretch）命令

1. 功能

“拉伸”命令可以使图形沿着指定方向拉伸或压缩。

2. 启动命令

键盘输入命令“S”按 Enter 键/单击“修改”工具栏中“拉伸”图标/选择“修改”下拉菜单中的“拉伸”。

执行上述命令，出现下列提示：

命令：_stretch
以交叉窗口或交叉多边形选择要拉伸的对象...

选择对象： 此时用鼠标选右上角点；

指定对角点： 选左下角点(形成矩形虚线框)；

找到 7 个 (被选择目标数量)；

选择对象： 按 Enter 键(结束选择)；

指定基点或位移： 给点后按 Enter 键；

指定位移的第二个点或 <用第一个点作位移>： 给第二点后按 Enter 键。

3. 举例

将如图 5-12（a）所示的图形从 A 点拉伸到 B 点，结果如图 5-12（b）所示。

命令：_stretch
以交叉窗口或交叉多边形选择要拉伸的对象...

选择对象：用鼠标选右上角点 P_1；

指定对角点：选左下角点 P_2（形成矩形虚线框）；

找到 2 个 (被选择目标数量)；

选择对象：按 Enter 键(结束选择)；

指定基点或位移：鼠标点选 A 点；

指定位移的第二个点或 <用第一个点作位移>：鼠标点选第二点 B（结束命令）。

执行结果如图 5-12(b)所示。

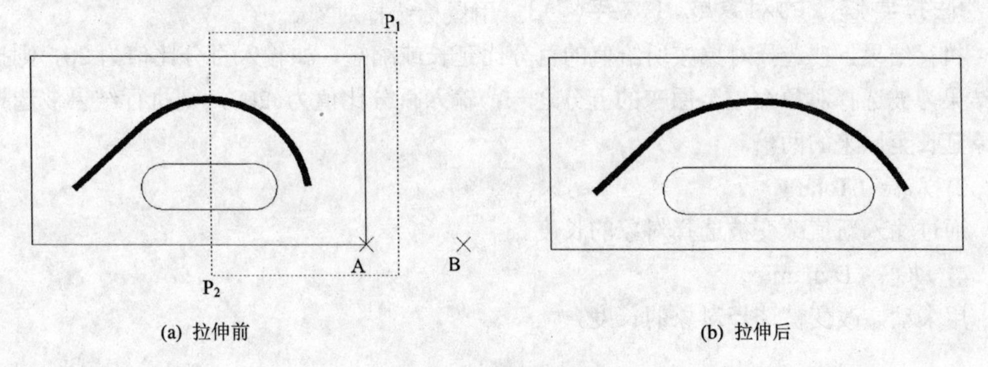

(a) 拉伸前　　(b) 拉伸后

图 5-12　拉伸图例

5.3.4　拉长（Lengthen）命令

1. 功能

“拉长”命令可以改变线或圆弧的长度。

2. 启动命令

键盘输入命令“LEN”按 Enter 键/打开 “修改”选项卡，单击工具栏中“拉长”图标/选择“修改”下拉菜单中的“拉长”。

执行上述命令，命令窗口提示：

命令：_lengthen

选择对象或 [增量(DE)/百分数(P)/全部(T)/动态(DY)]：

命令提示行中各项含义如下：

1) 差值（Delta）

选择此项用来改变线或圆弧的长度。输入“DE” 按 Enter 键，命令窗口提示：

输入长度增量或 [角度(A)] <0.0000>：输入改变长度的值（正值延长，负值缩短）按 Enter 键；

选择要修改的对象或 [放弃(U)]: 用鼠标选择被修改对象。

执行结果：被选择对象延长或缩短给定值的长度。

如果在上面的提示行后选择“角度 A”操作如下：

输入长度增量或 [角度(A)] <0.0000>: A 按 Enter 键；

输入角度增量 <0>: 给出角度数值（正值延长，负值缩短）按 Enter 键。

执行结果：被选择圆弧延长或缩短指定角度所对应的弧长。此项命令只适用于圆弧。

2) 百分比（Percent）

以总长的百分比形式改变对象的长度。选择此项提示如下：

命令: _lengthen

选择对象或 [增量(DE)/百分数(P)/全部(T)/动态(DY)]: P 按 Enter 键；

输入长度百分数 <100.0000>: 输入百分比值；

选择要修改的对象或 [放弃(U)]: 用鼠标选择对象。

执行结果：被选择对象按所给值的百分比延长或缩短，如输入百分比值为 20，则执行结果为被选择对象缩短至原来的五分之一；输入百分比值为 200，则执行结果被选择对象延长至原来的两倍。

3) 总长（Total）

通过输入新值改变被选择对象的长度。

4) 动态（Dynamic）

用来动态改变被选择对象的长度。

3. 举例

(1) 将图 5-13（a）所示的图形用“增量”修改长度。

命令: _lengthen

选择对象或 [增量(DE)/百分数(P)/全部(T)/动态(DY)]: DE 按 Enter 键；

输入长度增量或 [角度(A)] <0.0000>: 5 按 Enter 键；

选择要修改的对象或 [放弃(U)]: 鼠标单击点画线 AC 上部，结果如图 5-13（b）所示，AC 线向上延长 5；

选择要修改的对象或 [放弃(U)]: 按上述步骤依次单击点画线 BD 左右段和 AC 下段，则点画线分别向圆外延长 5。

执行结果如图 5-13（c）所示。

(2) 将图 5-14（a）所示直线用百分比方式修改长度。

命令: _lengthen

选择对象或 [增量(DE)/百分数(P)/全部(T)/动态(DY)]: P 按 Enter 键；

输入长度百分数 <100.0000>: 60 按 Enter 键；

选择要修改的对象或 [放弃(U)]: 用鼠标选择线段 BC 靠近 B 点；

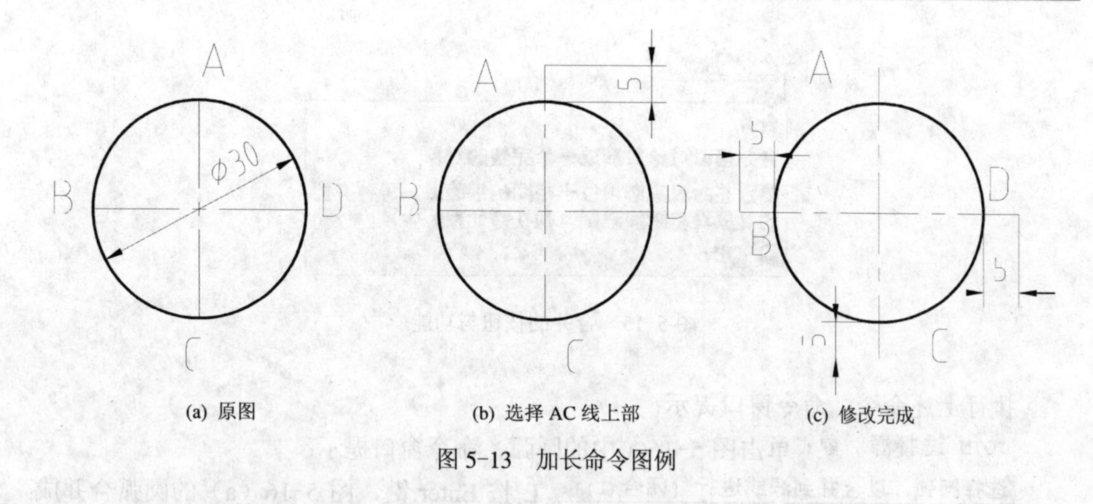

图 5-13　加长命令图例

选择要修改的对象或 [放弃(U)]： 按 Enter 键。

执行结果：50 长的线段 BC 缩短为 30。

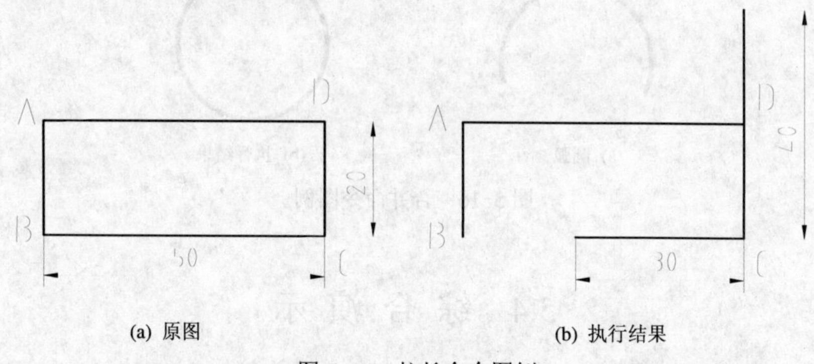

图 5-14　拉长命令图例

在命令窗口提示下输入不同的值，有不同的结果：

输入长度百分数 <100.0000>：200 按 Enter 键；

选择要修改的对象或 [放弃(U)]：用鼠标选择线段 CD 靠近 D 点；

选择要修改的对象或 [放弃(U)]：按 Enter 键；

执行结果：20 长的线段 CD 延长为 40，最后结果如图 5-14(b)所示。

5.3.5　合并（Join）命令

1. 功能

如图 5-15 所示。

2. 启动命令

键盘输入命令“J”按 Enter 键/单击工具栏中“合并”图标/选择“修改”下拉菜单中的合并(J)。

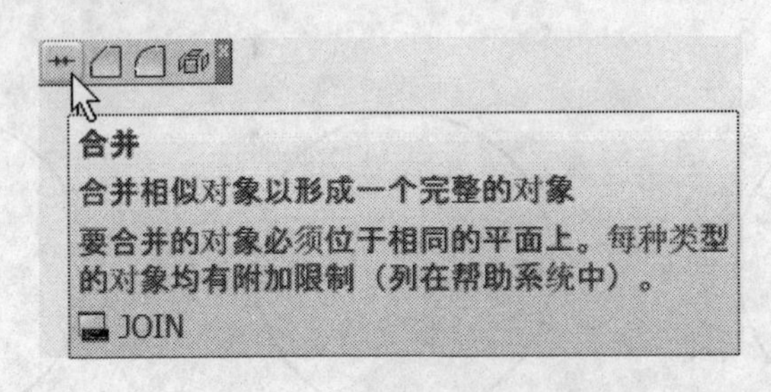

图 5-15　合并的按钮与功能

执行上述命令，命令窗口提示：

JOIN 选择源对象：单击图 5-16(a)中的圆弧，命令窗口提示：

选择圆弧，以合并到源或进行 [闭合(L)]：L 按 Enter 键，图 5-16（a）的圆弧合并成图 5-16（b）中的圆。

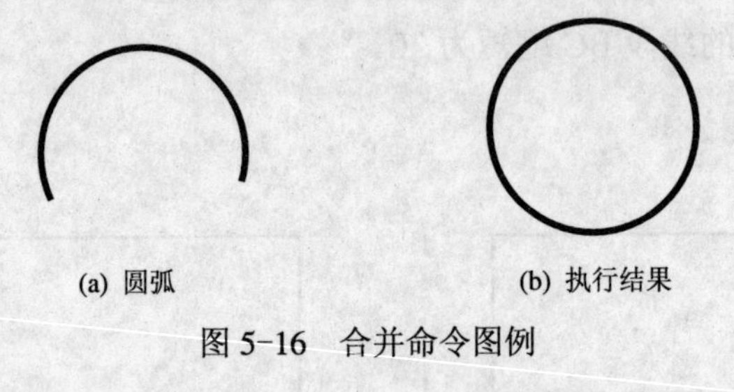

图 5-16　合并命令图例

5.4　综 合 演 示

根据如图 5-17 所示的组合体立体图，按尺寸画出其三视图。

本节主要演示如何利用构造线、极轴追踪、对象捕捉等命令，按照三视图的投影规律"主、俯视图长对正，主、左视图高平齐，俯、左视图宽相等"来绘制组合体三视图的方法和步骤。

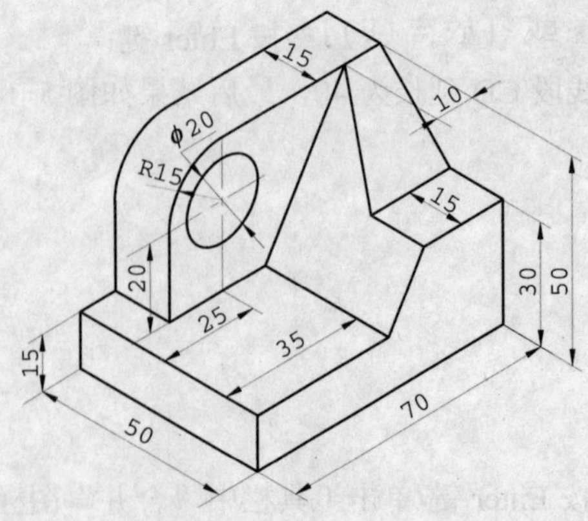

图 5-17　组合体立体图

作图步骤：

(1) 设置图层如图 5-18 所示，或打开第 2 章保存的“标准图层”文件。

名称	开	在.	锁.	颜色	线型	线宽	打印样式	打.
0				白色	Continuous	默认	Color_7	
图层1				黄色	Continuous	0.50 毫米	Color_2	
图层2				红色	CENTER	默认	Color_1	
图层3				绿色	DASHED	默认	Color_3	
图层4				青色	Continuous	默认	Color_4	

图 5-18　设置图层 8

在“0”层用“构造线”及“偏移”命令画辅助线；在“图层1”用“直线”、“圆”等命令画出主视图，如图 5-19 所示。

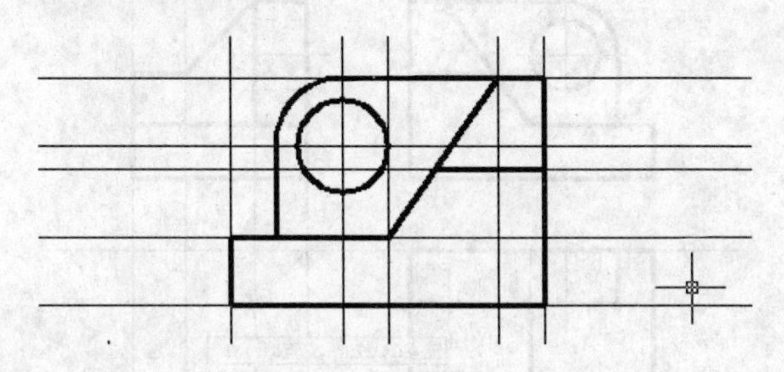

图 5-19　绘制辅助线和主视图

(2) 在“0”层用“构造线”及“偏移”命令画辅助线确定左视图宽度；将当前层设置为“图层 1”。打开“极轴”、“对象捕捉”、“对象追踪”按钮，用“直线”命令画出左视图，保证主、左视图高平齐，如图 5-20 所示。

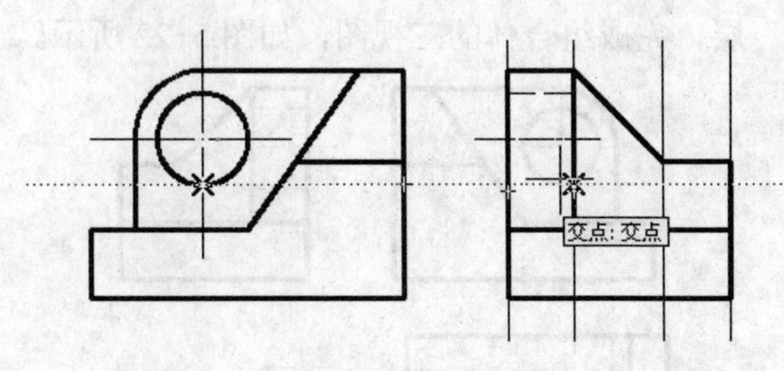

图 5-20　用极轴、对象捕捉、追踪画左视图

(3) 根据主、左视图画俯视图。在“0”层用“构造线”画出 45º 辅助线，确保左、俯视图宽度相等。将当前层设置为“图层 1”。打开“极轴”、“对象捕捉”、“对象追踪”按钮，用“直线”命令按形体分析法和线面分析法画出俯视图，如图 5-21 所示。

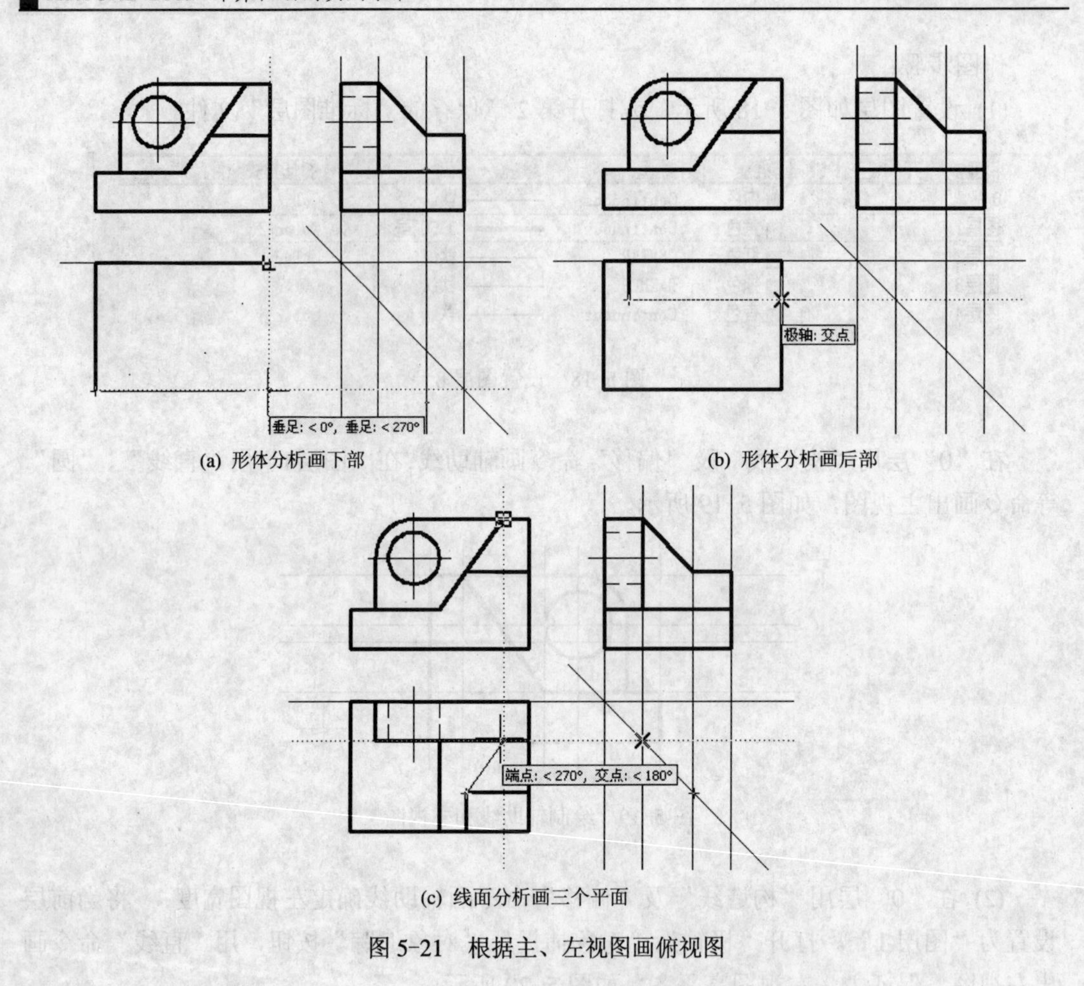

(a) 形体分析画下部　　(b) 形体分析画后部

(c) 线面分析画三个平面

图 5-21　根据主、左视图画俯视图

(4) 最后关闭“0”层，完成组合体的三视图，如图 5-22 所示。

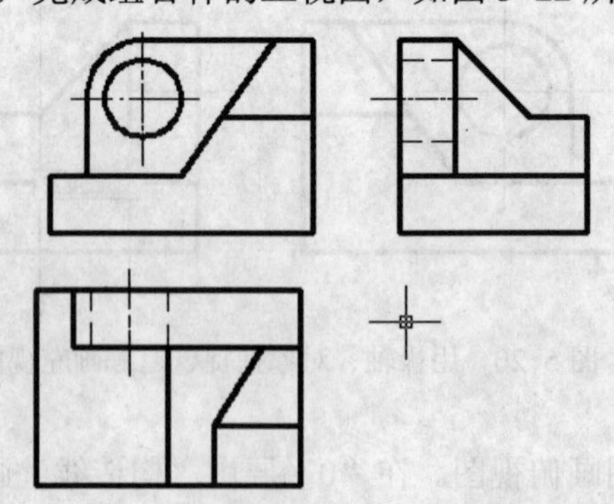

图 5-22　组合体三视图作图结果

除上述作图方法外，还可以利用前面学过的偏移、修剪、打断、延伸等编辑命令根据组合体三视图的投影特性画出其三视图，此处不再赘述。

5.5　上机实践

(1) 绘制如图 5-23（a）所示的图形，可先按 5-23（b）图绘制，把不同的线型按同一种绘制，然后用“打断”命令将一条线在分点处打断，再改变它们的线型。

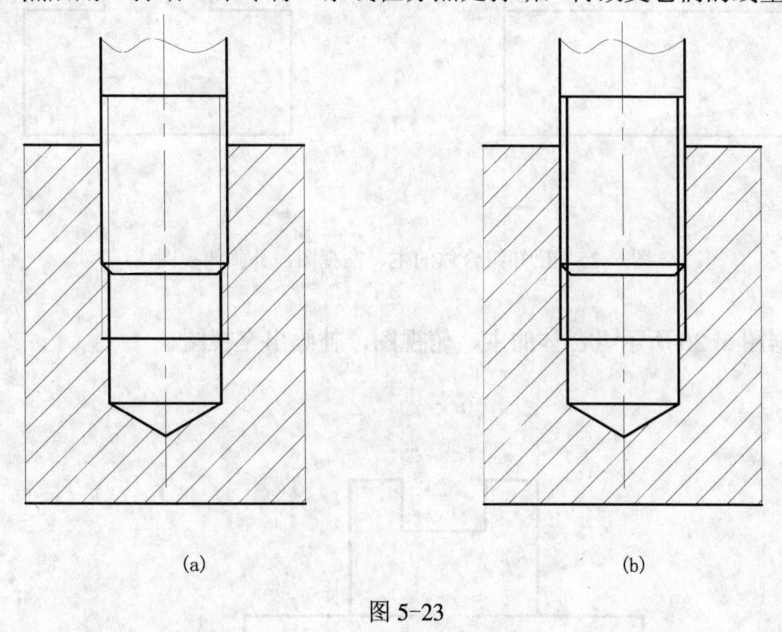

(a)　　　　　　　　(b)

图 5-23

(2) 由图 5-24 所示立体图，按 1∶1 比例画出该组合体的三视图。

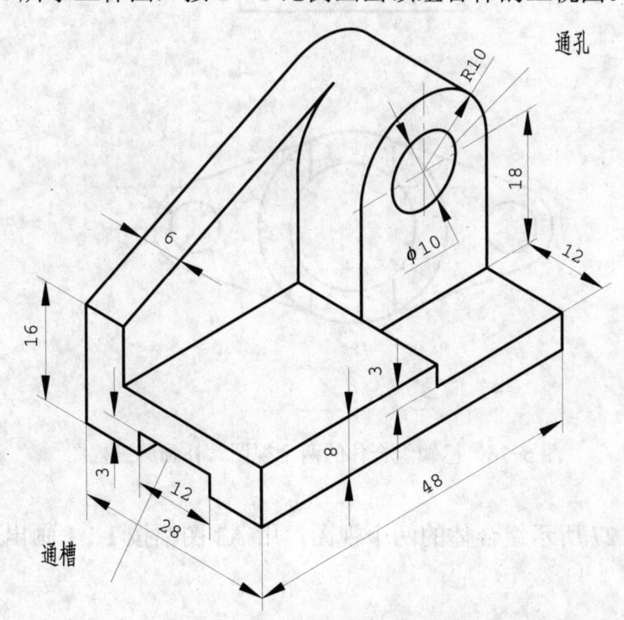

图 5-24　组合体的立体图

(3) 根据图 5-25 所示组合体的主、左视图，补画出俯视图。

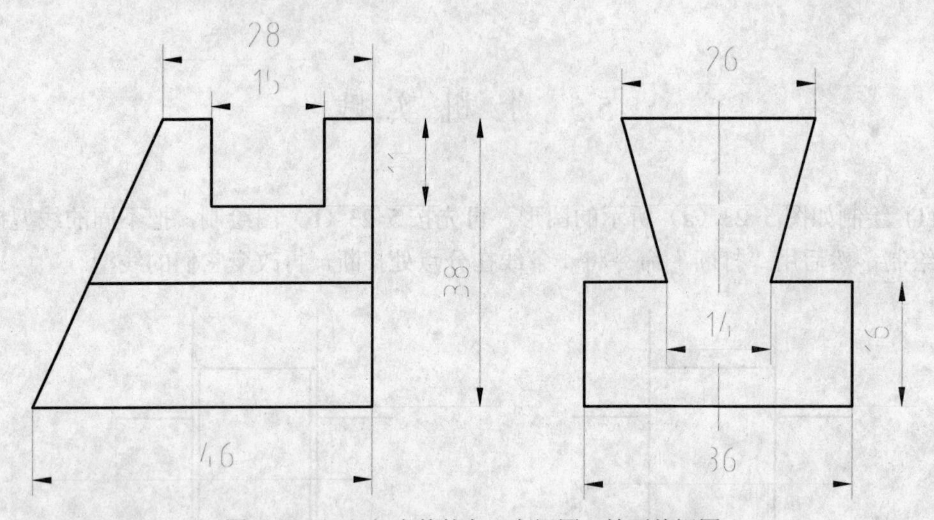

图 5-25　已知组合体的主、左视图，补画俯视图

(4) 根据图 5-26 所示组合体的主、俯视图，补画出左视图。

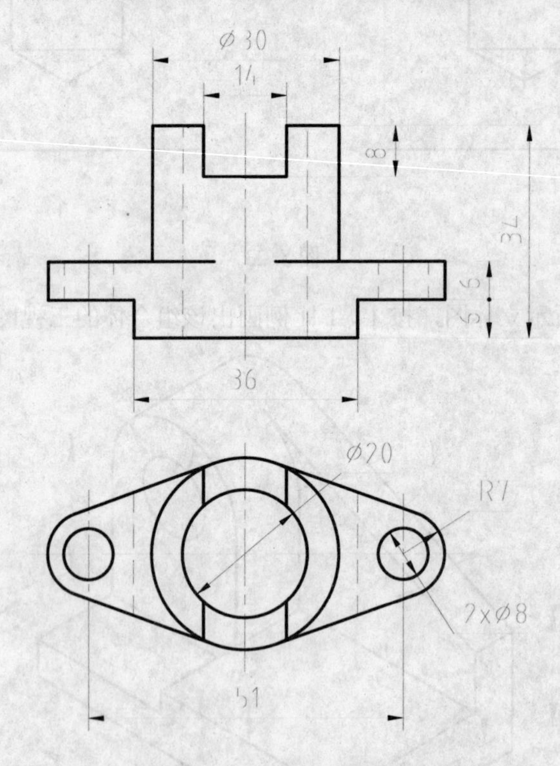

图 5-26　已知组合体的两个视图，补画第三视图

(5) 根据图 5-27 所示组合体的两个视图，用 A3 图幅按 1∶1 画出组合体三个视图。

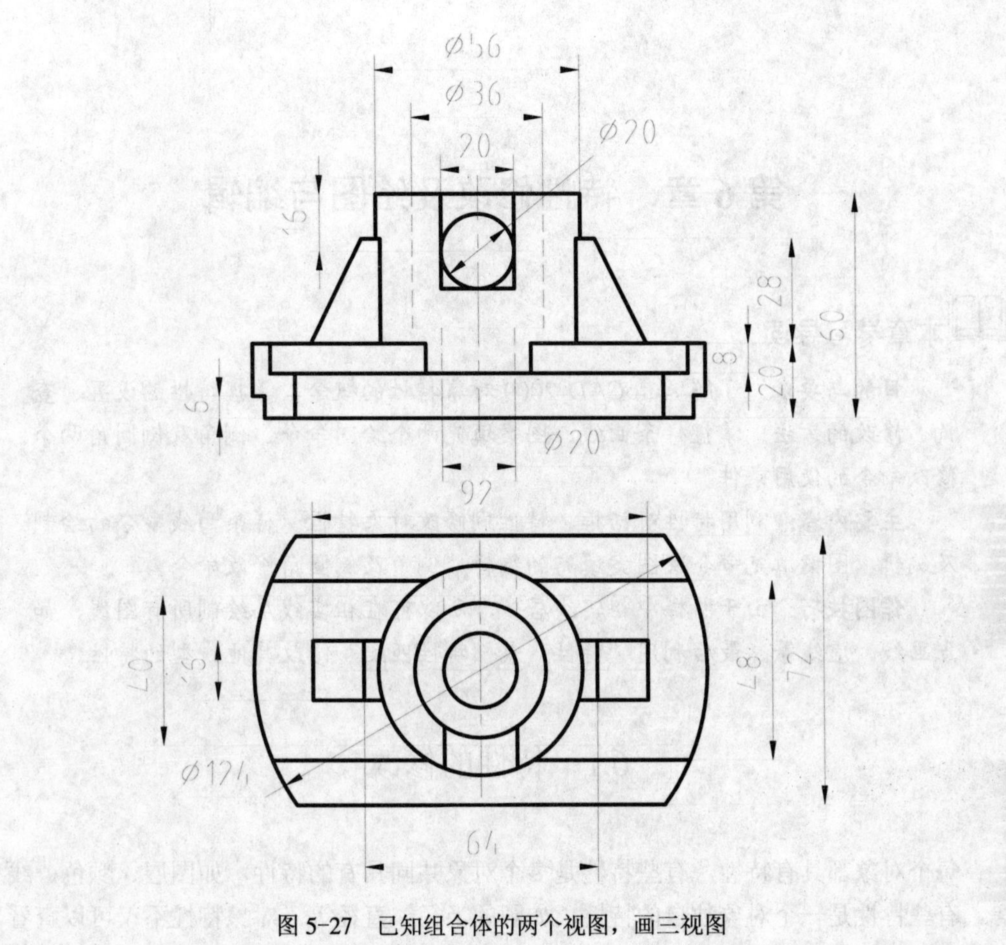

图 5-27　已知组合体的两个视图，画三视图

第 6 章　特性修改及绘图与编辑

本章学习导读

目的与要求： 了解 AutoCAD 2009 对象特性的概念，掌握特性的设置、查询、修改的方法。掌握样条曲线、图案填充两个绘图命令、倒角及倒圆角两个修改命令的使用条件。

主要内容： 利用特性对话框、特性刷修改对象特性。样条曲线命令的绘制及编辑，图案填充命令及图案填充的编辑。倒角及倒圆角修改命令。

作图技巧： 由于图样中粗实线居多，所以可在粗实线层绘制所有图线，如点画线、虚线等。最后利用“特性”或“特性匹配”修改其他线型的特性。

6.1　特性的修改

每个对象都具有特性，有些特性是多个对象共同具有的特性，如图层、颜色、线型等，有些特性是一个对象独自的特性，如圆的半径、直径等。对象特性不仅可以查看，而且可以修改。对象之间可以复制特性。

6.1.1　利用特性对话框查看和更改对象特性

1. 功能

可以利用特性对话框查看被选择对象的相关特性，并对其特性进行修改。

2. 启动命令

输入命令“properties”按 Enter 键/单击“标准”工具栏上 /选择“修改”下拉菜单中的特性（P）/在绘图区域内双击修改对象均可打开“特性”选项卡。

启动“特性”选项板后，在没有选择对象时“特性”对话框如图 6-1 所示。

3. 更改对象特性的操作步骤

(1) 选择一个或多个对象；

(2) 打开选择对象的“特性”选项卡；

(3) 在“特性”选项卡中，使用选项卡中的滚动条，可在特性列表中滚动查看选择对象的特性内容，选择要更改的项目，根据更改内容的要求使用下列方法之一修改相应的值。

图 6-1　没有选择对象时的特性对话框

① 输入新值；

② 单击右侧的▼从列表中选择一个值；

③ 单击按钮[…]，在打开的对话框中更改特性值；

④ 单击“拾取点”按钮，使用定点设备更改该项目的坐标值。

按 Enter 键后更改将立即有效，按下 Esc 键退出选择。若要放弃更改，在选项卡中的空白区域右击，然后在弹出的快捷菜单中选择“放弃”命令。按下 Esc 键退出选择。

说明：

(1) 对象特性的设置。

图层、文字样式、标注样式等特性的设置方法：选择格式下拉菜单的对应项进行设置，设置应在绘制图形之前完成。绘制图形时，选择所需的设置，这样随后绘制的对象就具有了设置的特性。

(2) 对象特性的修改。

①利用设置特性的方法修改对象特性：若将已设置好的特性重新设置为新的特性，则用原特性绘制的图形其特性都将全部更改为新的特性。也就是说，已绘制图形的特性在不进行任何选择对象、在不利用“特性”选项卡的情况下，也可全部更改为新的特性。

②利用“特性”选项卡修改对象特性：能够修改其特性的对象必须是已选择的对象，没有选择的对象其特性不能改变。修改的特性必须是“特性”选项卡可修改的特性。

例 1　修改直线对象特性

选择一条直线对象，选择的直线呈虚线显示并出现夹点，其“特性”对话框显示该直线对象的颜色、图层、线型、线宽、坐标等特性。在“特性”对话框中这些特性既可以被查看也可修改。

操作步骤如下：

(1) 选择如图 6-2（a）中一条虚线，选择后如图 6-2（b）所示。

(2) 单击“特性”图标按钮，出现所选择的“虚线”对象的“特性”对话框，如图 6-2（c）所示。

(3) 将图 6-2（c）特性对话框中的“图层”项目栏的“虚线”层改为“细实线”层(“虚线”层、“细实线”层等图层内容已事先设置完成)，修改后的图形如图 6-2（d）所示，特性如图 6-2（f）特性对话框所示。而图 6-2（b）中没有选择的另一条虚线，其特性不会发生变化，其线型仍为虚线，如图 6-2（d）所示。对比图 6-2（c）修改前特性对话框和图 6-2（f）修改后特性对话框中“图层”项目栏的区别。

说明：

(1) 当然也可以修改直线对象“特性”对话框中的其他可修改内容，如直线的端点等，修改后直线的端点位置发生变化。

(2) 若同时选择两条虚线，也可同时修改两条虚线的共同特性，修改方法同上。修改后结果如图 6-2（e）所示两条虚线都修改为细实线。注意这时“特性”对话框中的内容只显示选择对象的共性的内容，与选择一条虚线时的“特性”对话框内容是不同的。

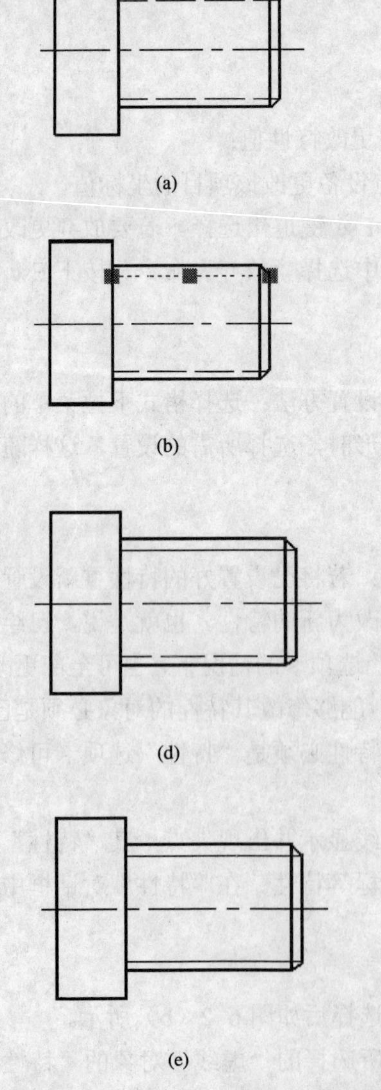

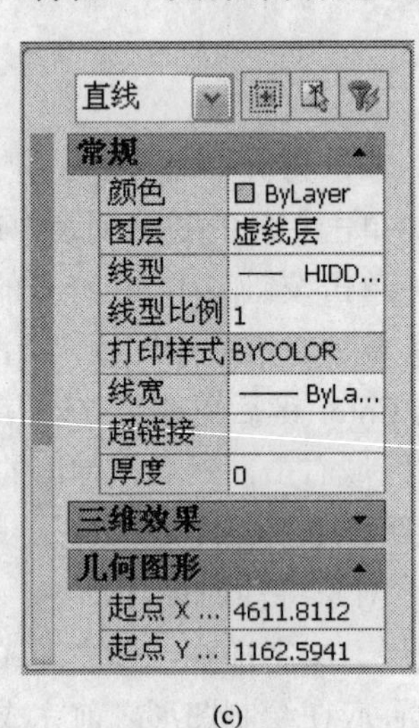

(c)

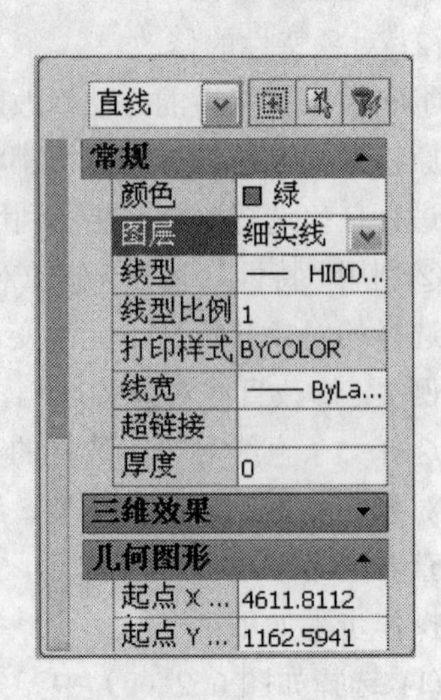

(f)

图 6-2　直线的特性修改

例 2　修改汉字对象特性

选择单行文本或多行文本汉字，利用对象“特性”对话框查看、修改汉字对象特性。操作步骤如下：

(1) 选择汉字“技术要求”对象如图 6-3（a）所示。

(2) 单击“特性”图标按钮，汉字“技术要求”特性如图 6-3（a）中对话框的内容所示。

(3) 将特性对话框中对正项目栏的“左上”选择为“正中”，修改后“技术要求”四个字的位置由左上移到正中的位置，如图 6-3（b）所示。

(4) 若将内容项目栏中的字体样式由“仿宋_GB2312”错误地选为 ISOCP・SHX，汉字“技术要求”则表现为“？？？？”如图 6-3（c）所示，这是由于字体不匹配的错误造成的；若将字体重新选为仿宋_GB2312，汉字由“？？？？”又显示为“技术要求”，如图 6-3（b）所示。

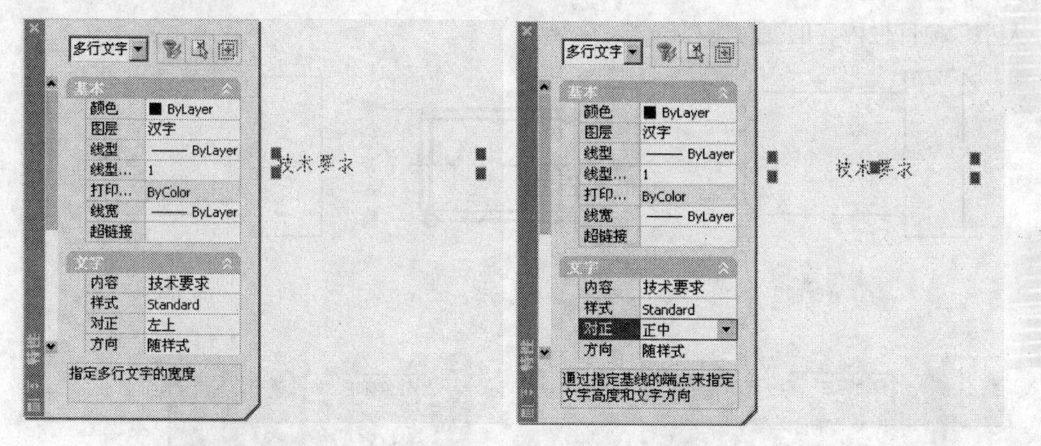

(a) 修改前汉字的“左上”位置　　(b) 修改后汉字的“正中”位置

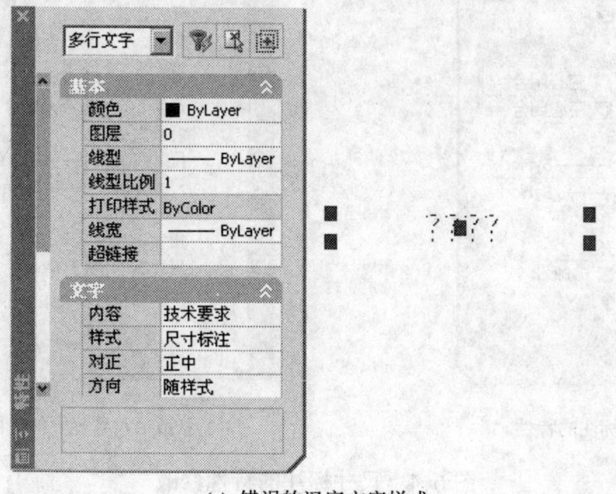

(c) 错误的汉字文字样式

图 6-3　汉字的特性修改

说明：双击汉字也可修改汉字特性。若汉字为单行文本，则出现单行文本的编辑对话框，在这里只能修改单行文本的汉字内容，其他特性不可修改；若汉字为多行文本，则出现多行文本编辑器，可修改编辑器中的相应内容。

例 3　修改尺寸标注对象特性

修改尺寸标注对象特性的方法同上。选择对象，打开对象“特性”对话框，可修改尺寸标注中的尺寸线、尺寸界线、箭头、尺寸数字等特性内容。

操作步骤如下：

(1) 选择尺寸对象 *M*35 如图 6-4（b）所示。

(2) 鼠标单击“特性”图标按钮，其“特性”对话框如图 6-4（e）所示。

(3) 将图 6-4（d）“特性”对话框中的“箭头 1”、“箭头 2”项目栏中的箭头形式由空心闭合改为实心闭合，将“箭头大小”项目栏中箭头大小由 5 改为 3，修改后尺寸标注对象如图 6-4（c）所示。

说明：注意修改前图 6-4（a）与修改后图 6-4（c）图形对象中尺寸标注 M35 的箭头形式与大小的变化、图 6-4（d）与图 6-4（e）特性对话框中“箭头”项目栏与“箭头大小”项目栏内容的变化。

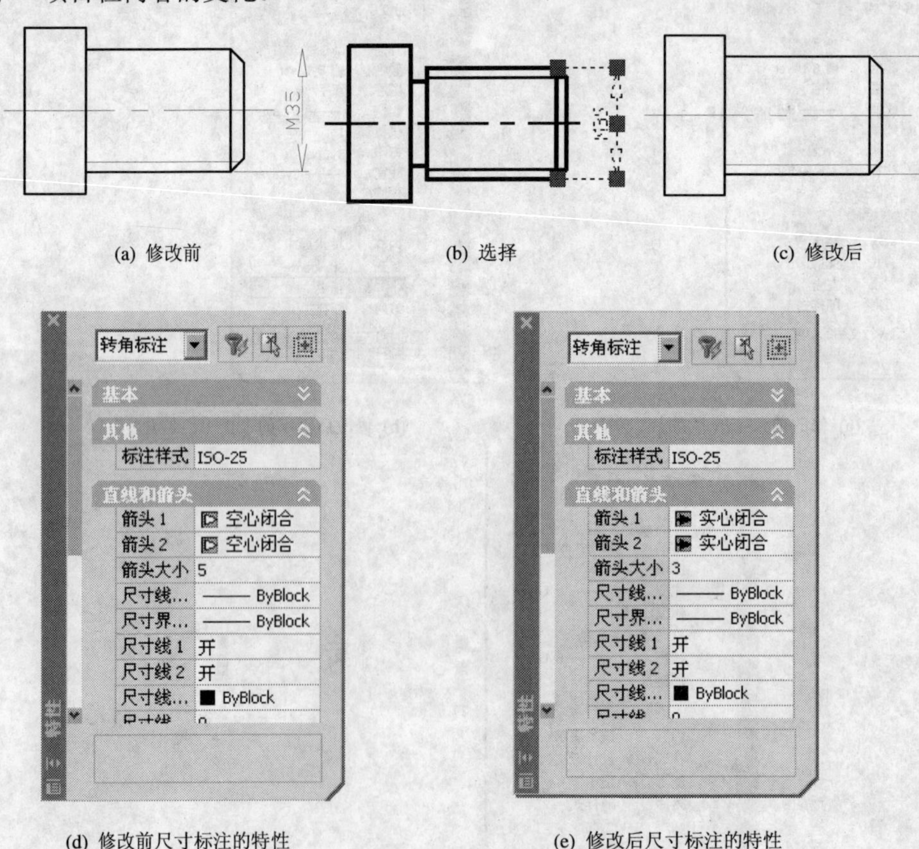

图 6-4　尺寸标注的特性修改

例 4　修改多个对象特性

执行“特性”命令时，如果同时选择了多个实体，则“特性”对话框中显示的内容是多个对象共有的特性。例如，如果选择了多条直线，则“特性”对话框将不会显示某条直线的起止点坐标、长度等特性，而是可以显示多条直线对象所共有的特性并可修改某些共有特性。如图 6-5 所示。

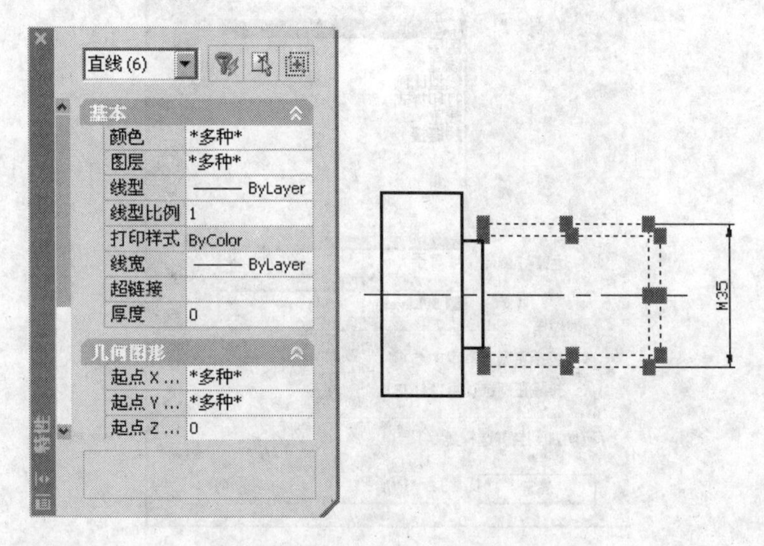

图 6-5　多个对象的特性

4. “特性”对话框中右上角的三个命令

(1) 快速选择：单击该图标打开“快速选择”对话框，用过滤器创建满足过滤条件的对象选择集。

(2) 选择对象：图标处于激活状态，单击对象可直接确认对象被选取；若单击该图标成灰白状态，选取对象后需按 Enter 键以确认该对象被选取。

(3) 选择情况/选择情况：可连续选择对象；只能选取一个对象，当选取第二个对象时，第一个对象会放弃被选择的状态。该功能在关闭“特性”对话框后仍然有效。

5. “快速选择”对话框的内容

单击“快速选择”图标，出现如图 6-6 所示“快速选择”对话框。各项含义如下。

(1) 应用到：过滤条件应用的范围是整个图形或当前选择集（如果存在的话）。若选择的是当前选择集，这个当前选择集，可以是在进入快速选择之前已经确定的选择集；也可以使用“快速选择”对话框中“选择对象”按钮进行重新选择，完成对象选择后，按 Enter 键重新显示该对话框。若选定“附加到当前选择集”选项，过滤条件应用的范围又回到整个图形。

(2) 对象类型：指定将应用过滤条件的对象类型。选择将在其对象类型中应用该过滤条件的对象类型。如果过滤条件应用于整个图形，则“对象类型”列表包含整个图形全部的对象类型，包括自定义。否则，该列表只包含选定对象所具有的对象类型。

(3) 特性：列表显示选定对象类型的所有可搜索特性。选定的特性确定“运算符”

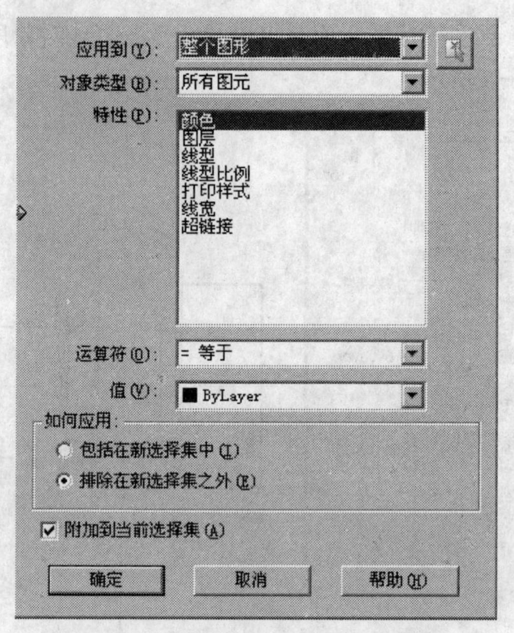

图 6-6 “快速选择”对话框的内容

和“值”中的可用选项，即“运算符”决定选定的特性与“值”的关系。

(4) 运算符：控制过滤的范围。根据选定的特性，选项可能包括“等于”、“不等于”、“大于”、“小于”和“全部选择”。“全部选择”即选定的对象类型的所有特性全部被选择。

(5) 值：指定过滤器的特性值，也就确定过滤条件的值。

(6) 如何应用：符合给定过滤条件的对象是放在新选择集内或是排除在新选择集之外。选择“包括在新选择集中”来创建新的选择集，其中选择集中只有符合过滤条件的对象。选择“排除在新选择集之外”创建的新选择集，其中只包含不符合过滤条件的对象。

(7) 附加到当前选择集：指定是将“快速选择”（QSELECT）命令创建的选择集替换当前选择集还是附加到当前选择集中。

6.1.2 利用“特性匹配”修改特性

1. 功能

“特性匹配”即特性刷功能，可以在不同对象之间复制共性的特性。使用“特性匹配”功能，可以将一个对象的某些或全部特性复制到其他对象上。

2. 启动命令

输入命令：MATCHPROP/单击“标准”工具栏中的“特性匹配”图标/单击“修改”下拉菜单中的“特性匹配”。

3. “特性设置”对话框的内容

一个物体的特性包括颜色、图层、线型、线型比例、线型重量、打印格式、线宽等，通过设置将一对象特性部分甚至全部特性利用“特性刷”复制到一个物体上（图 6-7）。

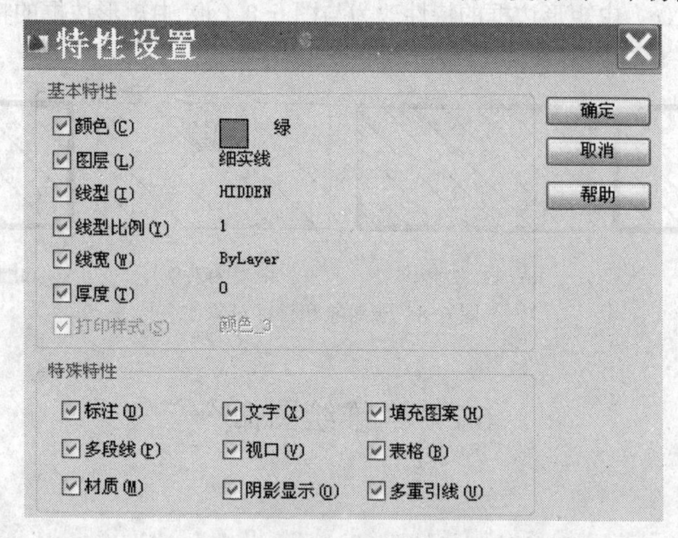

图 6-7　“特性设置”对话框

4. “特性匹配”复制对象特性的操作步骤

(1) 单击“标准”工具栏中的“特性匹配”按钮，选择源对象，其特性将成为修改对象即目标对象的特性。

(2) 当光标变成时，选择目标对象——将要修改其特性的对象。如只复制源对象的某些部分特性，在命令行中输入 s，打开“特性设置”对话框，如图 6-7 所示。

(3) 在“特性设置”对话框中，清除不希望复制的项目（默认情况下所有项目都打开）。

(4) 单击“确定”按钮，关闭“特性设置”对话框。

(5) 选择将应用源对象特性的目标对象，按 Enter 键。

(6) 目标对象的特性修改为源对象的特性。

例 1　矩形边框特性修改

图 6-8（a）矩形边框为粗实线，图 6-8（c）矩形边框为点画线，通过特性刷将图 6-8（c）矩形边框的特性改为图 6-8（a）矩形边框的特性，即将边框由点画线改为粗实线。

操作步骤如下：

(1) 命令输入：MATCHPROP 按 Enter 键或单击“特性刷”图标。

(2) 命令行提示：选择图 6-8（a）中的矩形边框作为源对象，选择的边框高亮显示，如图 6-8（b）所示，光标由图 6-8（b）中的选择框“□”变成刷子，如图 6-8（c）中所示，按 Enter 键。

(3) 命令行提示：选择目标对象或（设置）。

(4) 选择图 6-8（c）中的矩形边框作为目标对象，按 Enter 键。

(5) 图 6-8（c）中矩形边框的特性改为与图 6-8（a）中矩形边框的特性一样，如图 6-8（a）和图 6-8（d）所示。

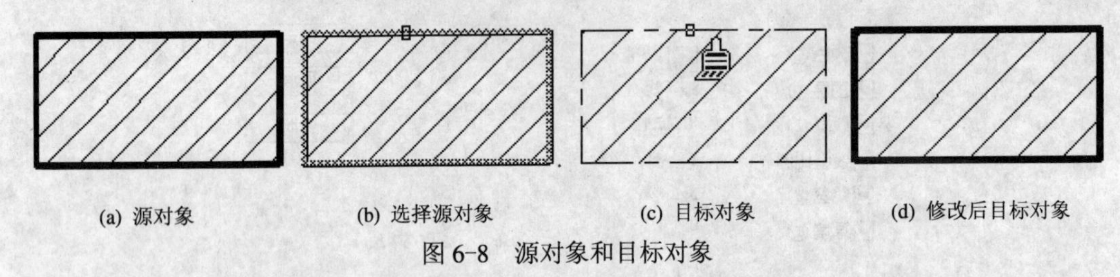

(a) 源对象　(b) 选择源对象　(c) 目标对象　(d) 修改后目标对象

图 6-8　源对象和目标对象

6.2　二维绘图命令

6.2.1　图案填充（Hatch）的绘制

1. 功能

图案填充是使用一种图案来填充某一区域。例如，在机械制图中，机件剖切后其断面上的剖面线可利用“图案填充”命令快速画出。填充的图案是独立、整体的图形对象，但若用“分解”命令后，填充的图案将分解成单独的线条。

2. 启动填充命令

输入命令“HATCH”按 Enter 键/单击“绘图”工具栏中的“图案填充”按钮/单击“绘图”下拉菜单中的“图案填充”，都可弹出如图 6-9 所示的“图案填充和渐变色”对话框。“图案填充”选项卡的“类型和图案”区内有 3 个选项，分别是类型、图案和样例。其中类型窗口中有 3 个选项，用默认选项即可，如图 6-10 所示。

图案窗口展开后，有 84 种图案可供选择。机械图样中，机件断面上的填充图案可选择代号为“ANSI31”的图案填充断面，如图 6-11 所示。

“角度和比例”区内有 2 个选项。其中角度选项的默认值是 0°。角度窗口展开后，以 15° 为基数增至 345° 如图 6-12 所示。以默认值 0° 填充图案时，剖面线与水平线间夹角为 45°。选择 90° 时，剖面线与水平线间夹角为 135°。比例选项的默认值是 1。比例窗口展开后如图 6-13 所示。以默认值 1 填充图案时，其平行线之间的距离为 3mm。

“边界”区内有 5 个选项。处于激活状态的分别是“拾取点”和“选择对象”。

“拾取点”的操作如下：

单击“图案填充和渐变色”对话框中的“拾取点”按钮，将光标移至图 6-14（a）两圆之间任意位置单击鼠标，再右击，在弹出的对话框中选择“确认”，在弹出的“图案填充和渐变色”对话框中单击确定按钮，填充结果如图 6-14（b）所示。

如将光标移至图 6-14（c）中小圆之中，重复上述操作，填充结果如图 6-14（d）所示。

轮廓嵌套时，应改变角度值，使剖面线按两个方向填充，如图 6-15 所示。

轮廓内有文本时，默认文本轮廓为填充边界，剖面线自动断开，如图 6-16 所示。

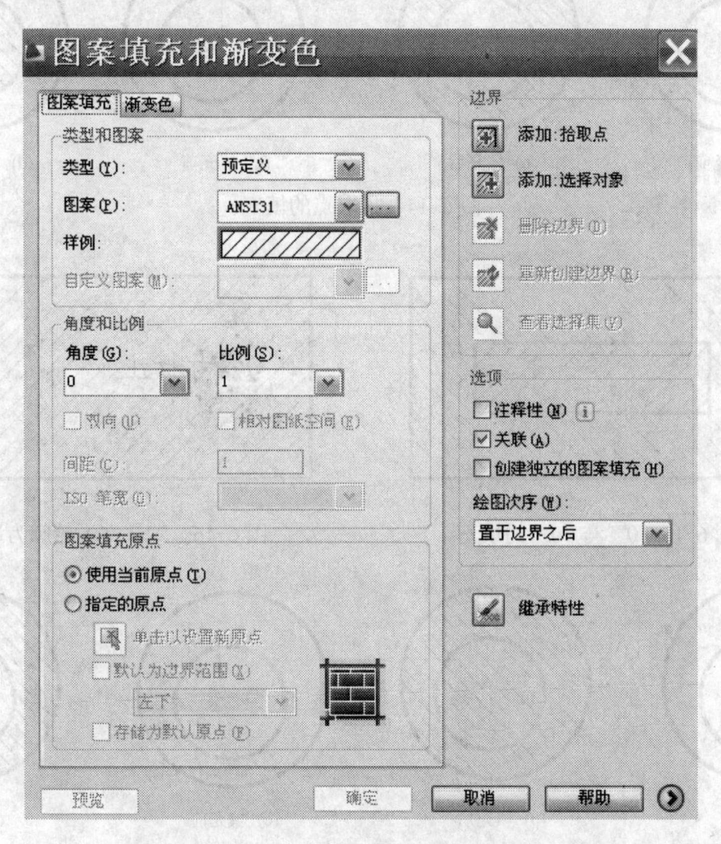

图 6-9　“图案填充和渐变色”对话框

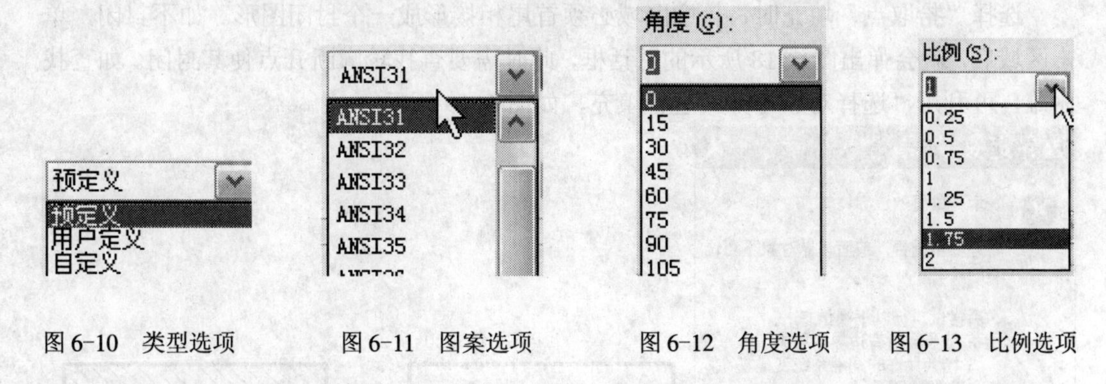

图 6-10　类型选项　　图 6-11　图案选项　　图 6-12　角度选项　　图 6-13　比例选项

“选择对象”的操作如下：

单击“图案填充和渐变色”对话框中的“选择对象”按钮，此时光标变成矩形选择框，将其移至图 6-17（a）的大圆上并单击，再右击，在弹出的对话框中选择“确认”，在弹出的“图案填充和渐变色”对话框中单击 确定 按钮，填充结果如图 6-17（b）

所示。

如果在大、小圆之间的区域填充，则需连续选择大小圆，如图 6-17（c）、（d）所示。

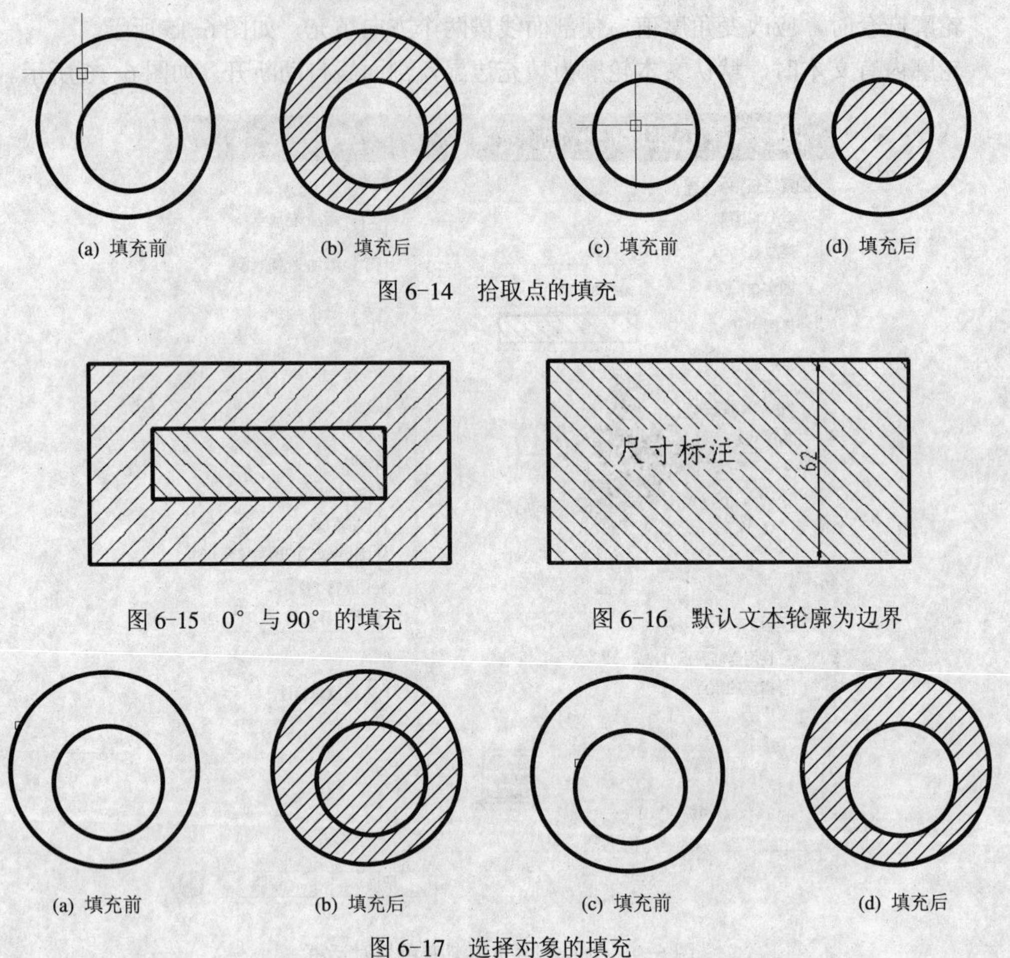

(a) 填充前　(b) 填充后　(c) 填充前　(d) 填充后

图 6-14　拾取点的填充

图 6-15　0° 与 90° 的填充

图 6-16　默认文本轮廓为边界

(a) 填充前　(b) 填充后　(c) 填充前　(d) 填充后

图 6-17　选择对象的填充

选择“拾取点”填充时，轮廓区域必须首尾相接形成一个封闭图形。如不封闭，单击区域后，就会弹出图 6-18 所示的对话框，此时需要查找轮廓断开点使其封闭。如查找困难，可利用“选择对象”方式进行填充，如图 6-19 所示。

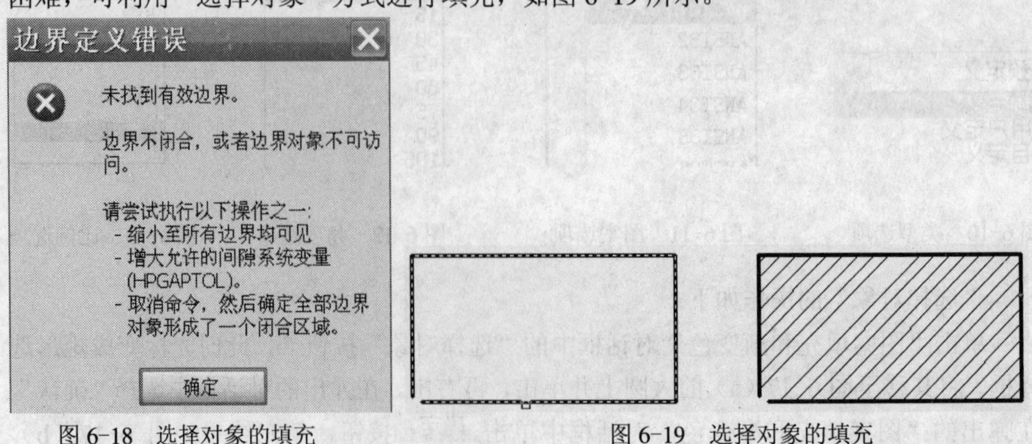

图 6-18　选择对象的填充

图 6-19　选择对象的填充

“渐变色”选项卡为填充区域选择填充的图案是渐变颜色，如图 6-20 所示。“单色”和“双色”单选按钮用来选择是单色还是双色。在“颜色”文本框中可以选择渐变的色彩，单击按钮出现如图 6-21 所示“选择颜色”对话框，在其中选择所需的色彩。

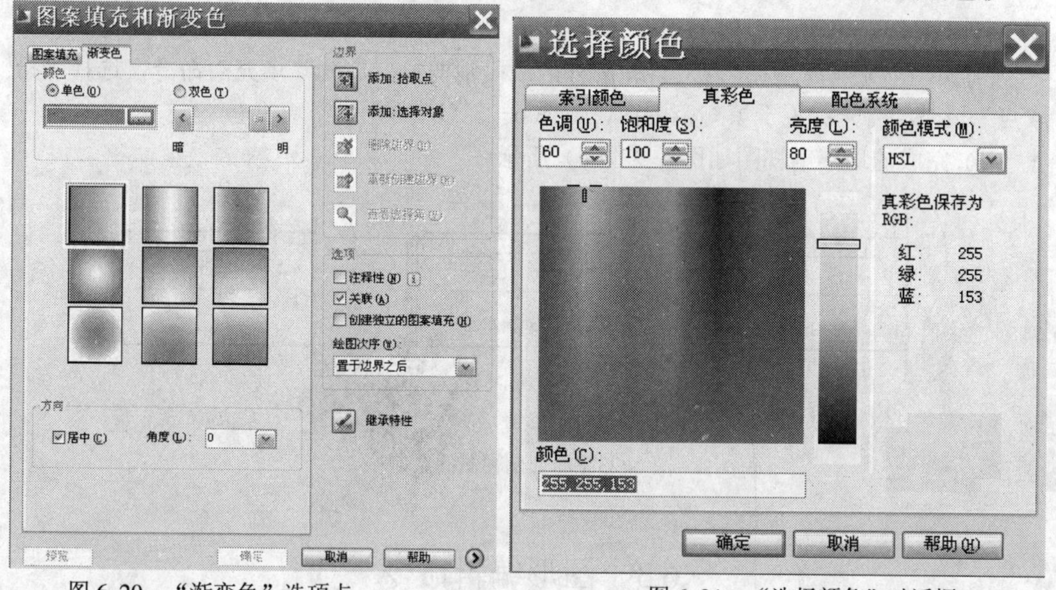

图 6-20　“渐变色”选项卡　　　　图 6-21　“选择颜色”对话框

在“渐变色”选项卡中可以选择 9 种渐变的方式。“居中”复选框用于指定应用渐变色彩是否居中，“角度”下拉列表框则选择渐变色渐变的方向。

6.2.2　样条曲线（Spline）的绘制

1. 功能

样条曲线是特殊的线段，专门用于绘制曲线。绘制样条曲线时不需要先绘制“点”的位置，而是在绘制时通过指定样条曲线的控制点来创建样条曲线。样条曲线根据这些控制点的位置，建立光滑的样条曲线。样条曲线是由无数的弧线组成的，不能直接标注尺寸。

利用“样条曲线”命令可以快速绘制波浪线，如图 6-22 中 B 线是启动“样条曲线”命令后，连续单击 11 次（如图 6-22 中的 A 线）形成的样条曲线。

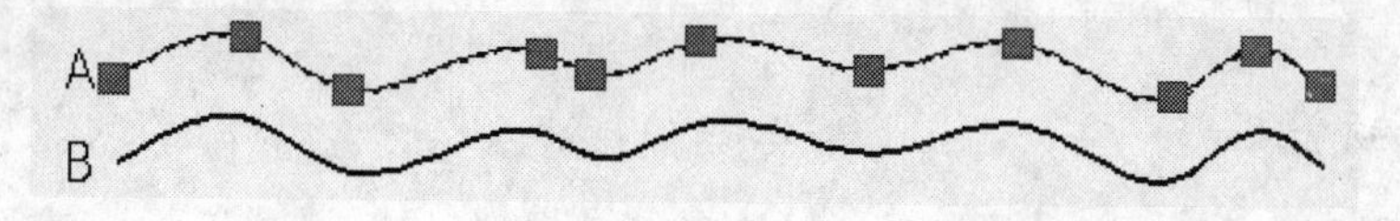

图 6-22　样条曲线

2. 启动样条曲线（Spline）命令

输入命令“SPLINE”/单击“绘图”工具栏中的“样条曲线”图标/单击“绘图”下拉菜单中的“样条曲线”。

样条曲线常用于绘制机械图样中局部剖视图的波浪线。下面以图 6-23 说明局部剖中波浪线及局部填充的绘制步骤：

命令行：SPLINE（按 Enter 键）或单击图标；

(1) 为使填充区域封闭，应利用“捕捉最近点”或将光标置于图形外的 A 点画至 B 点，如图 6-23（a）所示。

(2) 单击“修剪”按钮，将轮廓外的线段裁剪掉。启动“填充”命令，选择“拾取点”填充，将光标置于填充范围内，如图 6-23（b）所示。

(3) 完成的局部剖视图如图 6-23（c）所示。

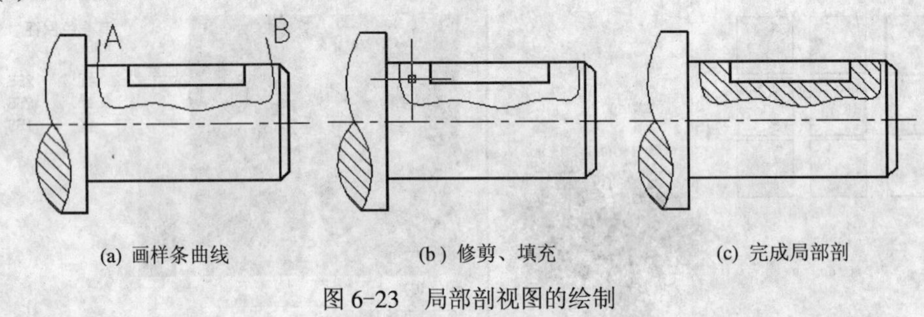

(a) 画样条曲线　　(b) 修剪、填充　　(c) 完成局部剖

图 6-23　局部剖视图的绘制

6.3　图形编辑命令

6.3.1　倒角（Chamfer）命令

1. 功能

倒角就是在两条非平行线之间创建直线的方法。它通常用于表示角点上的倒角边，可以为相交直线、多段线、构造线、射线进行倒角。

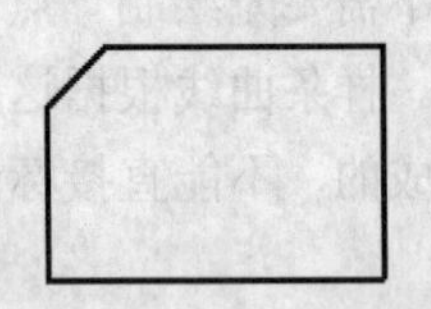

图 6-24　两条直线倒角

2. 启动倒角命令

输入命令“CHAMFER”/单击“修改”工具栏中的“倒角”图标/单击“修改”下拉菜单中的“倒角”。操作步骤如下:

(1) 命令行: CHAMFER 按 Enter 键或单击“倒角”图标。

(2) 分别指定需要倒角的两条直线对象，倒角如图 6-24 所示。

3. 各选项含义

启动命令后，命令行提示：

```
命令:  chamfer
("修剪"模式) 当前倒角距离 1 = 4.0000, 距离 2 = 4.0000
选择第一条直线或 [放弃(U)/多段线(P)/距离(D)/角度(A)/修剪(T)/方式(E)/多个(M)]:
```

(P)：可选择多段线。

(D)：指定两条线上的倒角长度，其长度可以相等，也可以不相等。

(A)：指定第一条线上的倒角长度，并指定倒角边与第一条线的夹角。

(T)：倒角后是否裁剪图。

(E)：倒角后裁剪方式。

(M)：可以连续倒角。

说明：

(1) 若在指定倒角边之前输入P选项，将选择多段线对象倒角。

① 如果多段线是整体对象如矩形，则整个多段线有几个角点将有几个倒角，如图6-25所示。

② 如果多段线是一个对象(用多段线命令一次绘成)，两条连续绘成的直线段的角点将生成倒角，而第一条直线段与最后一条直线段所形成的角点却不形成倒角，如图6-26所示。

③ 如果倒角对象是一条多段线的两条线段，且他们仅隔一条弧线段，如图6-27（a）所示，倒角将删除此弧并用倒角线替换弧线段，如图6-27（b）所示。

④ 对一条多段线倒角时，只对那些长度足够适合倒角距离的线段进行倒角。某些线段太短则不能进行倒角，如图6-27（c）所示。

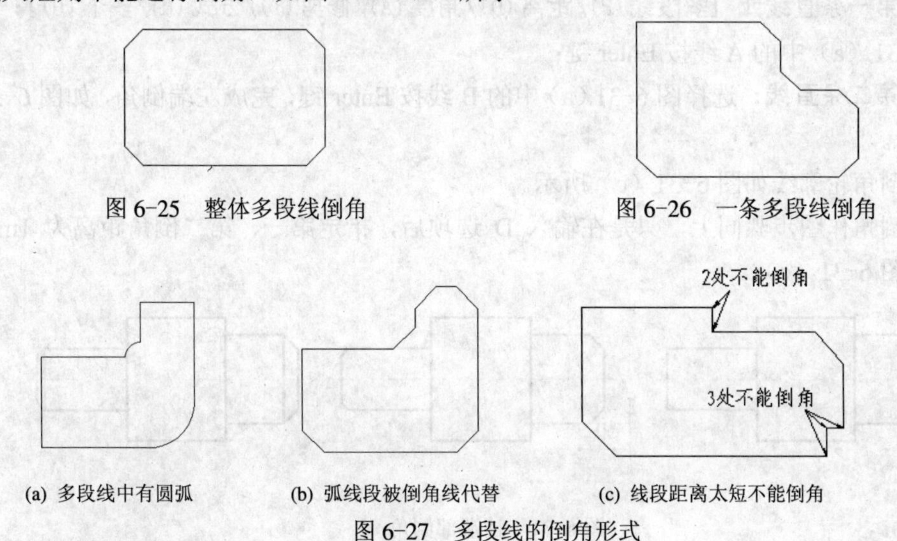

图6-25　整体多段线倒角　　　　图6-26　一条多段线倒角

(a) 多段线中有圆弧　　(b) 弧线段被倒角线代替　　(c) 线段距离太短不能倒角

图6-27　多段线的倒角形式

(2) 输入D选项。

如在指定倒角边之前输入D选项，将重新确定倒角长度。默认时倒角长度相等，但也可设置为不相等，如图6-28所示。

(3) 输入A选项。

如在指定倒角边之前输入A选项，将利用第一条倒角边长度和倒角边与第一条对象的夹角作为条件来进行倒角，如图6-29所示。

(4) 输入T选项。

可以选择倒角后是否修剪被倒角对象，如图6-30所示。

(5) 若选择U选项。

可以连续选择被倒角对象，否则执行一次命令只能进行一次倒角。

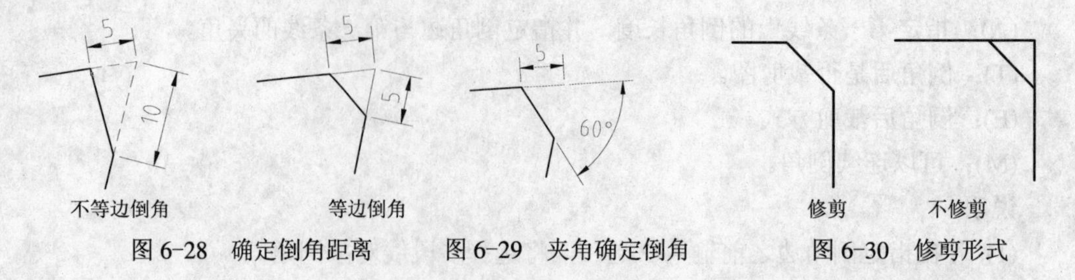

图 6-28　确定倒角距离　　图 6-29　夹角确定倒角　　图 6-30　修剪形式

例 1　“倒角”命令常用来绘制轴类零件端部倒角，下面以图 6-31 为例说明轴端部倒角的操作过程。

单击图标启动“倒角”命令按 Enter 键。按命令行提示操作如下：

(“修剪”模式）当前倒角距离 1 = 0.0000，距离 2 = 0.0000 (默认倒角距离为 0)；

选择第一条直线或 [多段线(P)/距离(D)/角度(A)/修剪(T)/方式(M)/多个(U)]：D

用键盘输入 D 后，按 Enter 键；

指定第一个倒角距离 <0.0000>：2 按 Enter 键；

指定第二个倒角距离 <2.0000>：默认与第一个倒角距离相等，按 Enter 键；

选择第一条直线或 [多段线(P)/距离(D)/角度(A)/修剪(T)/方式(M)/多个(U)]：

选择图 6-31（a）中的 A 线按 Enter 键；

选择第二条直线：选择图 6-31（a）中的 B 线按 Enter 键，完成左端倒角，如图 6-26（b）所示。

绘出倒角轮廓线如图 6-31（c）所示。

右部倒角作图步骤同上，只是在输入 D 选项后，指定第一、第二倒角距离为 1mm 即可，如图 6-31（c）。

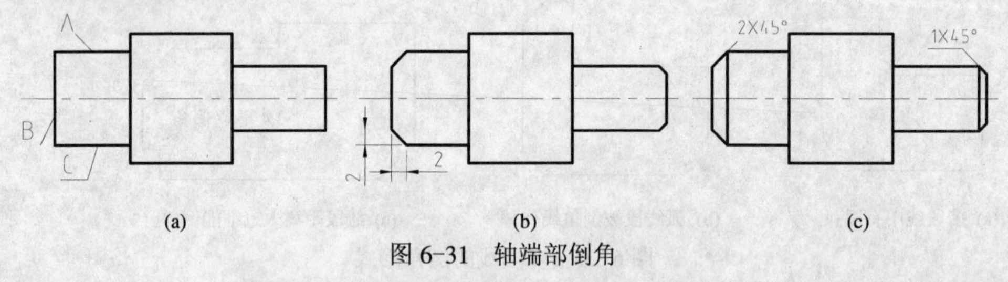

图 6-31　轴端部倒角

例 2　孔端倒角。孔端倒角与轴端倒角的操作过程基本相同，只不过在倒角前应设置为输入修剪模式选项 [修剪(T)/不修剪(N)] <修剪>：N　(不修剪)。

图 6-32（e）的编辑过程如图 6-32（b）、（c）、（d）所示。

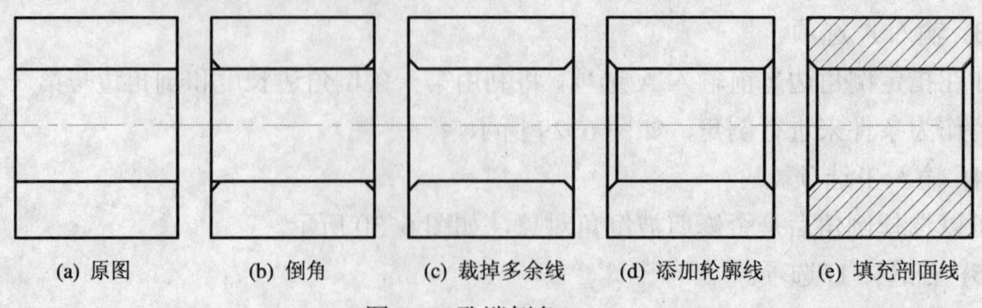

图 6-32 孔端倒角

6.3.2　倒圆角（Filiet）命令

1. 功能

倒圆角就是通过一个指定半径的圆弧光滑地连接两个选定的对象。可以倒圆角的对象有圆弧、圆、椭圆和椭圆弧、直线、多段线、射线、样条曲线和构造线等。

2. 启动倒圆角（Fillet）命令

输入命令“FILLET”/单击“修改”工具栏中的“倒圆角”图标/单击“修改”下拉菜单中的“倒圆角”。

3. 操作步骤

(1) 命令行：FILLET 按 Enter 键或单击“倒角”图标；

(2) 分别指定需要倒圆角的两个边，倒圆角如图 6-33 所示。

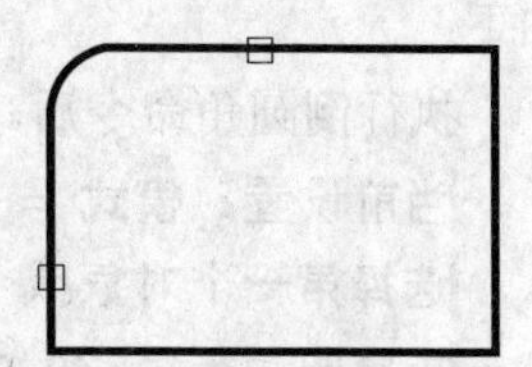

图 6-33　两直线倒圆角

4. 各选项含义

启动命令后，命令窗口提示：

```
命令： fillet
当前设置：模式 = 修剪，半径 = 0.0000
选择第一个对象或 [放弃(U)/多段线(P)/半径(R)/修剪(T)/多个(M)]:
```

(P)：可选择多段线；

(R)：指定倒圆角半径；

(T)：倒角后是否裁剪。

(1) 在指定倒圆角对象之前输入 P 选项，将选择多段线对象倒圆角。

① 如果多段线是整体对象如矩形，则整体多段线有几个角点将有几个倒圆角，如图 6-34（a）所示。

② 如果多段线是一个对象(用多段线命令一次绘成)，两条连续绘成的直线段的角点将生成倒圆角，而第一条直线段与最后一条直线段所形成的角点却不形成倒圆角，如图 6-34（b）所示。

(a) 整体多段线倒圆角　　(b) 一条多段线倒圆角

图 6-34　多段线倒圆角

③ 如果倒圆角对象是一条多段线的两条线段，且它们仅隔一条弧线段，如图 6-35（a）所示，倒圆角将删除此弧线段并用倒圆角线替换弧线段，如图 6-35（b）所示。

④ 对一条多段线倒圆角时，只对那些长度足够适合倒圆角距离的线段进行倒圆角。某些线段太短则不能进行倒圆角。图 6-36 中有七处角点不能倒圆角。

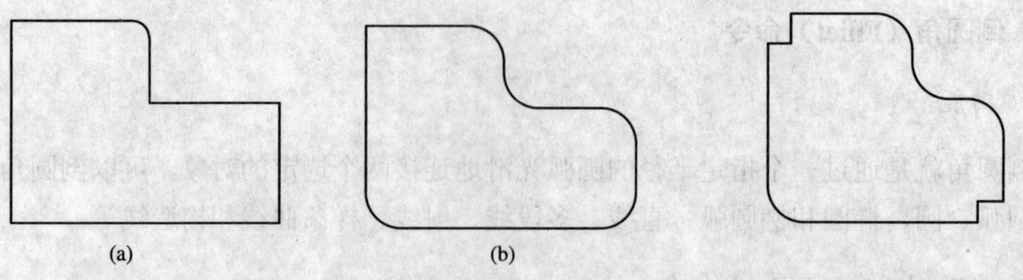

(a) (b)

图 6-35　有圆弧线段的多段线被倒圆角代替　　　　图 6-36　线段长度太短不能倒圆角

(2) 如在指定倒圆角对象之前输入 R 选项，将重新确定倒圆角半径，具体操作步骤如下：

执行倒圆角命令后，命令行提示：

当前设置：模式 = 修剪，半径 = 0.0000

选择第一个对象或 [多段线(P)/半径(R)/修剪(T)/多个(U)]：R 按 Enter 键；

指定圆角半径 <0.0000>：10 按 Enter 键；

选择第一个对象或 [多段线(P)/半径(R)/修剪(T)/多个(U)]：R 选择第一条直线，按 Enter 键；

选择第二个对象：选择第二条直线，按 Enter 键。

倒圆角完成，如图 6-37 所示。

(3) 如果在指定倒圆角对象之前输入 T 选项，可以选择倒圆角后是否修剪被倒圆角的线段。如图 6-37 所示。

(4) 若选择 U 选项，可以连续选择被倒圆角对象，否则执行一次命令只能进行一次倒圆角。

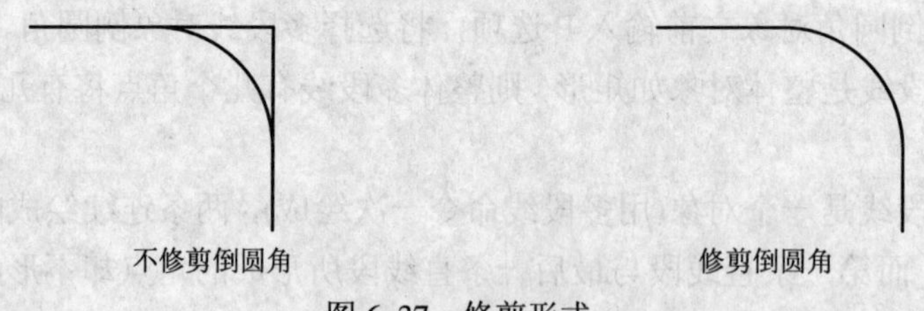

图 6-37　修剪形式

6.4　综合演示

1. 绘制图 6-38 轴的操作步骤

(1) 打开第 2 章中设置好的“标准图层”，将“粗实线层”设置为当前层，启动“正交模式”，单击“直线”命令按钮；根据轴的左端轴径尺寸 $\phi 18$，绘制垂直方向的线段，长度 18mm。

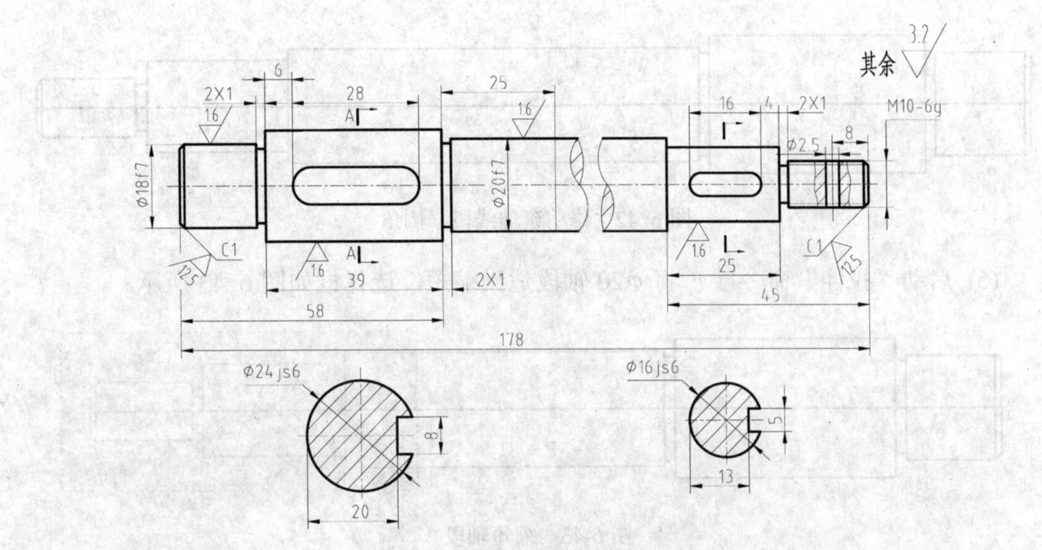

图 6-38　轴

(2) 启动“偏移”命令，根据轴向尺寸（178、45、25、58、39），偏移确定各轴段长度，包括两处越程槽和一处退刀槽（其轴向距离均为 2mm），如图 6-39 所示。

图 6-39　偏移各轴段

(3) 启动“直线”命令，捕捉 A 线中点，顺次画出 AB、BC、CD、DE、EF、FG、GH、HK 八段线，如图 6-40 所示。

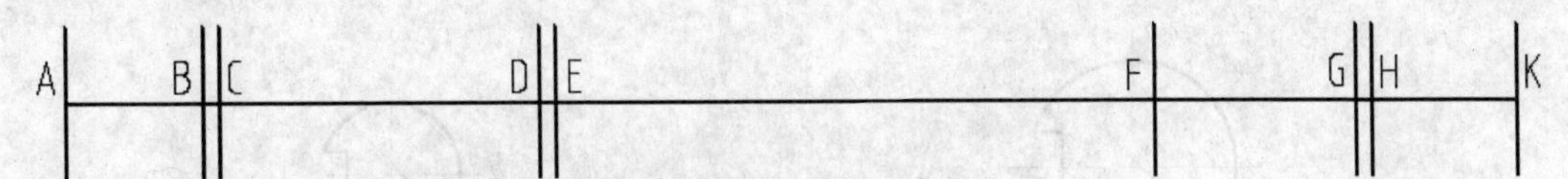

图 6-40　绘制八段线

(4) 启动“偏移”命令，根据各轴段的直径尺寸，偏移确定各轴段径向轮廓线，如图 6-41 所示。

图 6-41　偏移确定各轴段径向轮廓线

(5) 修剪多余线段，延伸缺失线段。启动“倒角”命令，根据 1×45°，设置两个倒角距离（D）均为 1mm，完成两端倒角，如图 6-42 所示。

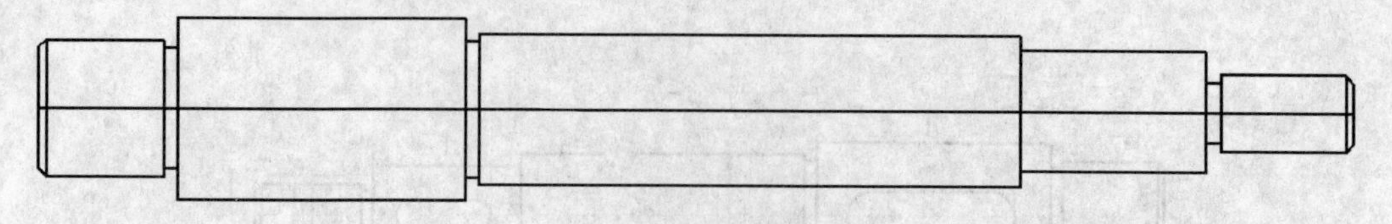

图 6-42 修剪延伸线段、倒角

(6) 启动“拉伸”命令，将 $\phi20$ 轴段适当缩短，选择框如图 6-43 所示。

图 6-43 缩短轴段

(7) 利用“打断”命令将其轮廓线断开，用“三点弧”命令画出断开线；利用窗口选择，选中 A 至 K 处的八段线，将其删除，重画一条 A 至 K 的线段作为轴线；完成键槽及其断面图、右端 $\phi2.5$ 孔并用样条曲线在其两侧画出波浪线。

(8) 启动“图案填充”命令，完成断面处的剖面线。

(9) 启动“特性”命令，修改不同线型的属性。利用夹点功能改变点画线的长短，使其超出图形轮廓 3～5mm，完成的全图如图 6-44 所示。

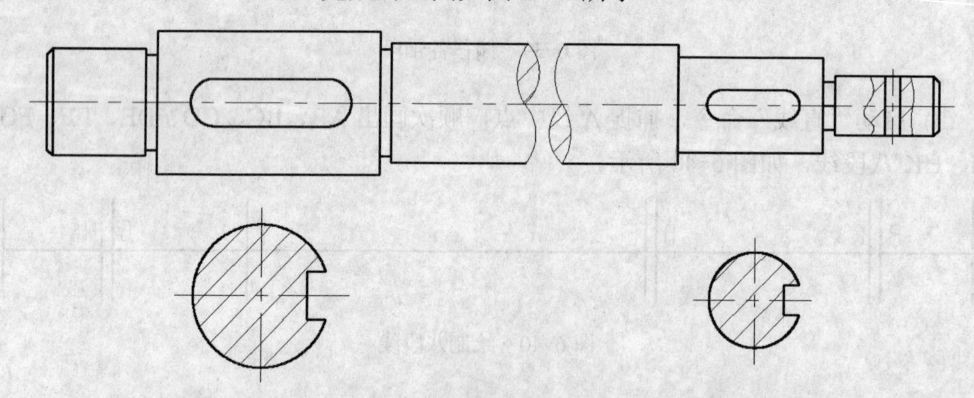

图 6-44

(10) 图形绘制完成后标注尺寸、插入粗糙度块等内容在其他相关章节介绍。

说明：图 6-38 所示的轴可用多种方法绘制，上面介绍的只是一种方法。也可将轴的外轮廓线各段长度数值确定后，启动正交功能，以轴线为基准，画出二分之一轮廓，如图 6-45 所示，然后利用“镜像”命令，完成与其对称另一半轮廓。

绘图时可灵活应用各种命令，适当调整绘图步骤，以求得到最高绘图效率。

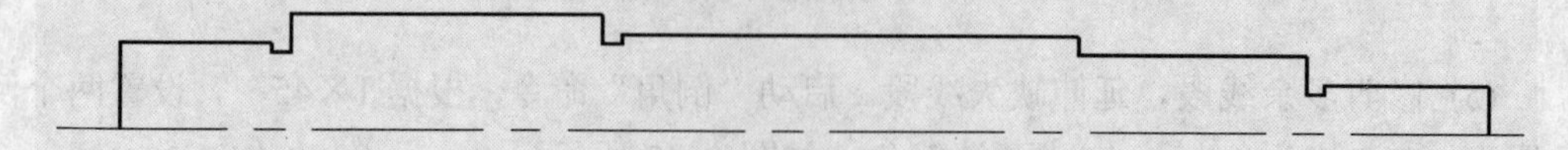

图 6-45 正交模式绘制轴的外轮廓

6.5　上 机 实 践

按尺寸绘制图 6-46 所示的轴。

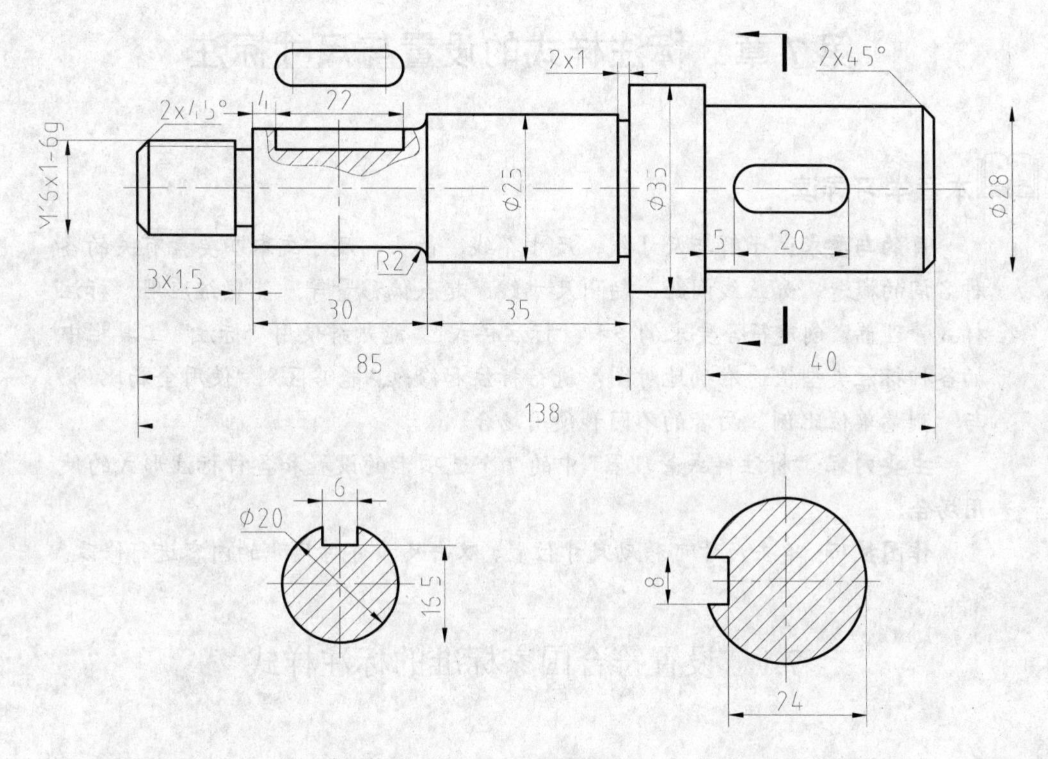

图 6-46　轴

第7章　标注样式的设置与尺寸标注

本章学习导读

目的与要求：了解与尺寸线、尺寸界线、箭头、尺寸文本四要素有关的各种名词的概念，如基线间距、超出尺寸线、起点偏移量等。能熟练应用“标注样式管理器”创建符合要求的多种“标注样式”。能熟练使用“标注”工具栏中的各种标注类型快速准确地对图形进行标注和修改。能够区别“使用全局比例”与“测量单位比例”两者的不同和使用场合。

主要内容：“标注样式管理器”中的7个选项卡的设置和各种标注形式的使用场合。

作图技巧：单击尺寸可移动尺寸位置，双击尺寸可对尺寸的内容进行修改。

7.1　设置符合国家标准的标注样式

在工程图样中，尺寸作为加工、检验和装配零件的依据，是一项重要内容。国家标准对尺寸标注作了详细的规定。利用AutoCAD 2009标注尺寸时，应首先利用“标注样式管理器”（图7-1）设置符合我国制图标准的尺寸标注样式；然后利用“标注”工具栏（图7-2）中的不同标注类型进行尺寸标注；而“标注”工具栏左侧的标注样式控制窗口（图7-3）可方便快捷地选择已经设置好的各种标注样式进行尺寸标注，以保证尺寸标注格式的正确。

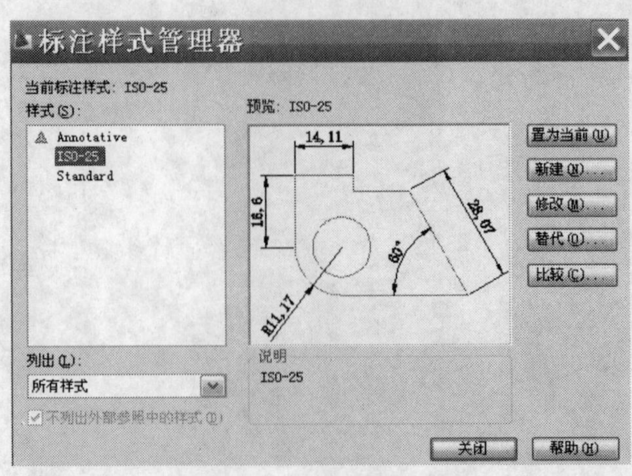

图7-1　标注样式管理器

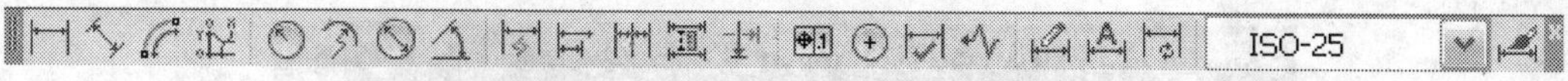

图 7-2　“标注”工具栏

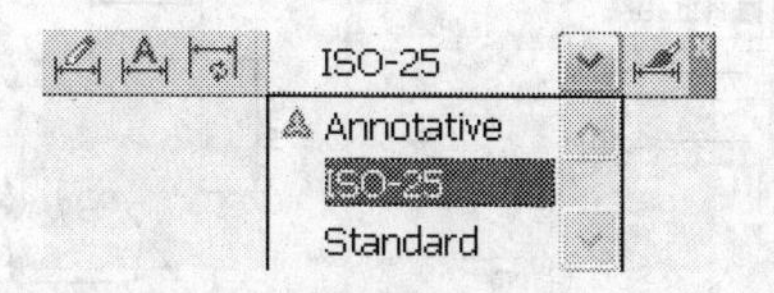

图 7-3　标注样式控制窗口

7.1.1　打开“标注样式管理器”的方法

“标注样式管理器”可以通过以下几种方式打开：

在命令窗中输入命令“d”按 Enter 键或选择“格式”下拉菜单中的“标注样式”或选择“标注”下拉菜单中的“样式”或单击“标注”工具栏上的图标。

操作后在绘图区弹出如图 7-1 所示的“标注样式管理器”对话框，利用此对话框可以创建新的尺寸标注样式，操作步骤如下。

(1) 在“标注样式管理器”的对话框中单击 新建(N)... 按钮，弹出如图 7-4 所示的“创建新标注样式”对话框。

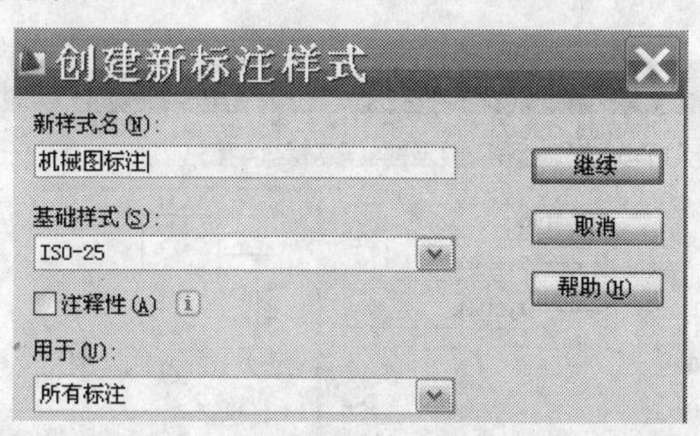

图 7-4　“创建新标注样式”对话框

(2) 在“创建新标注样式”对话框中的“新样式名”文本框中输入新的样式名“机械图标注”。

(3) 输入后单击 继续 按钮，弹出图 7-5 所示的“新建标注样式”对话框，该对话框内包含有“线”、“符号和箭头”、“文字”、“调整”、“主单位”、“换算单位”、“公差”7 个选项卡。根据需要可分别对 7 个选项卡中的变量进行重新设置。

7.1.2　“新建标注样式”对话框的设置

1. “线”选项卡的设置（图 7-6）

1) 尺寸线的设置。

颜色、线宽和超出标记 3 项保留默认设置不变。

基线间距：即两条平行尺寸线之间的距离如图 7-7（a）所示，应设置为 7。

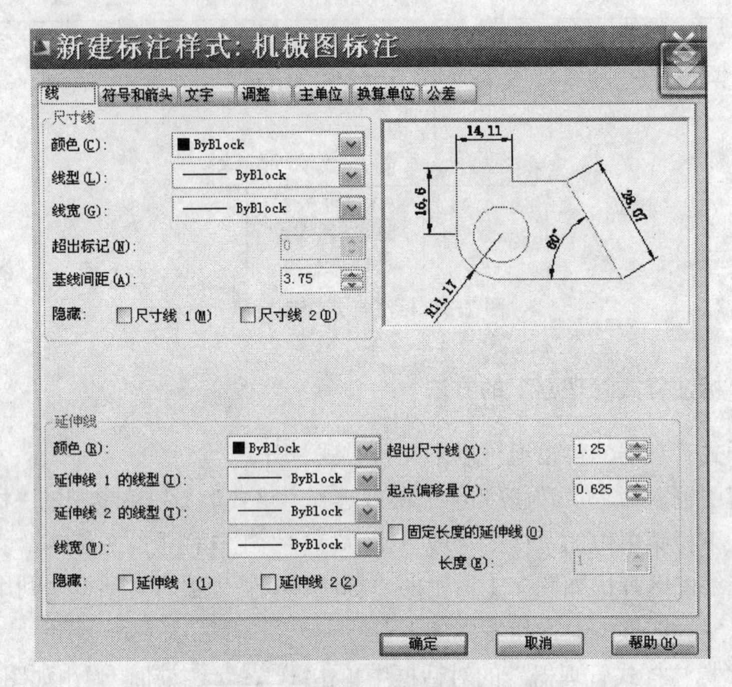

图 7-5　新建标注样式对话框

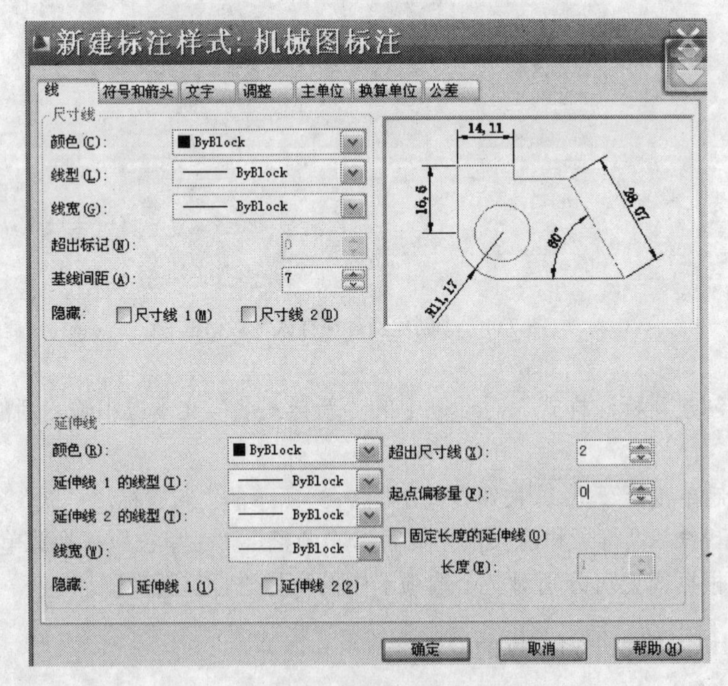

图 7-6　线选项卡的设置

隐藏：☑ 选中“尺寸线 1”复选框，左侧无箭头如图 7-7（b）所示；选中“尺寸线 2”复选框，右侧无箭头如图 7-7（c）所示；两者都选择则尺寸线消失；保留默认设置均不选择。

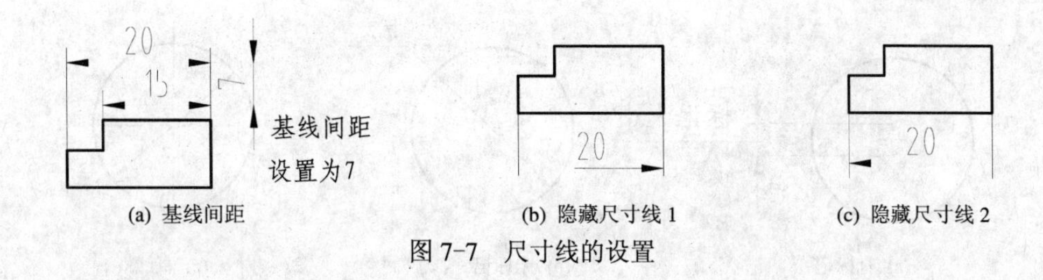

(a) 基线间距　　(b) 隐藏尺寸线 1　　(c) 隐藏尺寸线 2

图 7-7　尺寸线的设置

2) 延伸线（尺寸界线）的设置。

颜色、线宽等项保留默认设置不变。

超出尺寸线：设置为 2，如图 7-8（a）所示。

起点偏移量：设置为 0，如图 7-8（a）所示。

隐藏：☑ 选中“延伸线 1”复选框，左侧无尺寸界线如图 7-8（b） 所示；选中“延伸线 2”复选框，右侧无尺寸界线如图 7-8（c）所示；默认设置均不选择。

在实际绘图工作中，尺寸线和尺寸界线的隐藏是协调进行的，如要标注图 7-8（d）对称图形的总长，就需要同时隐藏尺寸线 2 和尺寸界线 2，才能注出图 7-8（d）所示的效果。

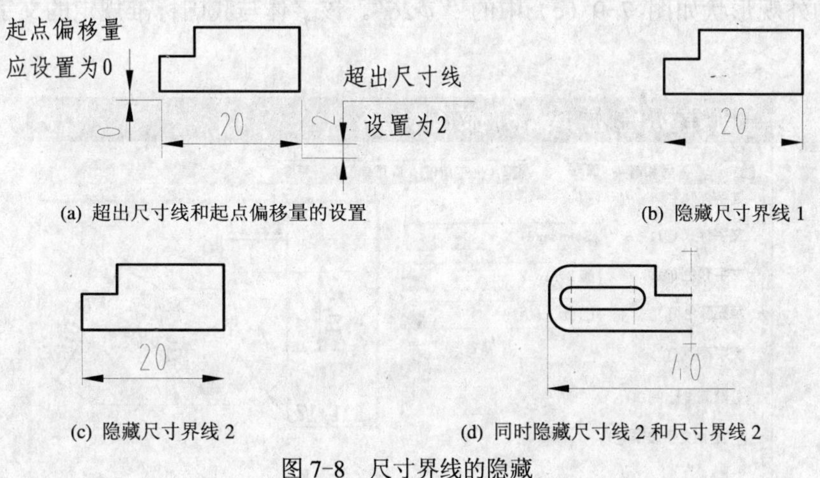

(a) 超出尺寸线和起点偏移量的设置　　(b) 隐藏尺寸界线 1

(c) 隐藏尺寸界线 2　　(d) 同时隐藏尺寸线 2 和尺寸界线 2

图 7-8　尺寸界线的隐藏

2. “符号和箭头”选项卡的设置

箭头的两个下拉列表框分别设置有 20 种样式的箭头，保留默认设置即实心闭合；

引线：用于设置引线标注时引出端的样式，可以在其下拉列表框中选择需要的端部形状。

箭头大小：设置为 3。

圆心标记的设置：类型下拉列表框用于设置圆心标记的样式，可以选择标记、无标记、直线三种形式，如图 7-9 所示，保留默认设置“标记”不变。

大小文本框和微调按钮用于当类型设置为“标记”时，可确定圆心标记的大小，保留默认设置。

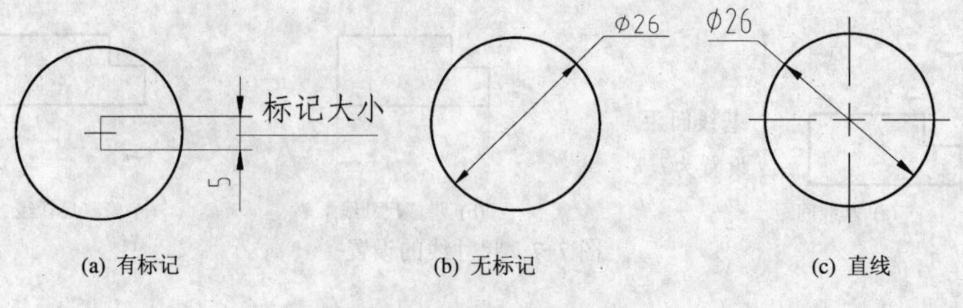

(a) 有标记　　(b) 无标记　　(c) 直线

图 7-9　圆心标记的设置

3. “文字”选项卡的设置

“文字”选项卡用于设置尺寸文字外观、文字位置、文字对齐等内容，如图 7-10 所示。

1) 文字外观的设置

文字样式：系统默认的文字样式是“Standard”,它所对应的字体是“T 宋体”。用该字体书写的阿拉伯数字与我国制图标准规定的文字外观形状相差较大，如图 7-9（b）中的“ φ26”。因此需要重新设置文字样式。推荐阿拉伯数字所对应的字体是“isocp.shx”，该字体的外观形状如图 7-9（c）中的“ φ26”。该字体与我国标准规定的文字外观形状较接近。

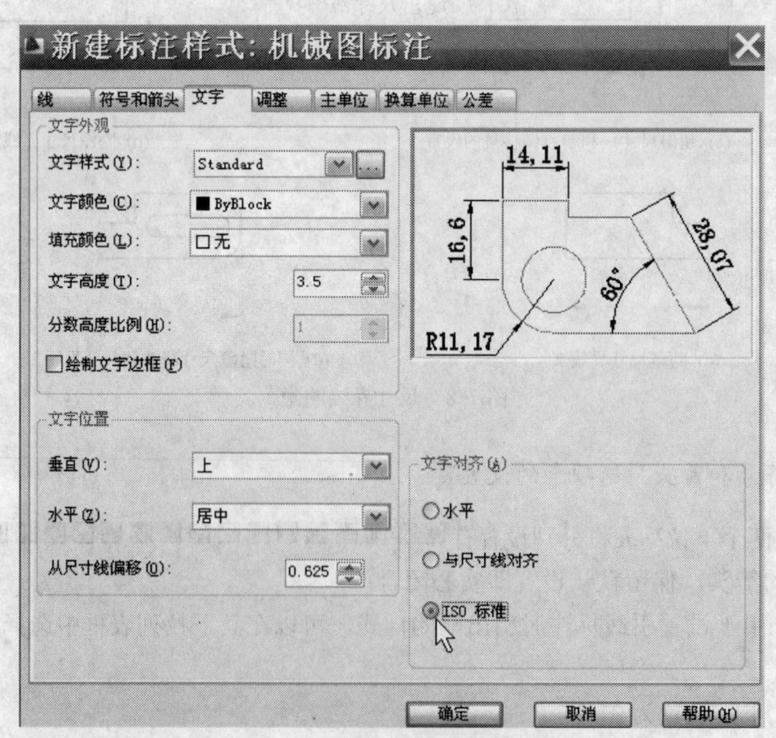

图 7-10　“文字”选项卡的设置

2) 文字样式的设置

单击“文字样式”右侧的按钮，弹出“文字样式”对话框，如图 7-11 所示。在该对话框中单击 新建(N) 按钮，新建样式名为“国际标准”；选择字体名为“isocp shx”，比例为“0.8”，文字高度设为 3.5，其余各项取默认设置。

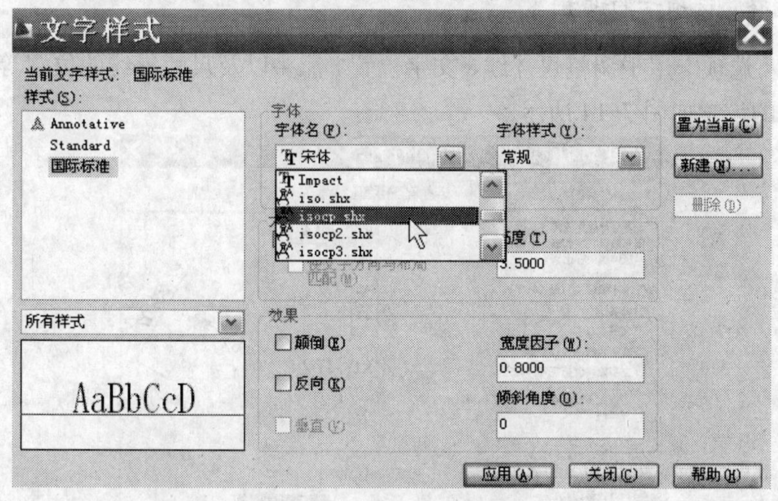

图 7-11 文字样式的设置

3) 文字位置的设置

垂直和水平两项均取默认设置，分别为上方和居中，即文字位于尺寸线的正中上方；

从尺寸线偏移：意为尺寸数值与尺寸线之间的距离，设为 1，如图 7-12 所示。

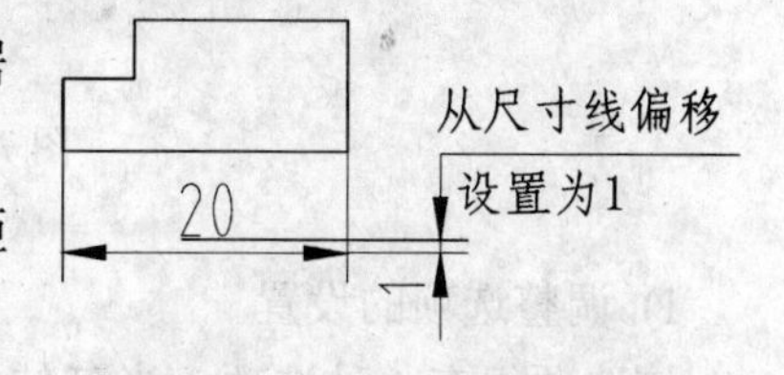

图 7-12 数字从尺寸线偏移

4) 文字对齐的设置

选择“水平”，尺寸文字总是沿水平方向放置，如图 7-13（a）所示；

选择“与尺寸线对齐”，尺寸文字总是与尺寸线平行方向放置，如图 7-13（b）所示；

选择“ISO 标准”，当尺寸文字位于尺寸界限以内时，尺寸文字与尺寸线平行方向放置；当尺寸文字位于尺寸界限以外时，尺寸文字沿水平方向放置，如图 7-13（c）所示。

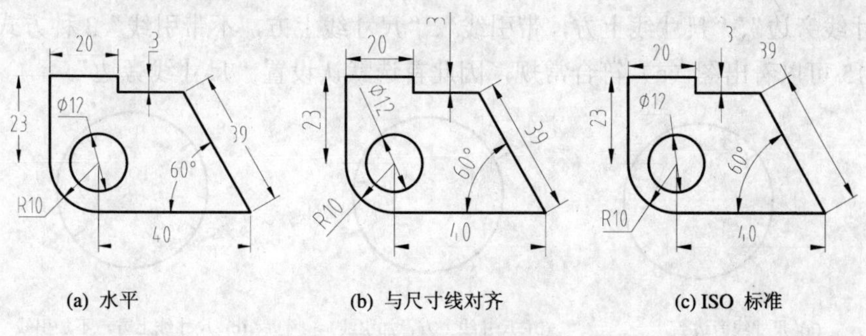

图 7-13 文字对齐的设置

比较三种文字对齐方式，“ISO 标准”选项更符合我国标准，因此选中该项，即按照国际标准（ISO 标准）放置尺寸文字。用该种方式标注角度尺寸时，其文字会倾斜，利用尺寸替换样式和尺寸更新命令可以解决这个问题。

4. “调整”选项卡的设置

“调整”选项卡用于调整尺寸线、文字位置、箭头以及尺寸界线的位置等 4 项内容，调整选项卡的设置如图 7-14 所示。

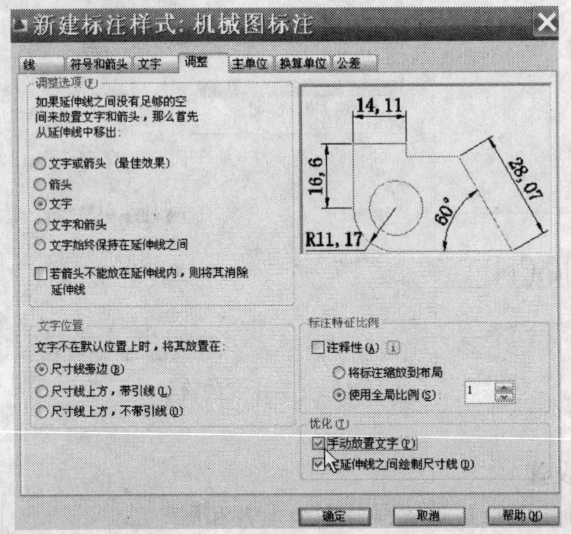

图 7-14 调整选项卡的设置

1) 调整选项的设置

该选项组有 6 种选项，当延伸线（尺寸界线）之间没有足够的空间同时放置尺寸文字和尺寸箭头时，应首先确定从延伸线（尺寸界线）之间移出尺寸文字和尺寸箭头的哪一部分。用户可以在“文字或箭头”(最佳效果)、“箭头”、“文字”、“文字和箭头”、“文字始终保持在延伸线之间”、“若箭头不能放在延伸线内，则将其消除延伸线”等 6 种方式中选择。首选设置“文字”，取最佳效果。

2) 文字位置的设置

该选项组有 3 种选项，用于确定当文字不在默认位置时，将其放在何处。用户可以在“尺寸线旁边”、“尺寸线上方，带引线”、“尺寸线上方，不带引线”3 种方式中选择。从图 7-15 可以看出图（a）符合常规，因此首选默认设置“尺寸线旁边”。

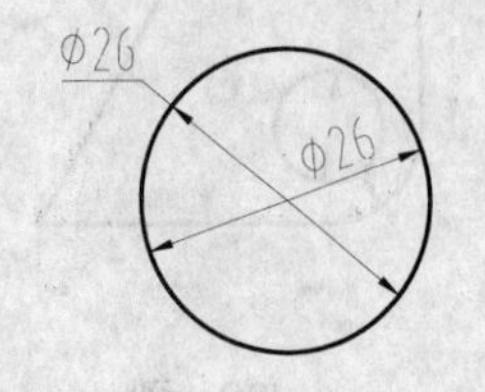

(a) 尺寸线旁边

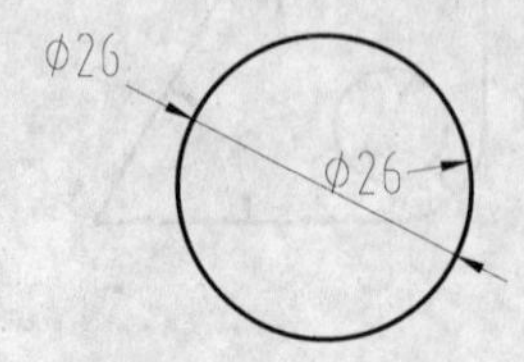

(b) 尺寸线上方，加引线

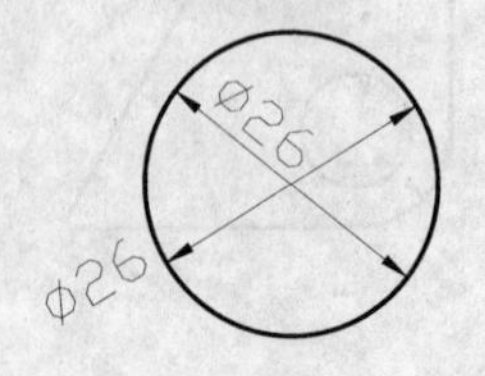

(c) 尺寸线上方，不加引线

图 7-15 三种文字位置的对比

3) 标注特征比例的设置

该选项组有两种选项，首选默认设置“使用全局比例”并取默认比例系数“1”。该项用于设置尺寸特征的缩放关系，即放大或缩小尺寸的各种特征设置，如字体高度、箭头大小等。例如前面设置的字体高度为 3.5、箭头长度为 3，取默认比例系数“1”标注尺寸时，其字体高度和箭头长度均为 1∶1，如将比例系数改为“2”则字体高度和箭头长度均放大 1 倍。注意该比例的变化不会改变标注尺寸时的尺寸测量值，如图 7-16 所示。

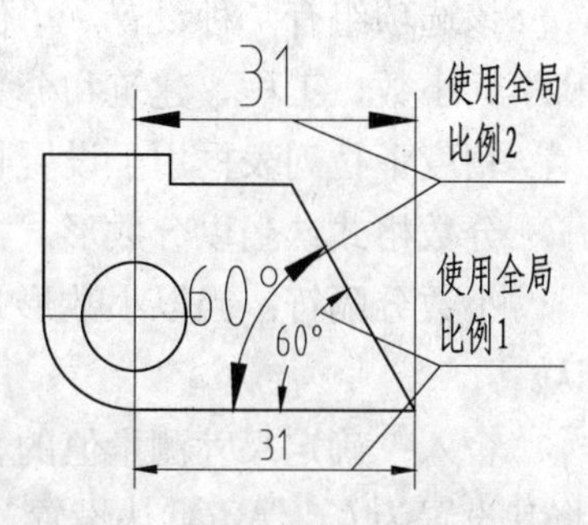

图 7-16　比例系数 1 和 2 的对比

“将标注缩放到布局”，根据当前模型空间视口与图纸空间之间的缩放关系设置比例，此项按默认设置，即 AutoCAD 将系统变量值设为 0。

4) 优化的设置

该选项组有两种选项，选中“手动放置文字”复选框，可移动光标将尺寸文字手动放在用户指定的位置。选中“在延伸线之间绘制尺寸线”复选框，当尺寸箭头放置在尺寸线之外时，也会在尺寸界线之间绘制出尺寸线，否则不绘制。建议两者均选。

5. “主单位”选项卡的设置

“主单位”选项卡包括 3 个方面：线性标注、测量单位比例的设置和角度标注。利用此卡可设置长度单位及其精度，测量单位比例、角度单位及其精度，还可以在尺寸文字上添加前缀和后缀。“主单位”选项卡的内容如图 7-17 所示。

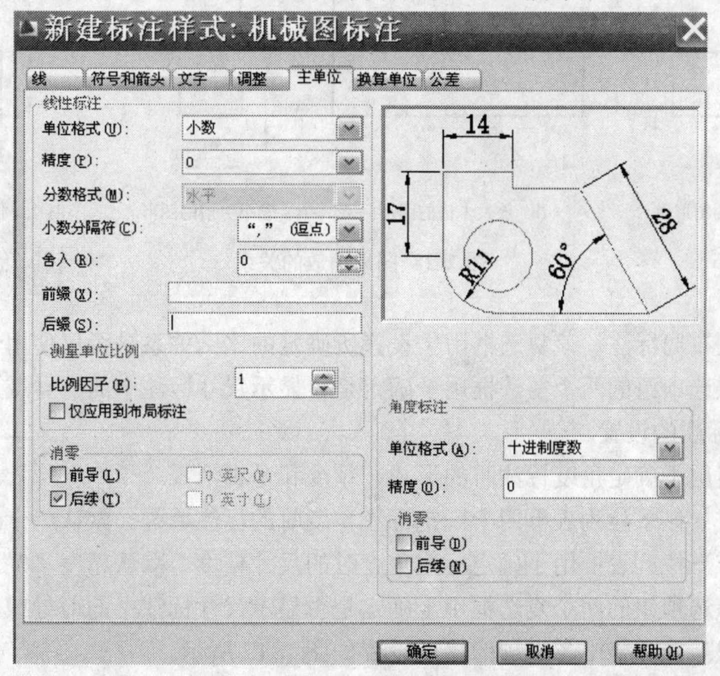

图 7-17　“主单位”选项卡的设置

1) 线性标注的设置

该选项组有 7 种设置，单位格式下拉列表框用于设置长度尺寸的单位，用户可以在科学、小数、工程、建筑和分数之间选择。此项保留默认设置，即小数。

精度下拉列表框用于设置长度尺寸的精度，将其设置为 0，即取整数。

分数格式：当以分数形式标注尺寸时，确定其标注格式。

小数分隔符：当以小数形式标注尺寸时，可以在句点、逗号、空格之间做选择，默认。

舍入：确定尺寸测量值的舍入值。如果不希望在尺寸标注值中显示小数部分，则应将其设置为 0。保留默认设置。

前缀、后缀：确定尺寸文字的前缀或后缀时，在文本框中输入对应值即可。例如，非圆图形的尺寸前需加直径符号“ ϕ”，可在前缀文本框中输入其代号“%%C”。

2) 测量单位比例的设置

确定尺寸测量值的比例。其中“比例因子”文本框用于确定所测量尺寸的缩放比例，通过该文本框设置比例后，AutoCAD 的实际标注值是测量值与该值的积。例如，按 1∶1 绘制的图形如图 7-18（a）所示，当该图形用“缩放”命令缩小或放大后，该图形的大小和尺寸数值都发生变化，如图 7-18（b）、（c）所示。

如果需改变尺寸数值，可在比例因子文本框中重新设置比例因子。例如，在图 7-18（d）就是在图 7-18（a）的基础上，将比例因子设为 0.5 后，数值发生变化（同一标注样式下标注的尺寸数值均发生变化）。

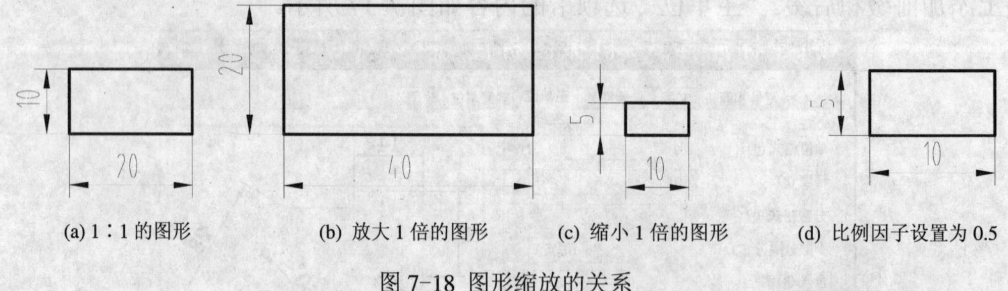

图 7-18 图形缩放的关系

仅应用到布局标注：该复选框用于设置所确定的比例关系是否仅使用于布局。

消零：该选项组的两个复选框用于确定是否显示尺寸标注中的前导或后续零。

3) 角度标注的设置

该选项组用于确定角度标注时的形式、精度和是否消零。

单位格式：该下拉列表框用于确定标注角度时的标注单位。默认“十进制度数”。

精度：该下拉列表框用于确定标注角度时的尺寸精度。默认精度“0”。

消零：该选项组的两个复选框用于确定是否显示尺寸标注中的前导或后续零。

“主单位”选项卡中各选项的最后设置如图 7-17 所示。

6. “换算单位”选项卡的设置

“换算单位”选项卡包括 3 个方面：换算单位、消零和位置，利用此选项卡可确定换算单位的格式。

当显示换算单位时，确定换算单位的单位格式、精度、换算单位倍数、舍入精度及前缀、后缀等。“换算单位”选项卡一般选择默认设置，即不选中“显示换算单位”复选框。“换算单位”选项卡的设置如图 7-19 所示。此卡中各项的功能与图 7-17“主单位”选项卡中各同名选项的功能类似，不再介绍。

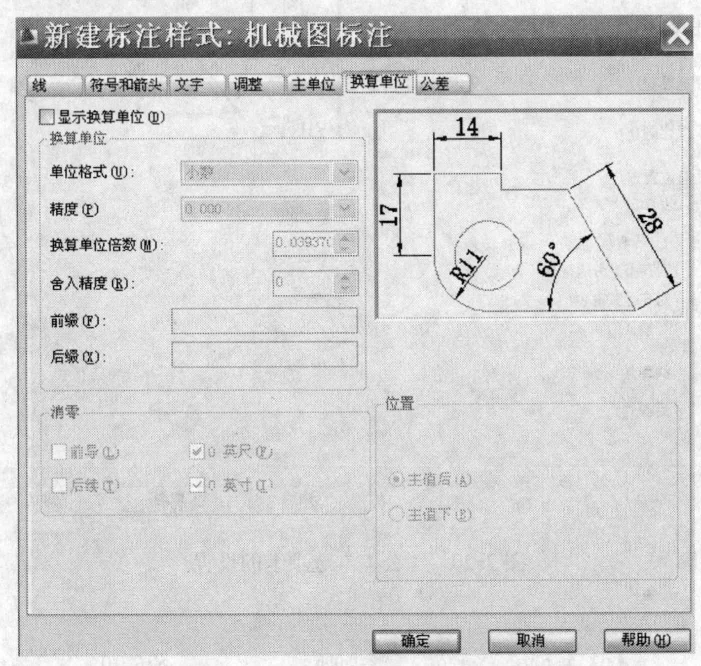

图 7-19　换算单位选项卡的设置

7. “公差”选项卡的设置

“公差”选项卡包括两个方面，公差格式和换算单位公差。利用此卡选项可确定是否标注公差和以何种方式标注公差。“公差”选项卡的内容如图 7-20 所示。

以下为公差格式选项组。

方式：该下拉列表框中有 5 种标注方式供用户选择，分别是无、对称、极限偏差、极限尺寸、基本尺寸。图 7-21 是这 5 种方式的说明。

精度：用该下拉列表框设置尺寸公差的精度，此处设置保留小数点后三位。

上偏差：系统对上偏差的默认设置是正值，如果是负值需在数值前加“-”号。

下偏差：系统对下偏差的默认设置是负值，如果是正值也需在数值前加“-”号。

高度比例：指上下偏差字体高度与基本尺寸字体高度之间的比例。标准规定上下偏差字体的大小应比基本尺寸小 1 号，因此设为 0.7（如果标注方式为“对称”，则应设为 1）。

垂直位置：指基本尺寸与上下偏差的对齐方式，有上、中、下三种对齐方式。标准规定下偏差应与基本尺寸对齐，因此设为“下”。

换算单位及消零均取默认设置，不再介绍。“公差”选项卡的各项设置如图 7-20

所示。

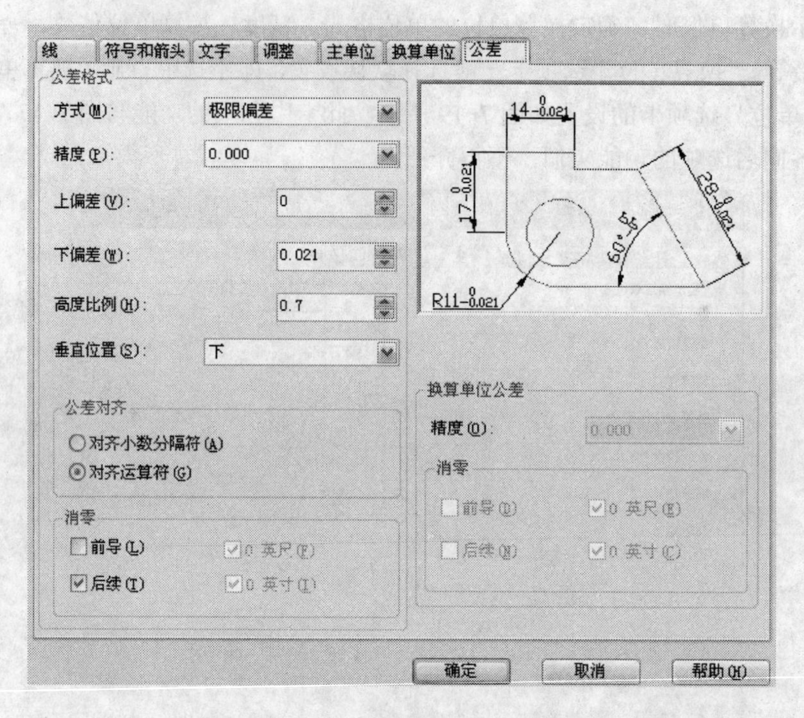

图 7-20 “公差”选项卡的设置

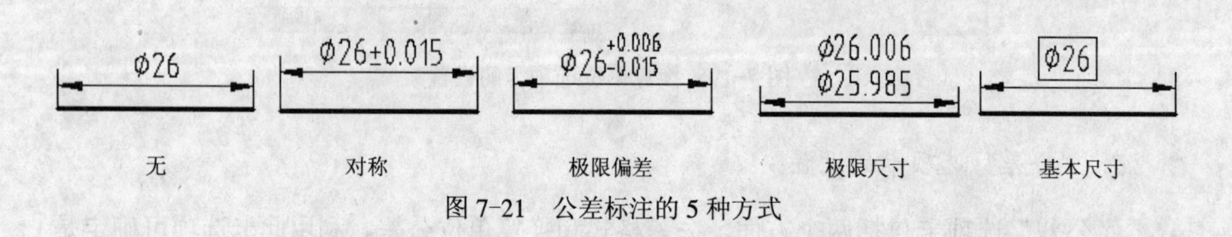

图 7-21 公差标注的 5 种方式

图样中的尺寸多数是没有公差的，如果“机械图标注”样式设置了公差标注，那么用该样式标注的尺寸后面都带有相同的公差值，如图 7-22 所示。因此在利用“标注样式管理器”创建一个新样式时，应首先创建一个能满足大多数标注要求的基本样式，然后利用“替代当前样式”选项卡创建替代标注样式来满足某些具有特殊要求的标注，如公差标注、角度标注等。

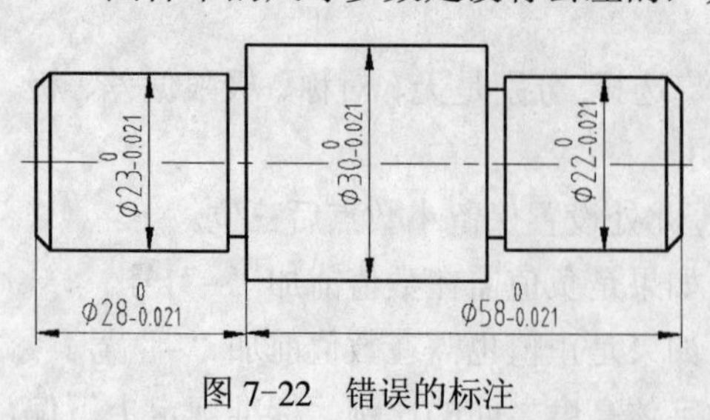

图 7-22 错误的标注

上述“机械图标注”样式取消公差标注设置，在“公差”选项卡中，将“方式”选项栏设为“无”，即不标注公差，将此样式作为基本样式，然后以此为基础，来创建替代标注样式。

7.2　创建尺寸替换样式

尺寸替换样式替换了原来的设置后并与原来的设置共存，它不像修改尺寸样式那样为满足不同的需要反复修改，而且有时会影响已注出尺寸的样式。因此，使用尺寸替换样式比修改尺寸样式更为快捷方便。

7.2.1　创建角度尺寸替换样式

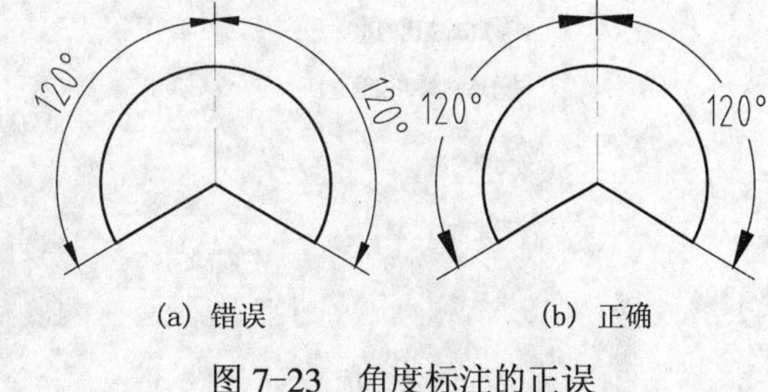

图 7-23　角度标注的正误

利用上面创建的“机械图标注”样式可满足大多数尺寸标注的要求，但标注角度尺寸时其数值位置不符合国家标准的要求（国家标准规定：角度数值一律水平书写）如图 7-23 所示，因此需创建角度尺寸标注样式以符合角度标注时其数值应水平书写的要求。

创建角度尺寸替换样式的操作过程：

(1) 单击图标，打开“标注样式管理器”对话框，选择“机械图标注”对话框，单击置为当前(U)按钮（将“机械图标注”置为当前），如图 7-24 所示。单击替代(O)...按钮，打开“替代当前样式”选项卡如图 7-25 所示，该对话框与“新建标注样式”对话框的内容完全一样。

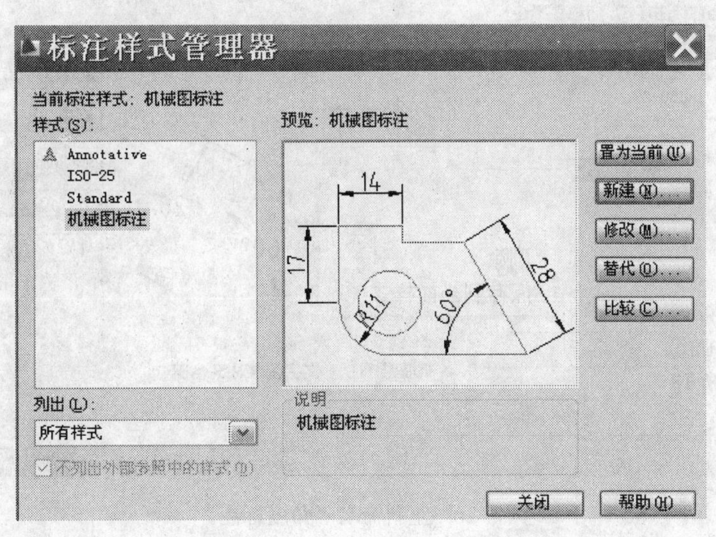

图 7-24　“标注样式管理器”对话框

(2) “替代当前样式”对话框的操作。在“文字”选项卡中，选择“文字对齐”选项组中的“水平”后，单击确定按钮，回到“标注样式管理器”对话框，如图 7-26 所示。

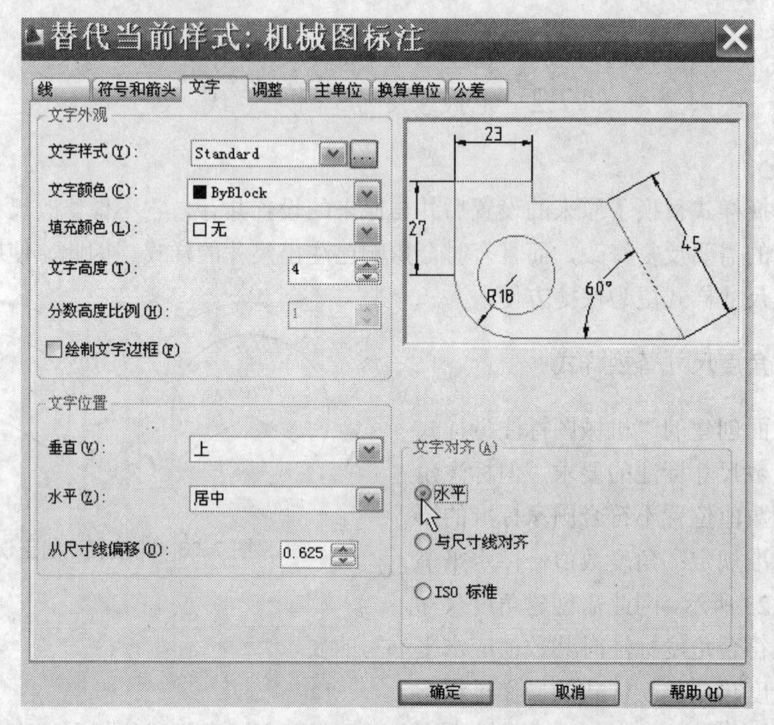

图 7-25 “替代当前样式”对话框的设置

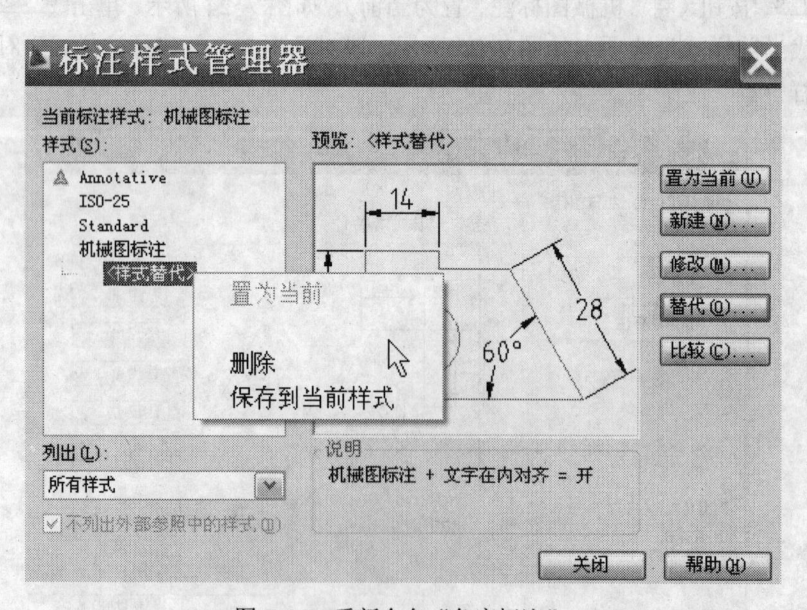

图 7-26 重新命名“角度标注”

(3) 重命名。在“标注样式管理器”对话框中，右击“样式替代”选项，在弹出的快捷菜单中选择“重命名”选项（图 7-26），原来亮显的<样式替代>变成方框显示，输入新名“角度标注”后按 Enter 键。尺寸替换样式变为一个新命名的“角度标注”尺寸样式，它与“机械图标注”并列显示在尺寸样式列表框中，如图 7-27 所示，新样式“角度标注”设置完成。

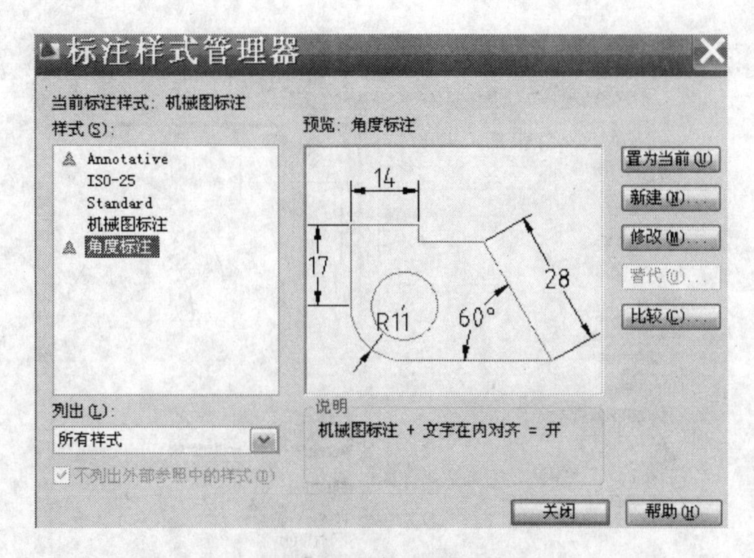

图 7-27　替换样式“角度标注”

7.2.2　创建“前缀 φ”的尺寸替换样式

在非圆视图上标注轴类等零件的直径尺寸时，需要在尺寸数值前注写直径符号“ φ”。利用前面创建的“机械图标注”样式作基础，创建一个有前缀“ φ”的尺寸替换样式，以提高尺寸标注的效率和正确性。

创建“前缀 φ”的尺寸替换样式的操作过程：

(1) 单击图标，打开“标注样式管理器”对话框，选择“机械图标注”，单击置为当前(U)按钮（将“机械图标注”置为当前），如图 7-28 所示。单击替代(O)...按钮，打开“替代当前样式”对话框如图 7-29 所示。

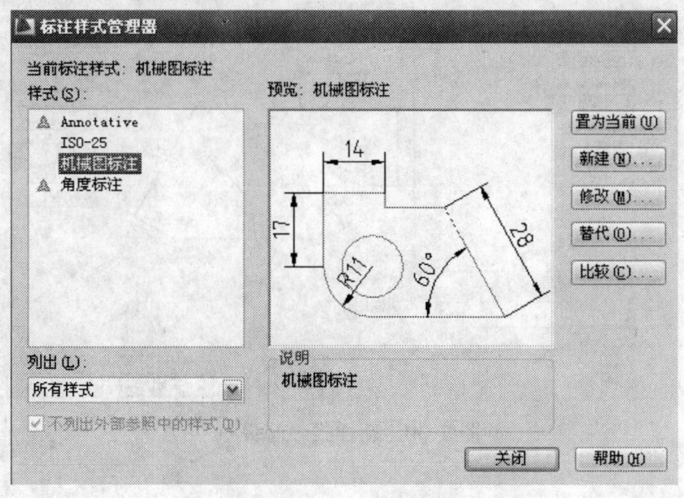

图 7-28　打开“标注样式管理器”

(2) “替代当前样式”对话框的操作。选择“主单位”选项卡，在前缀输入窗口输入直径符号 φ的代号“%%C”，单击确定按钮后，回到“标注样式管理器”对话框。

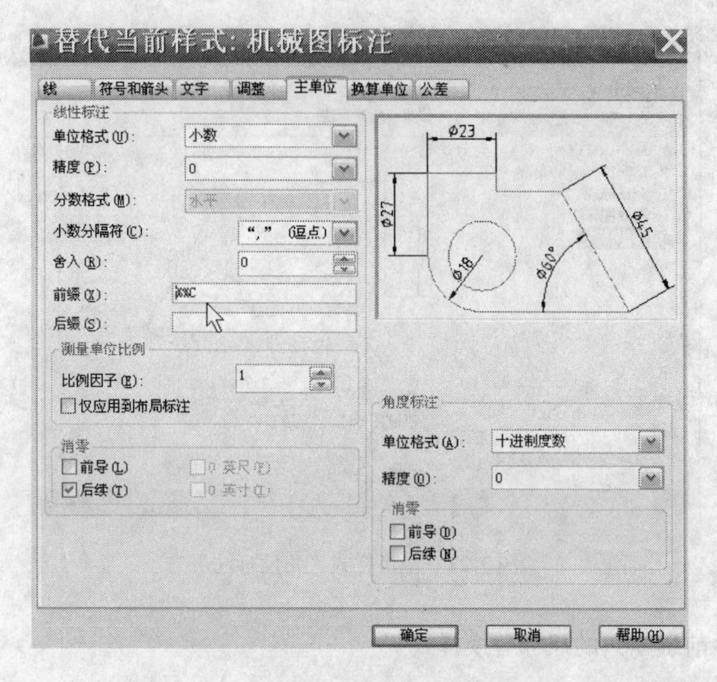

图 7-29 “替代当前样式”对话框的设置

(3) 重命名。在“标注样式管理器”对话框中，右击“样式替代”，在弹出的快捷菜单中选择“重命名”选项，输入新名“前缀 ϕ”后按 Enter 键，尺寸替换样式变为一个新命名的“前缀 ϕ”尺寸样式，它与“机械图标注”并列显示在尺寸样式列表框中，如图 7-30 所示，新样式“前缀 ϕ”设置完成。

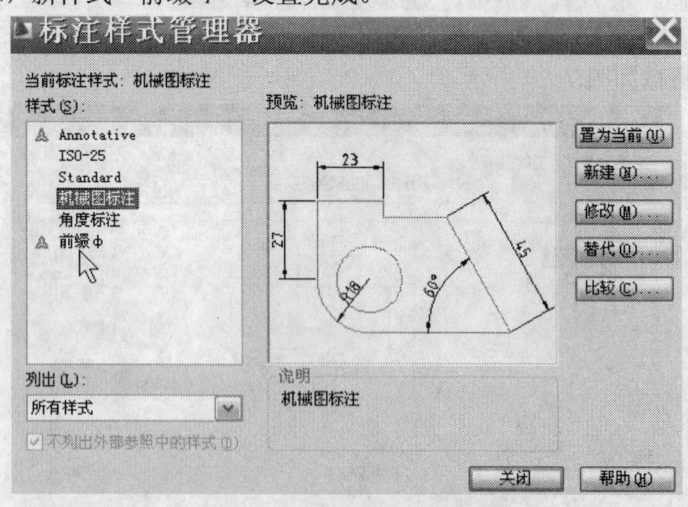

图 7-30 新样式“前缀 ϕ”

7.2.3 创建“公差标注”的尺寸替换样式

公差标注是一项较为复杂的工作，零件图中基本尺寸相同的轴孔配合件都需要标注尺寸公差，而公差大多都是标注在轴和孔的非圆视图上，因此利用前面创建的“前缀 ϕ”样式作基础，创建一个“公差标注”的尺寸替换样式，用该样式在非圆视图上标注尺寸公差时，在基本尺寸前面就会自动冠以直径符号“ ϕ”。

1. 创建“公差标注”尺寸替换样式的操作过程

(1) 单击图标，打开“标注样式管理器”对话框，选择“前缀 ϕ”， 如图 7-31 所示。单击置为当前(U)按钮，单击替代(O)...按钮，打开“替代当前样式”对话框，如图 7-32 所示。选择“公差”选项卡，将精度设为 0.000，如图 7-32 所示。上下偏差的设置参见前述“公差”选项卡的设置。

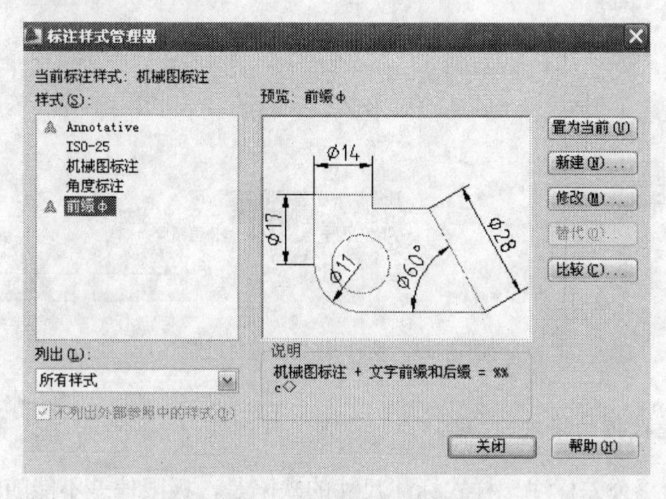

图 7-31　打开“标注样式管理器”

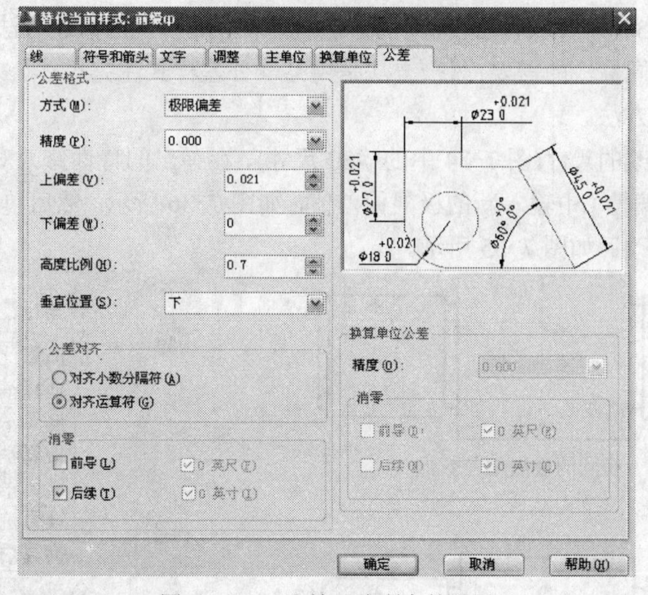

图 7-32　“公差”选项卡的设置

(2) 重命名。在“标注样式管理器”对话框中，右击“样式替代”，在弹出的快捷菜单中选择“重命名”选项，输入新名“公差标注”后按 Enter 键，尺寸替换样式变为一个新命名的“公差标注”尺寸样式，它与“前缀 ϕ”等样式并列显示在尺寸样式列表框中，如图 7-33 所示。

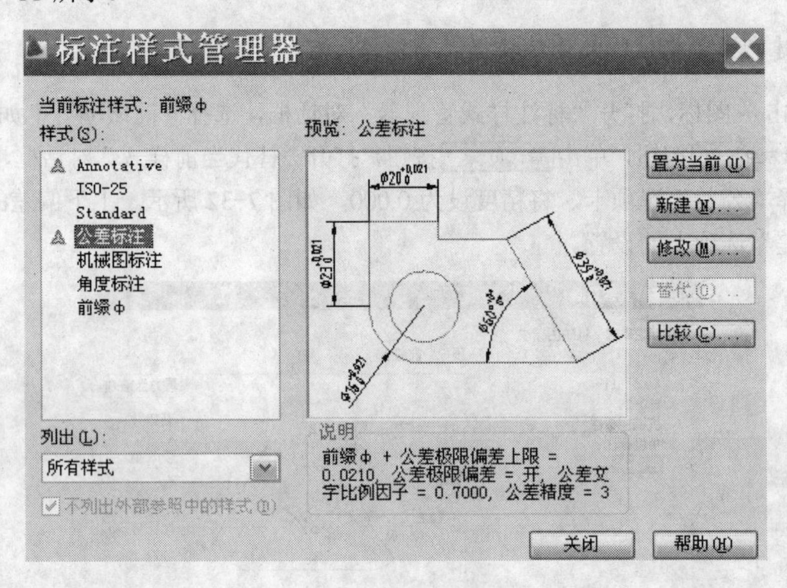

图 7-33　新样式“公差标注”

2. 尺寸公差数值的修改

利用创建的“公差标注”样式标注尺寸的缺陷是，极限偏差不能随机修改，它只默认“公差”选项卡中设置的上下偏差，因此用某一公差样式标注尺寸时，其极限偏差值均相同，如图 7-34 所示。解决此问题的方法有两种，其一是用前述方法创建多种公差标注样式以满足不同标注的需要；另一方法是用某一公差样式注完尺寸公差后再进行修改。下面介绍后一种方法。

双击需要修改的尺寸(图 7-34 中的 $\phi30$ 尺寸)，在弹出的特性修改对话框“公差下偏差”和“公差上偏差”中输入新的极限偏差值，如图 7-36 所示，然后单击右上角图标☒，关闭对话框。修改后如图 7-35 所示。

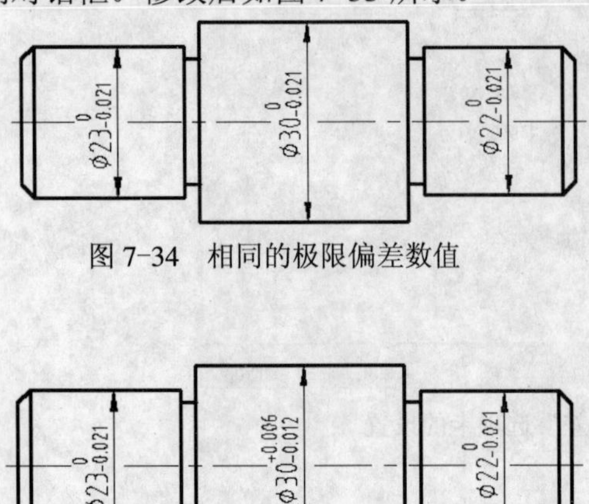

图 7-34　相同的极限偏差数值

图 7-35　改正的极限偏差数值

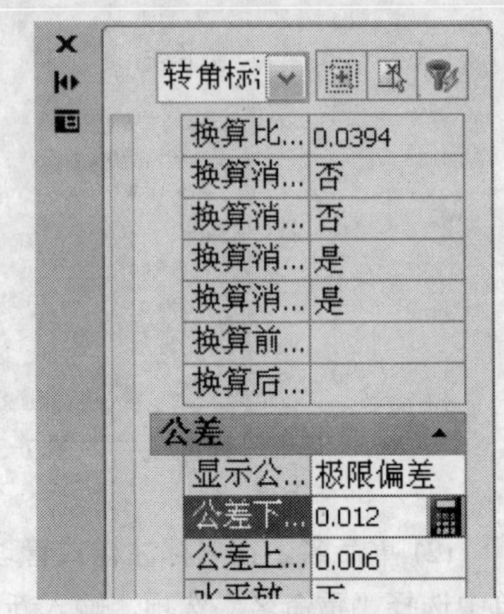

图 7-36　输入新极限偏差值

7.3　尺寸标注命令

创建好各种尺寸标注样式后，对其进行保存，然后利用系统提供的多种尺寸标注类型在图样上进行标注。AutoCAD 2009 中的标注尺寸功能非常强大，利用这些尺寸标注命令可以完成任何尺寸的标注，并能根据用户的需要将尺寸标注在指定的位置。

AutoCAD 将所标注的尺寸分为线性标注、对齐标注、弧长标注、坐标标注、半径标注、折弯标注、直径标注、角度标注、快速标注、基线标注、连续标注、等距标注、折断标注、形位公差标注、圆心标记、检验、折弯线性、编辑标注、编辑标注文字、标注更新等类型。它们可以通过窗口输入命令、打开标注下拉菜单、单击“标注”工具栏中的图标激活相应的标注类型进行尺寸标注。在标注前应通过标注样式窗口选择一种设置好的标注样式，如选择“机械图标注”，如图 7-37 所示。然后按下面操作进行尺寸标注。

图 7-37　标注类型工具栏和标注样式选择窗口

1. 线性标注的操作

功能：线性尺寸是机械图样中最为常见的尺寸，利用“线性标注”命令可以标注水平线性尺寸和垂直线性尺寸，如图 7-38 所示。以下三种方式可以实现线性标注：

输入命令“Dimlinear”后按 Enter 键或单击“线性标注”图标或选择“标注”下拉菜单中的“线性”。

下面以图 7-38 为例说明线性标注的操作过程。

激活“线性标注”命令后，命令窗口提示：

指定第一条尺寸界线原点或 <选择对象>: 捕捉 A 点；

命令窗口继续提示：

指定第二条尺寸界线原点: 捕捉 B 点；

命令窗口继续提示：

指定尺寸线位置或:

指定尺寸线的位置选项，是最基本的线性标注方法。

图 7-38　线性标注

当命令窗口出现上述提示时移动光标，会拉出一个由尺寸界线、箭头和尺寸线组成的尺寸对象，尺寸界线可以伸缩，而尺寸线可以平行移动。用户在适当位置单击指定尺寸线的位置，AutoCAD 会自动计算所指定的两个尺寸界线间的距离，并标注出相应的尺寸，如图 7-38 中的尺寸 40。继续执行“线性标注”命令，捕捉 B、C 两点，注出尺寸 30。

说明 1：当“线性标注”命令激活后，命令窗口提示：

指定第一条尺寸界线原点或 <选择对象>:在此提示下按 Enter 键，即执行<选择对象>命令。命令窗口继续提示：选择标注对象:此时将捕捉框移到需要标注的某段直线上，如图 7-38 中的 AB 线段的任意位置 ，并按下左键拖动鼠标就会注出该线段的长度尺寸 40。此操作可提高标注尺寸的速度。

说明 2：在未确定尺寸位置之前，命令窗口提示有 6 种选项：

[多行文字(M)/文字(T)/角度(A)/水平(H)/垂直(V)/旋转(R)]:输入“T”后按 Enter 键，命令窗口继续提示：输入标注文字 <28>: 输入“%%C28H7/r6”后按 Enter 键，拖动鼠标确定尺寸位置，就会“标注”出如图 7-39（a）所示的配合尺寸。

图 7-39（b）所示形式的标注步骤如下：

单击“线性标注”按钮；捕捉两点；输入“M”按 Enter 键；在蓝框上单击；输入文字“%%C28H7/r6”（%%C 自动变成ϕ）；刷蓝 H7/r6；单击选项板中的按钮（或右击鼠标）；选择 完成标注。

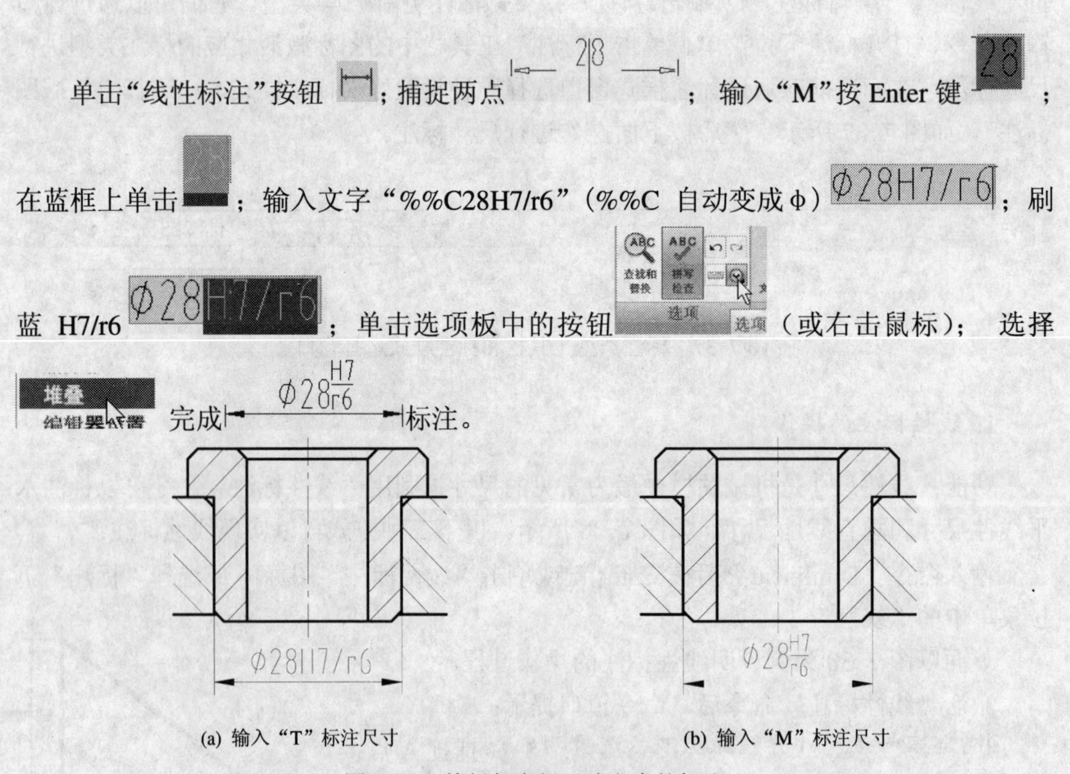

(a) 输入“T”标注尺寸　　(b) 输入“M”标注尺寸

图 7-39　单行与多行尺寸文本的标注

其他 4 种选项角度(A)/水平(H)/垂直(V)/旋转(R) 分别用于使尺寸文字按照指定的角度倾斜；使标注的尺寸文字水平放置；使标注的尺寸文字垂直放置；使标注的尺寸线按照指定的角度旋转，旋转后尺寸界线的起点不会改变，但尺寸数值相应变小。由于这 4 个选项不适合机械制图上标注线性尺寸，本书不作介绍。

2. 对齐标注的操作

功能：利用“对齐标注”（DimAligned）命令可以标注倾斜图形对象的尺寸，并使尺寸线和被标注的对象保持平行。以下三种方式可以实现对齐标注：

输入命令“DimAligned”后按 Enter 键或单击“对齐标注”图标或选择“标注”下拉菜单中的“对齐”。下面以图 7-40 为例说明对齐标注的操作过程。

激活“对齐标注”命令后，命令窗口提示：

指定第一条尺寸界线原点或 <选择对象>: 捕捉左下圆心点；

命令窗口继续提示：

指定第二条尺寸界线原点: 捕捉右上圆心点；

命令窗口继续提示：

指定尺寸线位置或：在适当位置单击指定尺寸线的位置，标注出如图 7-40 中的尺寸 60。

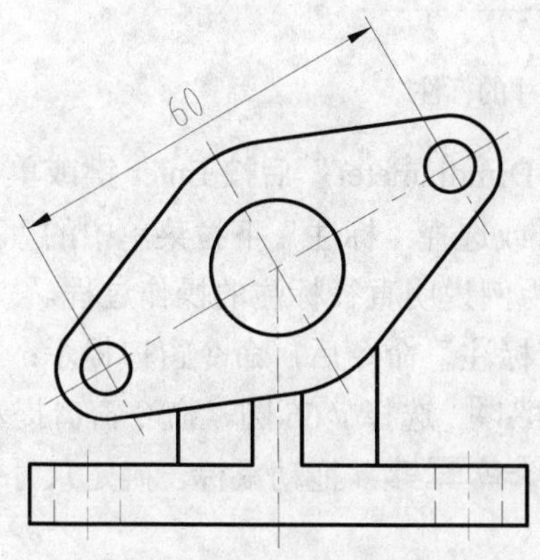

图 7-40　捕捉两点进行对齐标注

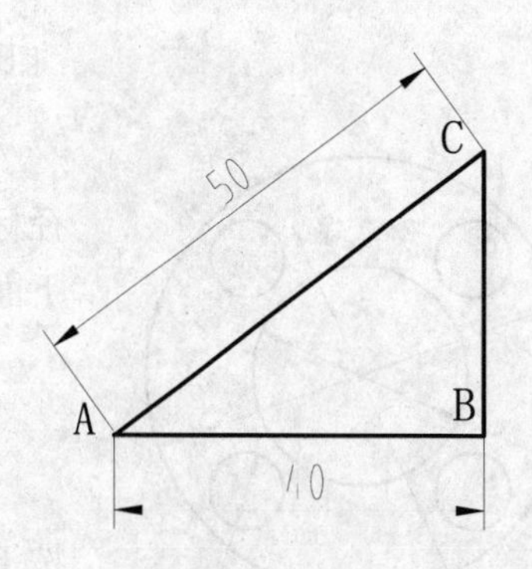

图 7-41　选择线段进行对齐标注

说明 1：当“对齐标注”命令激活后，命令窗口提示：

指定第一条尺寸界线原点或 <选择对象>:按 Enter 键后命令窗口提示：

选择标注对象: 用选择框选择线段如图 7-41 中的 AC 线段，即可直接注出尺寸 50。

说明 2：在未确定尺寸位置之前，命令窗口提示有 3 种选项：

[多行文字(M)/文字(T)/角度(A)]: 输入“M” 或“T”按 Enter 键后，即可用多行文字和单行文字注写尺寸文本。

3. 半径标注的操作

功能：利用“半径标注”命令可以在小于或等于半圆的圆弧上标注半径尺寸。以下三种方式可以实现半径标注：

输入命令“Dimradius”后按 Enter 键或单击“半径标注”图标或选择“标注”下拉菜单中的“半径”。下面以图 7-42 为例说明半径标注的操作过程。

激活“半径标注”命令后，命令窗口提示：

选择圆弧或圆: 选择 R18 圆弧，命令窗口提示：

指定尺寸线位置或：拖动鼠标，确定尺寸位置，按下左键。

按 Enter 键，重复上述步骤注出其他圆弧尺寸。

4. 直径标注的操作

功能：利用“直径标注”命令可以在大于半圆的圆弧或整圆上标注直径尺寸。以下 3 种方式可以实现直径标注。

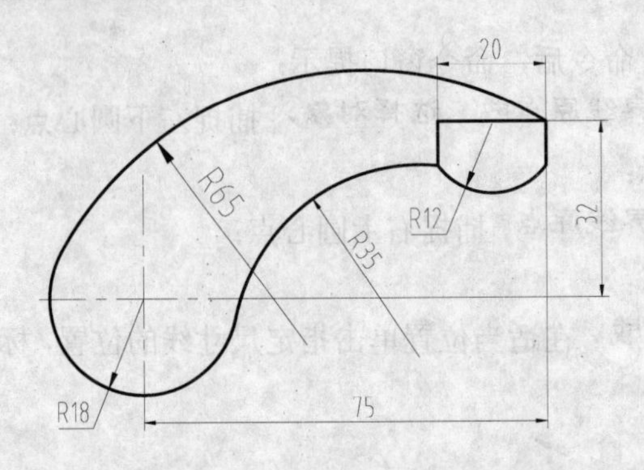

图 7-42　半径尺寸的标注

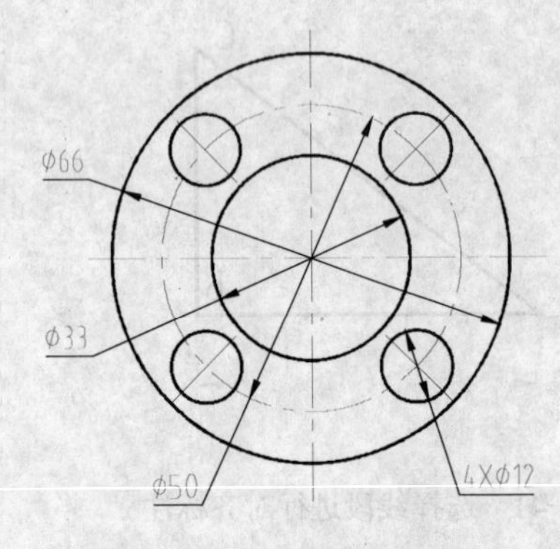

图 7-43　直径尺寸的标注

输入命令“Dimdiameter”后按 Enter 键或单击“直径标注”图标或选择“标注”下拉菜单中的“直径”。下面以图 7-43 为例说明直径标注的操作过程。

激活“直径标注”命令后，命令窗口提示：

选择圆弧或圆：选择 ϕ66 圆，命令窗口提示：

指定尺寸线位置或：拖动鼠标，确定尺寸位置，按下左键。

按 Enter 键，重复上述步骤注出其他圆的直径尺寸。

5. 角度标注的操作

功能：利用“角度标注”命令可以标注两条相交直线的夹角和圆弧的包含角。以下 3 种方式可以实现角度标注。

输入命令“Dimangular”后按 Enter 键或单击“角度标注”图标或选择“标注”下拉菜单中的“角度”。下面以图 7-44 为例说明角度标注的操作过程。

(1) 通过“标注样式控制”窗口选择已设置好的“角度标注”样式。

(2) 激活“角度标注”命令后，命令窗口提示：

选择圆弧、圆、直线或 <指定顶点>：选择 OA 线段，命令窗口提示：

选择第二条直线：选择 OD 线段，命令窗口提示：

指定标注弧线位置或：拖动鼠标，确定尺寸位置，按下左键，标注出 80°

按 Enter 键，重复上述步骤注出其他角度尺寸。

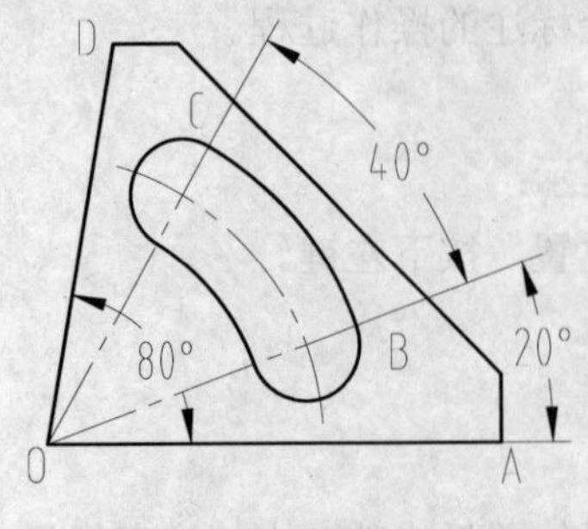

图 7-44　角度标注

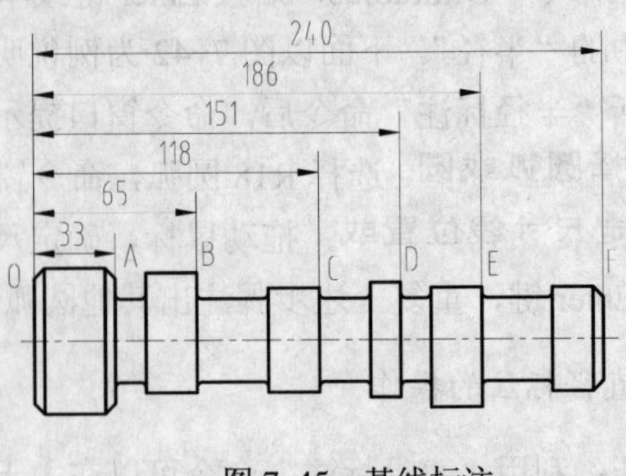

图 7-45　基线标注

6. 基线标注的操作

功能：利用“基线标注”命令可以使多个尺寸从同一个尺寸界线上标注。

基线标注实际上就是机械图样上的坐标式标注，即零件的同一方向的尺寸都以一个选定的尺寸基准标注出，如图 7-45 左端面为选定的基准。利用“基线标注”命令标注尺寸时，应首先选好基准，然后利用“线性标注”命令从选好的基准出发注出第一个尺寸，如图 7-45 中的尺寸 33，再利用基线标注注出其他尺寸。以下 3 种方式可以实现基线标注。

输入命令“Dimbaseline”后按 Enter 键或单击“基线标注”图标或选择“标注”下拉菜单中的“基线”。下面以图 7-45 为例说明基线标注的操作过程。

(1) 单击“线性标注”图标，捕捉 O 点和 A 点，注出第一个尺寸 33。

(2) 单击“基线标注”图标，命令窗口提示：

指定第二条尺寸界线原点或 [放弃(U)/选择(S)] <选择>:顺次捕捉 B 点(注出尺寸 65)、C 点(注出尺寸 118)、D 点(注出尺寸 151)、E 点(注出尺寸 186)、F 点(注出尺寸 240)。

(3) 按两次 Enter 键完成本次基线标注，如图 7-45 所示。

7. 连续标注的操作

功能：利用“连续标注”命令可以使相邻尺寸共用一条尺寸界线。

连续标注实际上就是机械图样上的链状式标注，即零件同一方向的尺寸依次首尾相接注写成链状，如图 7-46 所示。利用“连续标注”命令标注尺寸时，应首先利用“线性标注”命令注出第一个尺寸，如图 7-46 中 AB 之间的尺寸 18，再利用“连续标注”命令注出其他尺寸。

以下三种方式可以实现连续标注：

输入命令“Dimcontinue”后按 Enter 键或单击“连续标注”图标或选择“标注”下拉菜单中的“连续”。下面以图 7-46 为例说明连续标注的操作过程。

(1) 单击“线性标注”图标，捕捉 A 点和 B 点，注出第一个尺寸 18。

(2) 单击“连续标注”图标，命令窗口提示：

指定第二条尺寸界线原点或 [放弃(U)/选择(S)] <选择>:顺次捕捉 C 点(注出尺寸 22)、D 点(注出尺寸 18)、E 点(注出尺寸 22)、F 点(注出尺寸 18)。

(3) 按两次 Enter 键完成本次连续标注，如图 7-46 所示。

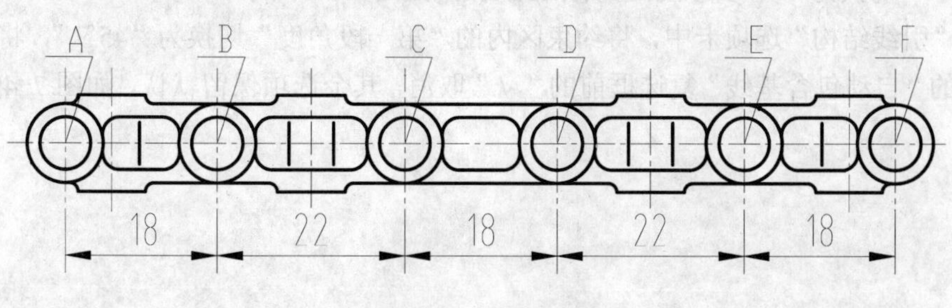

图 7-46　连续标注

8. 多重引线标注的操作

功能：利用“多重引线标注”命令，可以从图形中指定的位置引出指引线，并在指引线的端部加注文字注释。利用“引线标注”命令可以标注零件图中的倒角、薄板类零件的厚度、沉孔的尺寸以及装配图中零件指引线的绘制和序号的编写。

以下两种方式可以实现多重引线标注。

启动命令：单击下拉菜单，选择 多重引线(E) 或单击 注释 中的按钮。

在利用多重引线标注时，其对象不同，引线样式也不同，因此，在进行引线标注之前，需要对引线的样式进行设置。下面结合倒角、板厚、沉孔以及装配图中零件指引线和序号的标注说明引线样式的设置和标注。

以下为引线标注的设置。

单击“格式”下拉菜单，选择 多重引线样式(I)，弹出 “多重引线样式管理器”对话框。单击 新建(N)... 按钮，在弹出的对话框中，将新样式命名为“倒角”， 如图 7-47 所示。

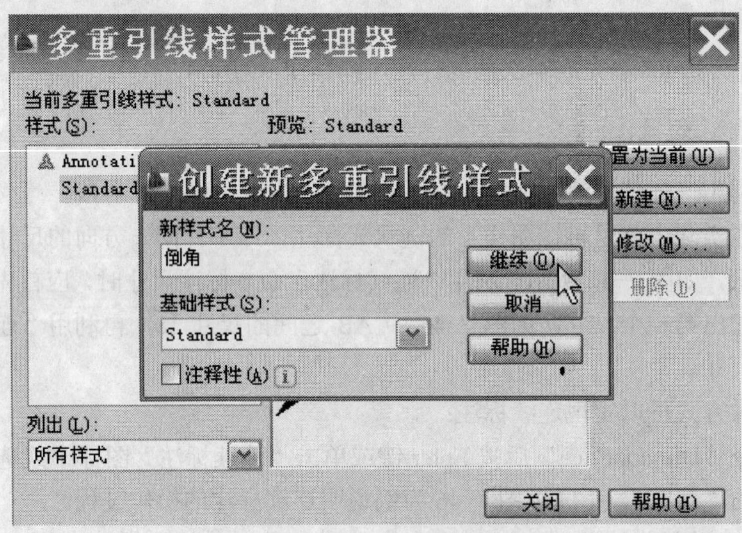

图 7-47　多重引线样式管理器

单击 继续(O) 按钮，弹出“修改多重引线样式：倒角”对话框。该对话框中有“引线格式”、“引线结构”和“内容”三个设置选项。在“引线格式”选项卡中，将箭头区内的“符号”切换为“无”，其余选项保留默认，如图 7-48 所示。

在“引线结构”选项卡中，将约束区内的“第一段角度”切换为“45°”，将基线设置区内的“自动包含基线”复选框前的“√”取消，其余选项保留默认，如图 7-49 所示。

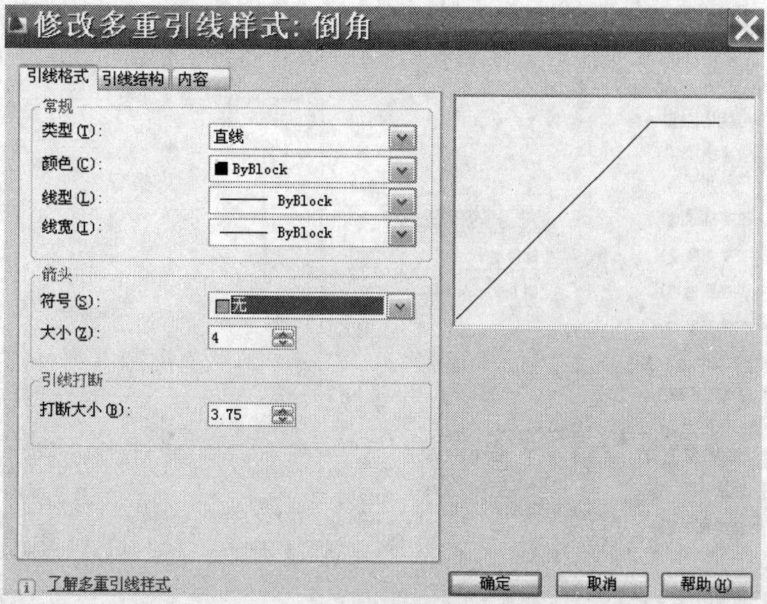

图 7-48　“引线格式”选项卡

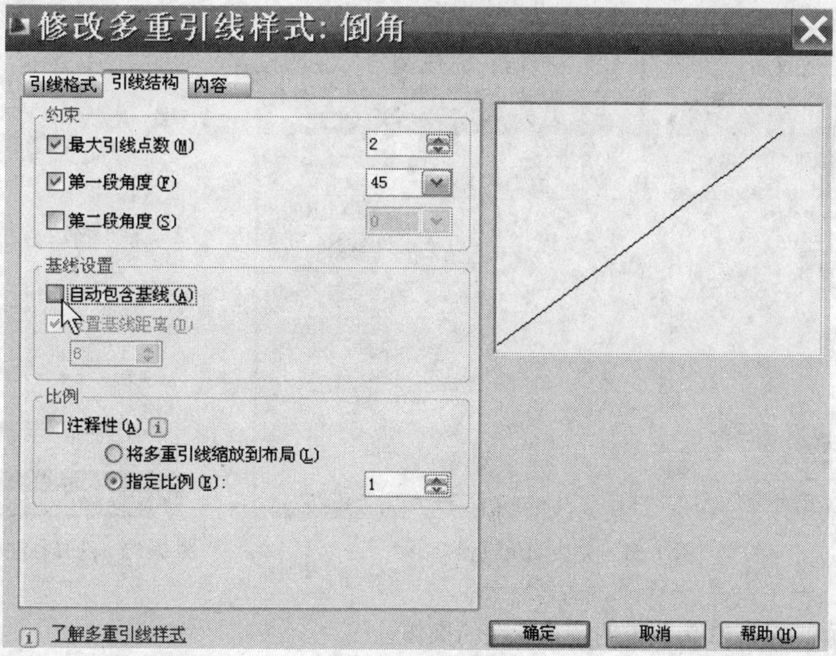

图 7-49　“引线结构”选项卡

在“内容”选项卡中，将文字区内的“默认文字”窗口写为“2X45%%D”(单击默认文字窗口右侧按钮，进入书写状态，写完后单击)，文字样式切换为“国际标准”(继承机械图标注的设置)。引线连接区内，将“连接位置-左”和“连接位置-右”均切换为“第一行加下划线”，其余选项保留默认，如图 7-50 所示。

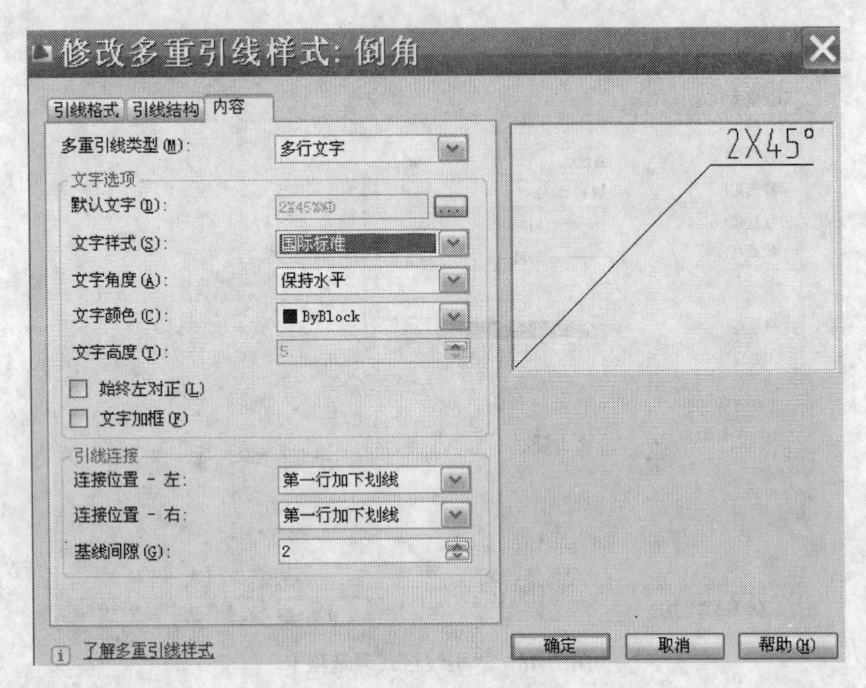

图 7-50 “内容”选项卡

设置完成后，单击“确定”按钮，完成倒角标注的设置，如图 7-51 所示。

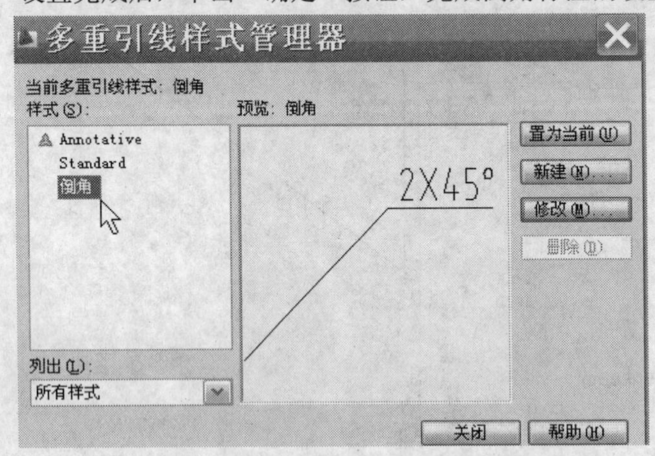

图 7-51 完成倒角设置

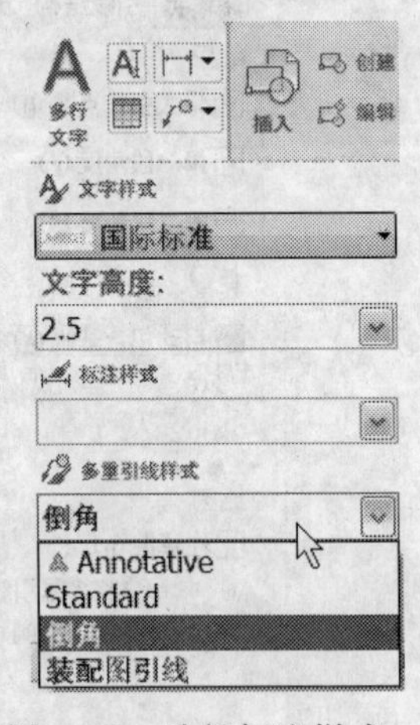

图 7-52 选择标注样式

下面以图 7-53 为例说明倒角标注的操作过程。

(1) 单击“注释”功能区中的“注释”按钮，在展开的窗口中选择“倒角”，如图 7-52 所示。

(2) 单击“注释”功能区中的“多重引线”按钮。

(3) 捕捉图 7-53 中倒角端点，拉出适当长度，按 Enter 键，完成默认的 2×45° 倒角的标注。如图 7-53 中的两端倒角的标注。

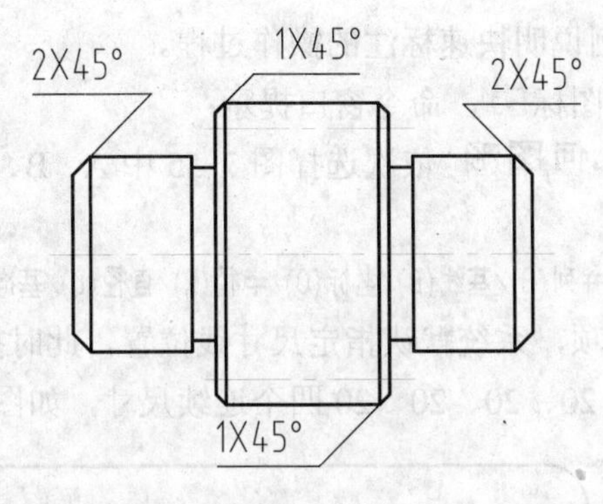

图 7-53　倒角的标注

如需要改变默认的引线标注其步骤如下：

重复上述捕捉，在拉出引线后，命令窗口提示：覆盖默认文字 [是(Y)/否(N)] <否>：输入“Y”按 Enter 键，即可重新输入所需文本，如图 7-53 中的 1×45° 倒角。

图 7-54 中的图形都可以利用引线标注功能实现。

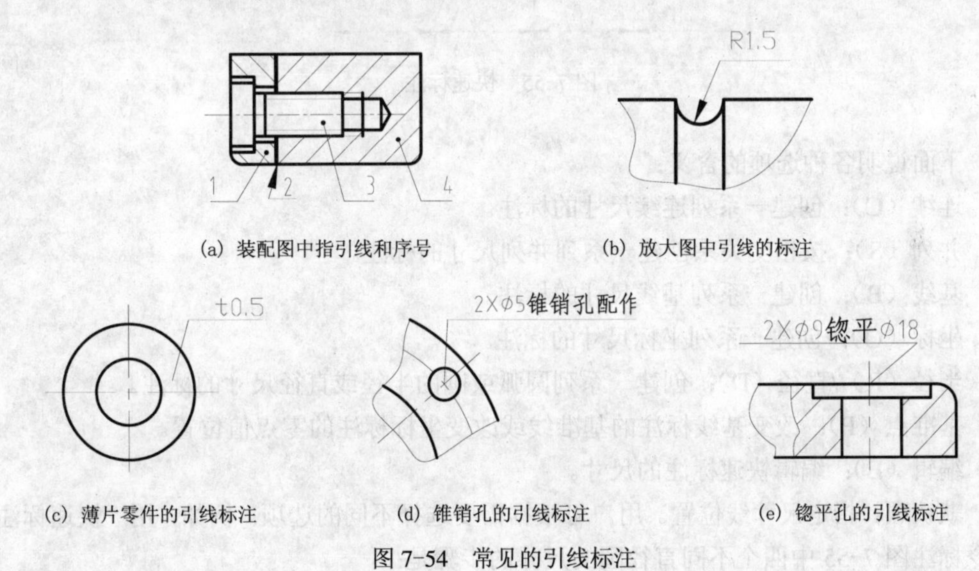

(a) 装配图中指引线和序号　(b) 放大图中引线的标注

(c) 薄片零件的引线标注　(d) 锥销孔的引线标注　(e) 锪平孔的引线标注

图 7-54　常见的引线标注

说明：装配图中指引线端部通常都设为圆点，对于细丝和涂黑的垫片等图形其引线端部应设为实心箭头，如图 7-54（a）所示；放大图中引线标注的端部应设为箭头如图 7-54（b）所示；薄片零件引线标注的端部、锥销孔和锪平孔的引线标注的端部应设为无，如图 7-54（c）、（d）、（e）所示。

9. 快速标注的操作

功能：利用“快速标注”（Qdim）命令可以快速创建一系列尺寸标注。

以下 3 种方式可以实现快速标注。

输入命令“Qdim”后按 Enter 键或单击“快速标注”图标或选择“标注”下拉菜单中的“快速标注”。

下面以图 7-55 为例说明快速标注的操作过程。

单击“快速标注”图标，命令窗口提示：

选择要标注的几何图形：依次选择图 7-55 中 A、B、C、D、E 五条线后按 Enter 键，命令窗口提示：

指定尺寸线位置或 [连续(C)/并列(S)/基线(B)/坐标(O)/半径(R)/直径(D)/基准点(P)/编辑(E)/设置(T)] <连续>:

命令窗口提示有 9 种选项，系统默认指定尺寸线位置，此时拖动鼠标，确定尺寸线位置后，按下左键即标注出 20、20、20、20 四个连续尺寸，如图 7-55 所示。

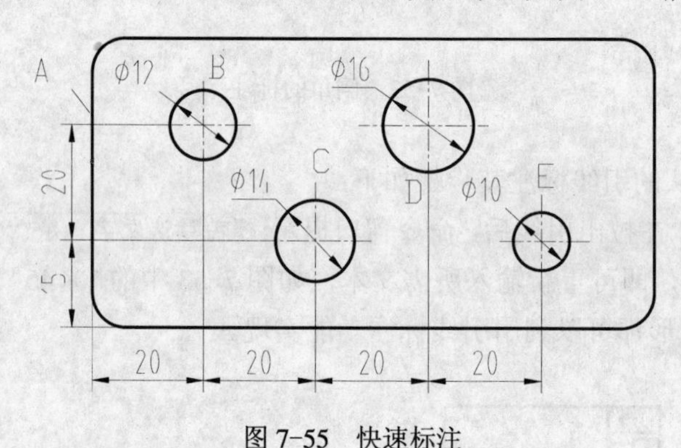

图 7-55　快速标注

下面说明各种选项的含义：

连续（C）：创建一系列连续尺寸的标注。

并列（S）：按相交关系创建一系列并列尺寸的标注。

基线（B）：创建一系列基线尺寸的标注。

坐标（O）：创建一系列坐标尺寸的标注。

半径（R）/直径（D）：创建一系列圆弧或圆的半径或直径尺寸的标注。

基准点（P）：改变基线标注的基准线或改变坐标标注的零点值位置。

编辑（E）：编辑快速标注的尺寸。

默认项：指定尺寸线位置。用户可根据需要选择不同的选项。例如，用“快速标注”命令标注图 7-55 中四个不同直径圆的尺寸的步骤是：

执行“快速标注”命令；在命令窗口 选择要标注的几何图形： 的提示下，连续选择四个圆后按 Enter 键；在命令窗口中输入“D”后按 Enter 键；然后在适当位置单击即可同时注出四个不同直径圆的直径尺寸，如图 7-55 所示。

7.4　尺寸编辑命令

利用尺寸编辑命令，可以方便地对已经标注的尺寸进行编辑和修改。本节主要介绍尺寸编辑的三个命令：编辑标注（Dimedit）、编辑标注文字（DimTedit）和标注更新(-DimStyle)。

7.4.1　编辑标注

1. 编辑标注的功能

利用“编辑标注”命令可以对已标注的尺寸进行编辑和修改。

2. 编辑标注的操作

以下两种方式可以实现编辑标注：
输入命令“Dimedit”后按 Enter 键/单击“编辑标注”图标。
激活“编辑标注”命令后，命令窗口提示：
输入标注编辑类型 [默认(H)/新建(N)/旋转(R)/倾斜(O)] <默认>:
各选项含义和操作如下：
(1) 默认（Home）：按默认位置、方向放置尺寸文字。执行该选项，命令窗口提示：
选择对象：在此提示下，选择尺寸对象即可。
(2) 新建（New）：编辑修改尺寸文字。
下面以图 7-56 和图 7-57 为例说明该选项的操作过程。
单击“编辑标注”命令图标；
输入标注编辑类型 [默认(H)/新建(N)/旋转(R)/倾斜(O)]：输入 N 按 Enter 键；在绘图区中弹出蓝色框；在框中输入“%%C”后，按右方向键（保留蓝框）再输入“%%P0.010”单击鼠标，连续选择图 7-56 中需要修改的 3 个尺寸后按 Enter 键，即在已标注的尺寸前后添加上直径符号和公差数值，如图 7-57 所示。

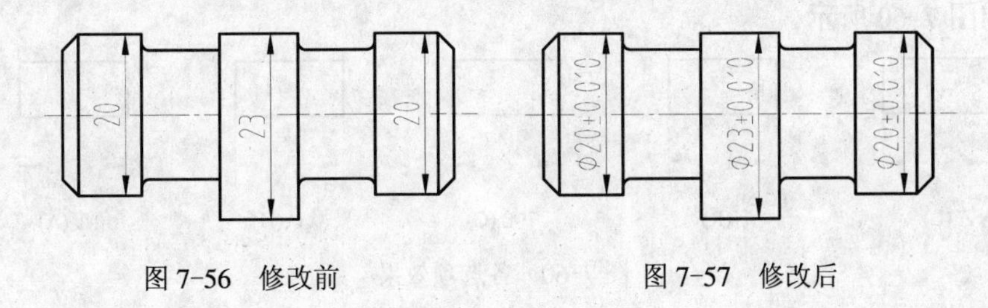

图 7-56　修改前　　　　图 7-57　修改后

(3) 旋转（Rotate）：将尺寸文字旋转一定的角度。
该选项的作用和操作过程：
单击“编辑标注”命令图标；在命令窗口中输入“R”后按 Enter 键；命令窗口提示 指定标注文字的角度：输入一定的角度值后按 Enter 键；选择尺寸对象即可。
(4) 倾斜（Oblique）：使尺寸界线与 X 轴正方向倾斜一定角度。
下面以图 7-58 和图 7-59 为例说明该选项的操作过程。
单击“编辑标注”命令图标；
输入标注编辑类型 [默认(H)/新建(N)/旋转(R)/倾斜(O)]：输入“O”按 Enter 键；
选择对象：选择图 7-58 中的尺寸后按 Enter 键；

输入倾斜角度（按 ENTER 表示无）：输入“35”按 Enter 键，完成修改，如图 7-59 所示。

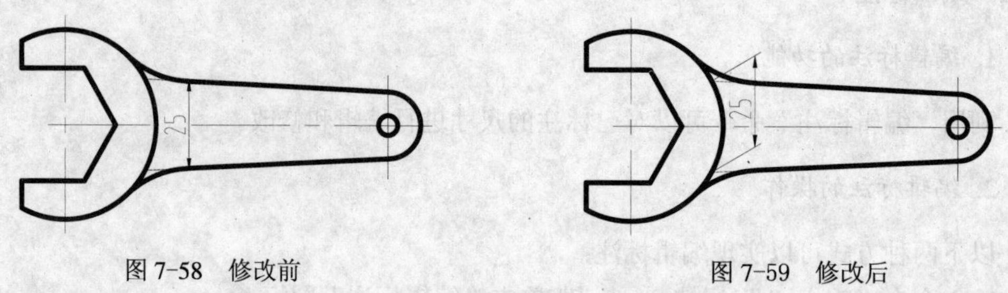

图 7-58 修改前　　图 7-59 修改后

7.4.2 编辑标注文字

1. 编辑标注文字的功能

利用“编辑标注文字”命令可以对已标注的尺寸文字位置进行移动和旋转。

2. 编辑标注文字的操作

以下两种方式可以实现编辑标注文字：

输入命令“DimTedit”后按 Enter 键/单击“编辑标注文字”图标。

激活“编辑标注文字”命令后，命令窗口提示：

选择标注：选择一个尺寸后，命令窗口提示：

为标注文字指定新位置或 [左对齐(L)/右对齐(R)/居中(C)/默认(H)/角度(A)]：

拖动鼠标可将尺寸放在一个新的位置，也可根据不同的要求选择不同的选项。各选项效果如图 7-60 所示。

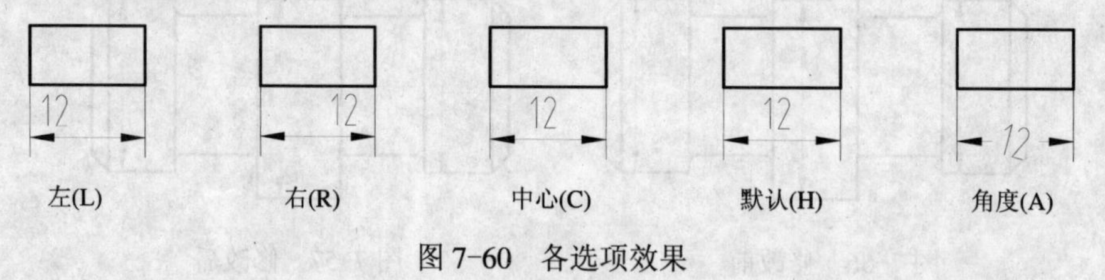

图 7-60 各选项效果

7.4.3 标注更新

1. 标注更新的功能

利用“标注更新”命令可以对已标注尺寸的样式进行修改。

2. 标注更新的操作

以下两种方式可以实现标注更新：

输入命令“-DimStyle”后按 Enter 键/单击“标注更新”图标/选择“标注”下拉菜单中的“更新”。

本节主要介绍已注出的尺寸其样式如何进行快速修改。

图 7-61（a）中的角度尺寸是用“机械图标注”样式标注的，不符合制图标准规定，可以利用“标注更新”命令修改成图 7-61（b）所示的样式。操作过程如下：

(1) 打开“标注样式”下拉列表框，选择设置好的“角度标注”样式，如图 7-62 所示；

(2) 单击“标注更新”图标，窗口提示：

选择对象：连续选择图 7-61(a)中的两个角度尺寸后按 Enter 键，即完成如图 7-61（b）所示的尺寸更新。

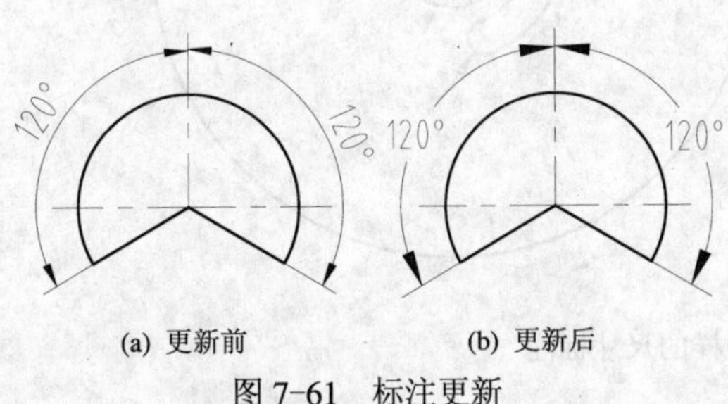

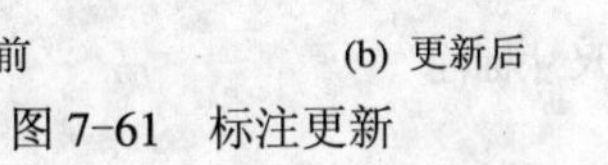

(a) 更新前　　(b) 更新后

图 7-61　标注更新

图 7-62　“标注样式”下拉列表框

另外一种更新已标注尺寸样式的方法是，在不执行任何命令的情况下，先选择需要更新的尺寸，然后打开“标注样式”下拉列表框选择需要的标注样式。

7.5　综 合 演 示

在图样上标注尺寸时，应首先分析所标注尺寸的特点，设置好所需要的各种尺寸样式，才能顺利完成尺寸标注的工作。下面以图 7-63 为例说明标注尺寸的步骤。

(1) 分析尺寸特点，设置尺寸样式。

图 7-63 所示图样中的尺寸类型有角度尺寸、非圆图形前缀“ ϕ ”的尺寸、标有极限偏差的尺寸等，因此应设置 4 种尺寸样式，如图 7-62 所示。具体设置参见本章 7.1 节。

(2) 选择尺寸样式，进行尺寸标注。

利用“公差标注”注写带有公差的尺寸。

利用“角度标注”注写角度尺寸。

利用“前缀 ϕ ”注写非圆图形前缀有 ϕ 的尺寸。

利用“机械图标注”注写其余尺寸。

(3) 检查调整，完成全部尺寸标注，如图 7-63 所示。

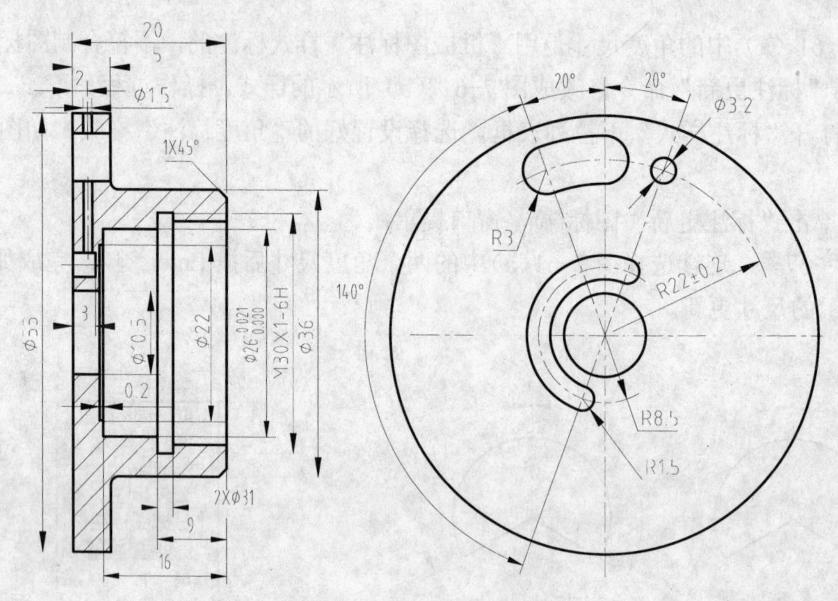

图 7-63　图样的尺寸标注

7.6 上 机 实 践

绘制如图 7-64 所示的托架的主、俯视图、A 向局部视图及 B-B 移出断面图并标注尺寸。

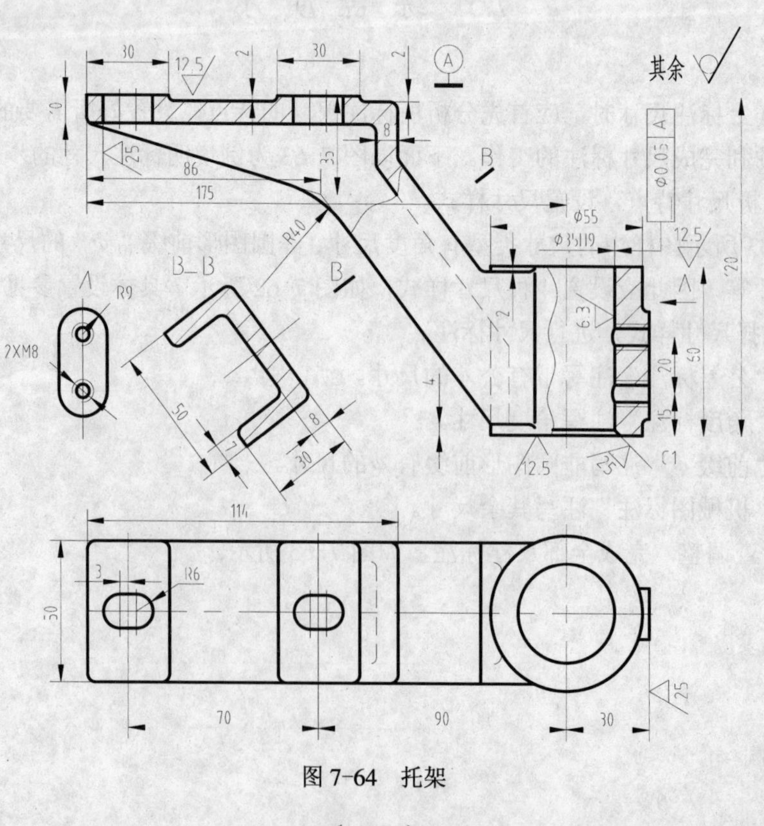

图 7-64　托架

第 8 章　图块制作及注写技术要求

本章学习导读

目的与要求：掌握有关图块的生成、插入和编辑，提高绘图速度。掌握利用引线标注形位公差的方法，使其标注更规范，更快捷。

主要内容：图块的定义、插入、属性、属性的编辑、块属性管理器、图块的分解以及形位公差标注等。

作图技巧：在块插入时，“插入点”、“缩放比例”和“旋转”三个路径选项建议使用“在屏幕上指定”，此种操作更灵活；双击属性块可对其进行属性修改。

8.1　图　　块

图块是一组图形对象的集合。通过定义和使用块，不仅可以大大提高绘图效率，节省存储空间，方便图形修改，而且在给块定义属性后插入时可以附加不同的文本信息。在使用中，块是被作为单个对象来处理的。用户可以将经常重复使用的图形定义成各种块，在插入时分别指定不同的缩放系数和旋转角度，按“搭积木”的方式将它们插入到当前图形的指定位置上，从而拼合成新的复杂的图形。例如，可以将在零件图上常用的表面粗糙度符号定义为图块，在标注时既省时又便于修改。图块有内部块和外部块之分，内部块只能在定义该块的文件内使用，而定义成外部块的图块或图形还可供其他文件使用。

8.1.1　图块的定义

1. 功能

利用“图块”（Block）或“生成块”（BMake）命令可以将已有的图形对象定义为图块。

2. 启动命令

键盘输入命令“B”按 Enter 键/单击“绘图”工具栏中“创建块”图标/选择“绘图”下拉菜单中的“块(K)”子菜单中的“创建(M)...”。

选择任意方式即刻激活“块定义”对话框如图 8-1 所示。对话框中各项含义如图 8-1 所示。

图 8-1 “块定义”对话框

3. 举例

将粗糙度符号定义为块。

首先绘制好组成块的图形对象——粗糙度符号▽,尺寸参照图 8-2(a)所示。

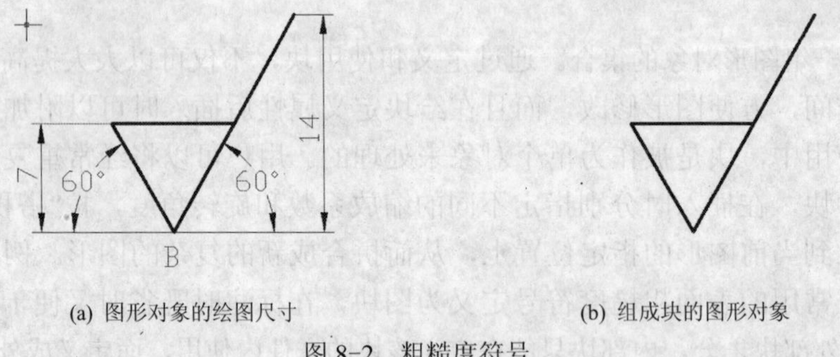

(a) 图形对象的绘图尺寸　　(b) 组成块的图形对象

图 8-2 粗糙度符号

命令：B 按 Enter 键

弹出如图 8-1 所示的对话框。

(1) 在“名称”文本框中输入要定义的图块的名称，它由字母、数字、$和_组成，也可以是中文，如“ccd”或“粗糙度”，如图 8-3（a）所示。

(2) 在如图 8-3(b)所示的“基点”选项组中单击按钮，对话框暂时消失。利用鼠标准确捕捉指定图块的插入基点，如图 8-2（a）中图形下方的尖点，对话框弹回。此时“基点”栏中显示出所选基点的 X、Y、Z 坐标值，如图 8-3（c）所示。

(3) 在如图 8-3（d）所示的“对象”选项组中，单击按钮，对话框暂时消失，此时可以用构造选择集的各种方式将组成块的实体放入选择集，以确定图块的组成元素，如选取图 8-2（b）所示的图形对象粗糙度符号▽，选择完毕，按 Enter 键，重新显示对话框，并在该区显示所选实体的总数，如图 8-3（e）所示。

在图 8-3（d）所示的“对象”选项组中选择“保留”单选按钮，所选图形定义成块后将以原有状态保留在绘图区原位置，但不是块；选择“转换为块”单选按钮，定义成块的原图形对象转换为块，并插入到原位；选择“删除”单选按钮，所选图形定义成块后将被删除。

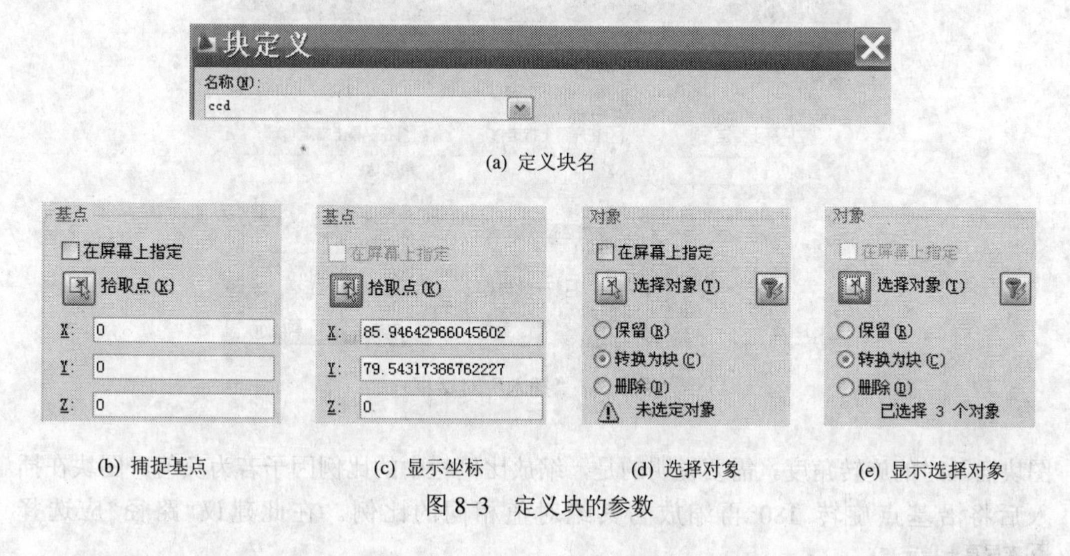

(a) 定义块名

(b) 捕捉基点　(c) 显示坐标　(d) 选择对象　(e) 显示选择对象

图 8-3　定义块的参数

如果单击“快速选择”按钮，将弹出“快速选择”对话框，利用该对话框可以快速选取所需的元素。

选择对象完成后，在“名称”文本框右侧显示所作图块的预览图标，如图 8-4 所示。

图 8-4　预览图标

(4) 方式区内保留默认设置，单击“确定”按钮，完成“ccd”图块的制作。

8.1.2　图块的插入

1. 功能

图块的插入是将已定义的图块或图形文件插入到图形中，而且在插入时可以指定插入图形的比例与旋转角度，以得到所需的大小和方位。

以上已将粗糙度符号定义成图块，名称为“ccd”，在标注粗糙度时即可利用图块的插入实现快速标注。

2. 启动命令

键盘输入命令“I”按 Enter 键/单击“绘图”工具栏中“插入块”图标/选择“插入”下拉菜单中的“块（B）...”。

执行完上述操作后将弹出“插入”对话框，如图 8-5 所示。

该对话框中各项的含义如下。

(1) 名称：指定要插入的块名，可在下拉列表框中选取所需块名，也可单击 浏览(B)... 按钮在弹出的“选择图形文件”对话框中选择需要的外部图块。

(2) 路径：用于设置图块的插入点，插入时图块在X、Y、Z方向的缩放比例，以及

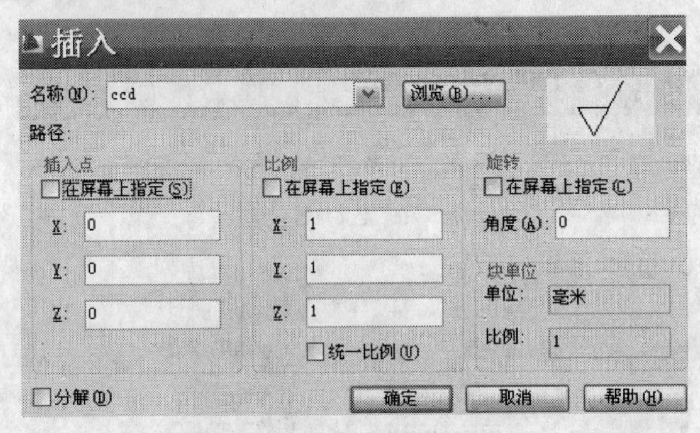

图 8-5　“插入”对话框

图块插入时的旋转角度。需要说明的是，缩放比例栏中的比例因子若为负值，图块在插入后将沿基点旋转 180°再缩放与其绝对值相同的比例。在此建议“路径”应选择 ☑在屏幕上指定(S)。

(3) 分解：该复选框用于设置是否在插入图块时将其分解为原有的组成实体。选中则插入时图块被分解成各部分单独的实体，否则插入后的图块将是一个整体。

3. 举例

标注如图 8-6(a)所示 4 个表面的粗糙度符号。

单击“插入块”按钮弹出“插入”对话框。可按图 8-7 进行插入标注参数的设置。单击“确定”按钮，对话框消失，命令行提示如下：

```
指定插入点或 [基点(B)/比例(S)/X/Y/Z/旋转(R)]:
```

同时在绘图区域出现如图 8-6（b）所示的图形。此时该图形可随光标的移动而移动。创建块时图形对象的基点落在光标的十字线交点处。

单击“捕捉到最近点”图标后，将粗糙度符号移到图 8-6（a）图的上方，捕捉轮廓线上适当点后单击鼠标，命令行提示如下：

指定旋转角度 <0>:　按 Enter 键，完成上方轮廓线处粗糙度符号的插入。

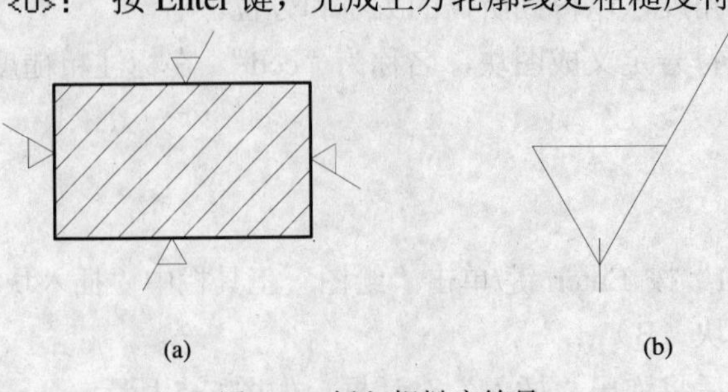

图 8-6　插入粗糙度符号

同理：单击“插入块”按钮，弹出“插入”对话框（图 8-7）。

单击 确定 按钮，对话框消失，命令行提示如下：

指定插入点或 [基点(B)/比例(S)/X/Y/Z/旋转(R)]:

单击“捕捉到最近点”的图标后，将粗糙度符号移到图 8-6（a）的左侧捕捉轮廓线上适当点后单击鼠标，命令行提示如下：

指定旋转角度 <0>: 90 按 Enter 键，结束插入命令，完成左侧轮廓线处的粗糙度标注。

重复上述步骤，在“指定旋转角度<0>:”提示后，分别输入数字“180”和“270”就可以完成下面轮廓线处和右侧轮廓线处的粗糙度标注。

注意：在屏幕上指定插入点时，多用“捕捉到最近点”的捕捉方式；在屏幕上指定旋转角度时也可以通过移动鼠标捕捉特定点来实现。

上述内容讲述的只是插入单个图块的问题，另外还有阵列插入图块（命令为 MINSERT，其功能相当于 INSERT 与 ARRAY 两命令的合成）、等分插入图块（命令为 DIVIDE）和等距插入图块（命令为 MEASURE）等，这些命令可以使插入图块按一定规律多重分布。

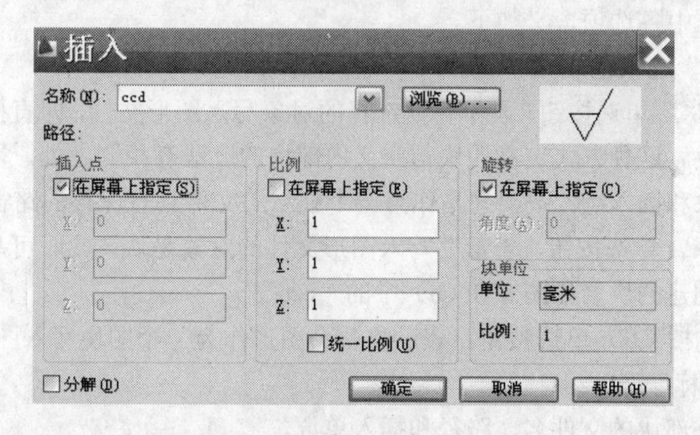

图 8-7　插入标注参数的设置

8.1.3　图块的保存

1. 功能

将图形定义为图块后，只能在图块所在的图形文件中使用。这种块称为“内部块”。利用保存图块（WRITE BLOCK）命令，可以将图块保存为一个独立的文件，从而成为公共图块，能够被插入到其他图形文件中使用，这种块称为“外部块”。

2. 启动命令

键盘输入命令“W”按 Enter 键。

弹出“写块”对话框，如图 8-8（a）所示。

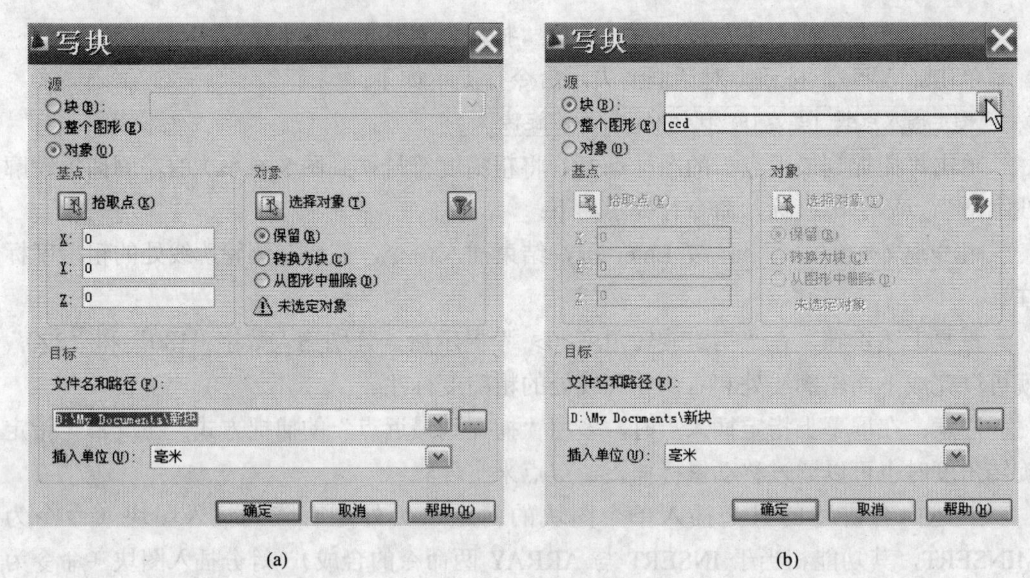

(a) (b)

图 8-8 “写块”对话框

在该对话框中各选项含义如下。

(1) 在“源”选项组：

选择 ⊙对象(O) 单选按钮，表示将要选择的对象写入图形文件，即直接将被选择的对象定义为外部块。这种方式定义的块与定义内部块的方法有相同之处，需要定义要写入图形文件的对象和插入点；不同的是作为一个独立的文件它有保存的路径如图 8-8（a）。

选择 ⊙块(B): 单选按钮，表示要写入图形文件的对象是块，此时可从下拉列表中选择本图中已经创建的块名如图 8-8（b）中的“ccd”。

选择 ⊙整个图形(E) 单选按钮，表示将整个图形作为一个图块写入图形文件。

(2) 在“目标”选项组：

定义存储外部块的文件名、路径和插入单位。

可以看出，定义为外部块的图形对象将以文件（扩展名为.dwg）的形式保存起来以备调用。

完成上述操作后，在其他图形中就可以用插入块的方式，按写块的路径将其调到当前图形文件中。

3. 举例

将前面已经创建的图块（如 ccd）写入图形文件即保存该图块，使之成为外部图块。

命令： W 按 Enter 键

弹出如图 8-8（a）所示对话框。

在“源”选项组选择 ⊙块(B): 单选按钮，表示要写入图形文件的对象是块，此时对话框如图 8-8（b）所示，“基点”和“对象”选项组变为不可编辑状态。

单击块右侧的 ˅ 按钮，弹出下拉菜单显示当前图中“创建块（BLOCK）”已生成的块名“ccd”。

选择“ccd”，单击“目标”选项组[...]按钮弹出如图 8-9 所示对话框，在此写入磁盘的图形文件命名为“ccd”，并选择该文件的存盘路径。单击[保存(S)]按钮，弹出“写块”对话框，如图 8-8（b）所示的“目标”选项组文件名及保存路径显示为如图 8-10 所示的存盘路径信息。

单击“写块”对话框中[确定]按钮，完成该图块的保存，成为可调用的外部块。

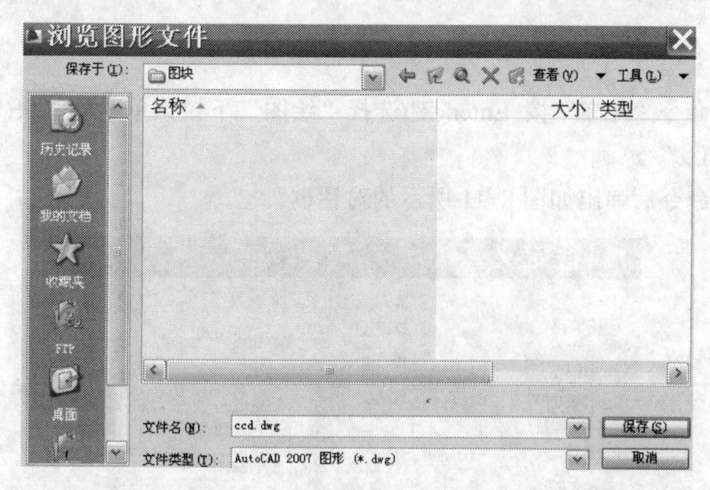

图 8-9　“浏览图形文件”对话框

图 8-10　存盘路径信息

4. 外部块的调用

在任何新建的文件中，单击“插入块”按钮启动“插入块”命令，在弹出的“插入”块对话框中单击[浏览(B)...]按钮，弹出“选择图形文件”对话框。在此对话框中按外部块的保存路径，找到所要插入的外部图块，如 E：\图块\ccd.dwg。在“名称”文本框中选择要插入的外部块的文件名（如“ccd”）后，单击[打开(O)]按钮，回到“插入”对话框，此时外部块“ccd”被调入其中，单击[确定]按钮，进入插入图块的操作，按命令行提示完成图块插入。此时该图块已经被调入本图中，如需连续插入此图块，按内部块的插入步骤操作即可。

8.1.4　图块的属性

1. 属性的概念和功能

属性（Attdef）是从属于块的非图形信息，它是块的一个组成部分。实际上，属性是块中的文本对象，即块可以是：若干对象＋属性＝块。当图块中变化的是图形里的文字时，将该块做成一个属性块，插入时就可以通过回答属性值提示语句让相同的块具有不同的注释或数值。如在标注零件图上的表面粗糙度时，可将粗糙度符号定义成一个具有属性的块，即将粗糙度数值定义为从属于块的属性，以满足标注时不同粗糙度数值的要求。需要指出的是，应先定义属性，再将图形对象和属性标记一起定义成图块，而且可以为一个图形定义多个属性。

2. 启动命令

键盘输入命令“ATT”按 Enter 键/选择“绘图”下拉菜单中的“块(K)”子菜单中“定义属性(D)...”。

执行上述命令后弹出如图 8-11 所示的对话框。

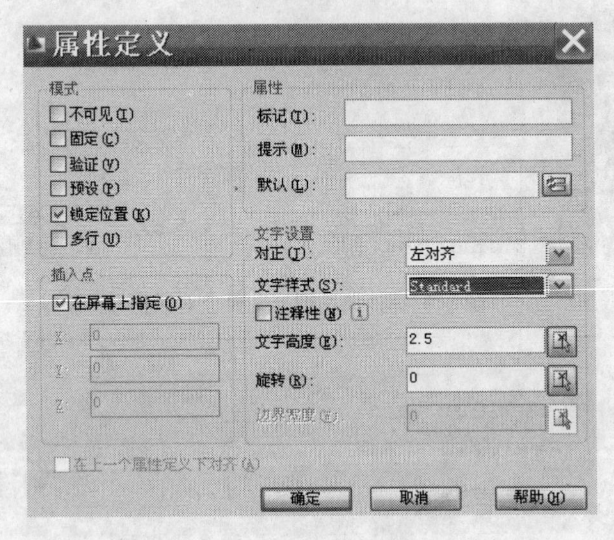

图 8-11 “属性定义”对话框

该对话框中各项的意义如下。

(1) 模式：用于确定属性的模式。通过是否选中确定是否采用“不可见”、“固定”、“验证”和“预设”等属性模式。

(2) 属性：用于指定属性的标记、提示以及默认值。“提示”和“默认”两个编辑框内可以不输入任何信息。

(3) 插入点：用于确定属性文本排列时的参考基点。

(4) 文字设置：用于确定属性文本的样式及在块中的位置。其中在“对正”下拉列表框中有 15 种属性文本相对于插入点的对正方式供用户选择。

3. 举例

下面通过如图 8-12 所示标注表面粗糙度 Ra 值为例，来说明图块属性的应用。

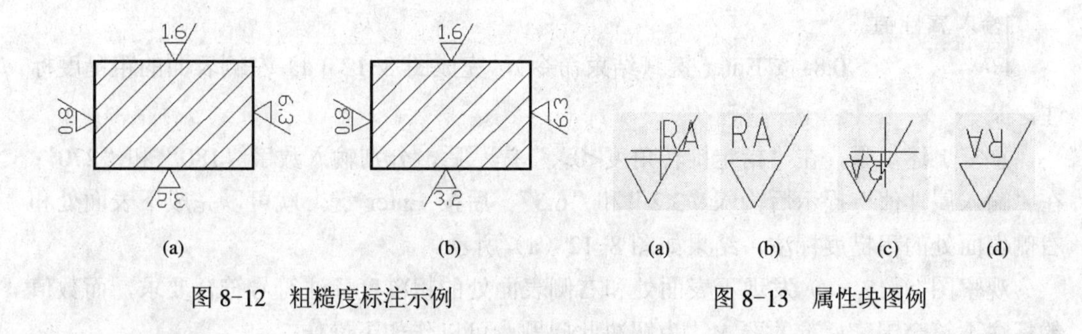

(a)　(b)　(a)　(b)　(c)　(d)

图 8-12　粗糙度标注示例　图 8-13　属性块图例

具体步骤如下：

(1) 按图 8-12（a）所示尺寸绘制粗糙度符号▽。

(2) 在命令行输入“ATT”后按 Enter 键，激活“属性定义”命令，弹出图 8-11 所示“属性定义”对话框。

(3) 选项设置。输入属性标记“Ra”； 插入点选择☑在屏幕上指定(O)；在文字设置区，“对正”左侧编辑框中选择“右下”， 文字样式选择已设置的“国际标准”，字高默认。

(4) 单击 确定 按钮，“属性定义”对话框暂时消失，(Ra 变成 RA）将光标移至图 8-13(a)所示位置，按下左键，RA 与粗糙度符号▽的位置如图 8-13（b）所示。

(5) 单击“创建块”图标，激活“块定义”命令，打开图 8-1 所示“块定义”对话框。

(6) 定义此块名称为“右下 CCD”，单击“拾取点”按钮，选择图形中下尖点为插入基点。

(7) 单击“选择对象”按钮，将图“▽”与属性标记“RA”一起选中后按 Enter 键，对话框弹出，单击 确定 按钮后，弹出“编辑属性”对话框，单击 确定 按钮，完成属性块制作。

(8) 单击“插入块”图标，激活“插入”命令，弹出图 8-7 所示“插入”对话框，选择刚定义好的图块“右下 CCD”，单击 确定 按钮。命令行提示如下：

指定插入点或 [基点(B)/比例(S)/X/Y/Z/旋转(R)]: <对象捕捉 关>

单击“捕捉到最近点”图标后，将粗糙度符号移到 8-12（a）所示图形的上方，捕捉轮廓线上适当点后，按下左键，命令行提示如下：

指定旋转角度 <0>: 按 Enter 键

输入属性值

RA: 1.6 按 Enter 键(结束命令)，完成上表面的粗糙度标注。

(9) 单击“插入块”图标，激活“插入”命令，弹出图 8-7 所示“插入”对话框，选择已定义好的图块“右下 CCD”，单击 确定 按钮。命令行提示如下：

指定插入点或 [基点(B)/比例(S)/X/Y/Z/旋转(R)]: <对象捕捉 关>

单击“捕捉到最近点”图标后，将粗糙度符号移到图 8-12（a）所示图形的左侧，捕捉轮廓线上适当点后，按下左键，命令行提示如下：

指定旋转角度 <0>: 90 按 Enter 键

输入属性值
RA:　　　0.8 按 Enter 键（结束命令），完成图 8-12（a）左侧表面的粗糙度标注。

重复上述步骤，在“指定旋转角度<0>:”提示后，分别输入数字“180”和“270”；在“输入属性值”提示后输入“3.2”和“6.3” 后按 Enter 键，就可以完成下表面处和右侧表面处的粗糙度标注。结果如图 8-12（a）所示。

观察图 8-12（a）发现下表面处和右侧表面处的粗糙度标注符号符合要求，而数值的标注不符合国家标准的要求。为解决此问题，可以作如下操作。

(10) 在命令行输入“ATT”后按 Enter 键，激活“属性定义”命令，对话框中各选项按图 8-14（b）设置。其中将“文字设置”选项组中的“旋转（R）”赋值为“180”。单击 确定 按钮，将光标移至图 8-13（c）所示位置，定义完属性，此时图上显示为 RA，如图 8-13(d)所示。

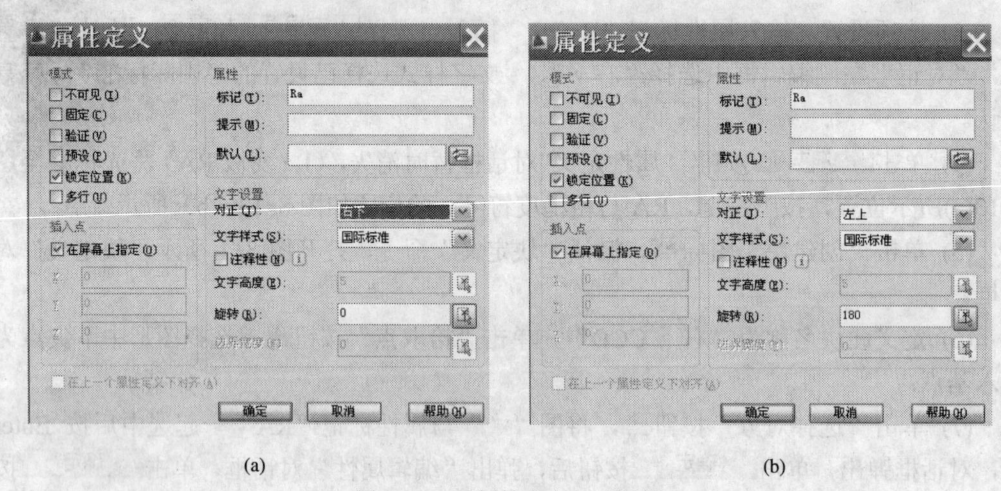

(a)　　　(b)

图 8-14 “属性定义”对话框

(11) 单击“创建块”图标，激活块定义命令，打开图 8-1 所示“块定义”对话框，按定义“右下 CCD”块的步骤，将图 8-13（b）定义为块，起名为“左上 CCD”。

(12) 单击“插入块”图标，激活插入命令，弹出图 8-7 所示“插入”对话框，选择图块“左上 CCD ”，单击 确定 按钮，按命令行提示输入“180”，可以完成下表面粗糙度的标注。同理输入“270”，可以完成右侧表面的粗糙度的标注。执行结果如图 8-12（b）所示。

8.1.5　图块属性的编辑

1. 功能

插入带有属性的图块后，可以对属性值进行修改。

2. 启动命令

键盘输入“EATTEDIT”按 Enter 键/单击“修改Ⅱ”工具栏中“编辑属性”图标/

选择“修改”下拉菜单中的“对象（O）”子菜单中“属性（A）” 下一级子菜单“单个（S）...”。

按上述操作后命令行提示“选择块：”，在单击要修改属性的块后，将弹出“增强属性编辑器”对话框，如图 8-15 所示。

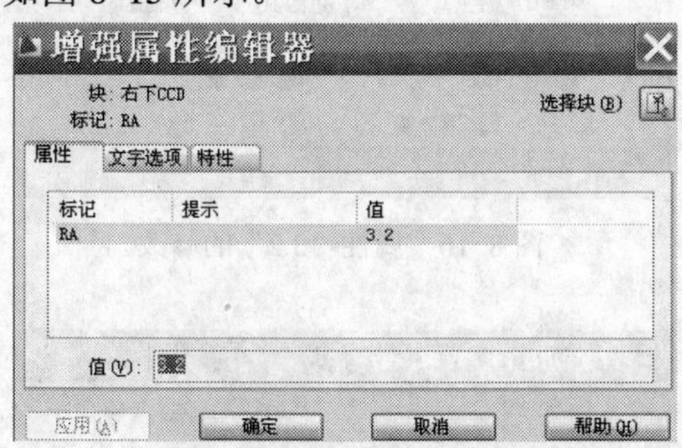

图 8-15　“属性”选项卡

该对话框中各选项的含义如下：

(1)“属性”选项卡：显示所选块的属性，并可通过在属性文本编辑框中输入新的文本来进行属性值的修改。

(2)“文字选项”选项卡：显示所选块属性定义中有关文字选项的全部信息，并增加了“反向”、“倒置”两个复选框和“宽度因子”、“倾斜角度”两个文本编辑框。这些文字编辑功能为属性修改提供了极大的方便。

(3)“特性”选项卡：显示所选块属性的“图层”、“线型”、“颜色”以及“线宽”等特性，并可通过下拉列表框进行相应特性项的编辑。

编辑完一个属性块的属性后，若要编辑下一个，不必退出“增强属性编辑器”对话框，只需单击右上角“选择块”按钮，该对话框暂时消失，弹出“增强属性编辑器警告”对话框，单击 是(Y) 按钮确认后，在绘图状态点选下一个要编辑的属性块，屏幕上又将重新显示“增强属性编辑器”对话框，可重复进行上述属性编辑工作。

3. 举例

下面通过修改图 8-12（a）中 3.2 和 6.3 两个表面粗糙度 Ra 值为例，说明“编辑属性”的应用。具体步骤如下：

单击“修改Ⅱ”工具栏中的“编辑属性”图标，启动“编辑属性”命令；

选择块：选择图 8-12（a）图中的 3.2，弹出“增强属性编辑器”对话框，在“文字选项”卡中：对正(J)：选择 左上；选中 反向(K) 和 颠倒(D)，其他设置不变，如图 8-16 所示。单击 应用(A) 按钮，完成属性 3.2 的修改。

再单击对话框右上角的 选择块(B) 图标，选择图 8-12（a）图中的 6.3，设置如图 8-17 所示，完成属性 6.3 的修改。

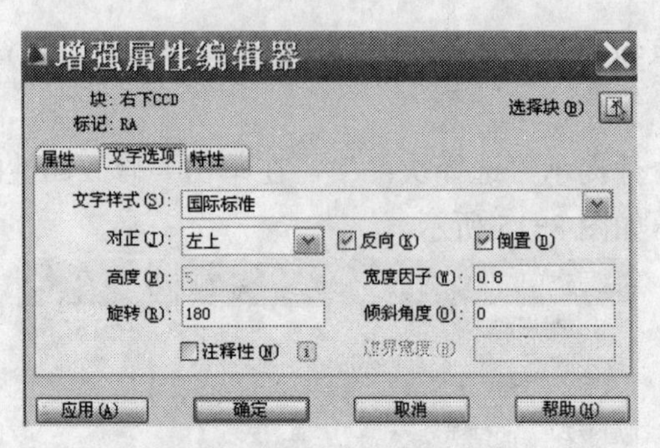

图 8-16　属性“3.2”的修改

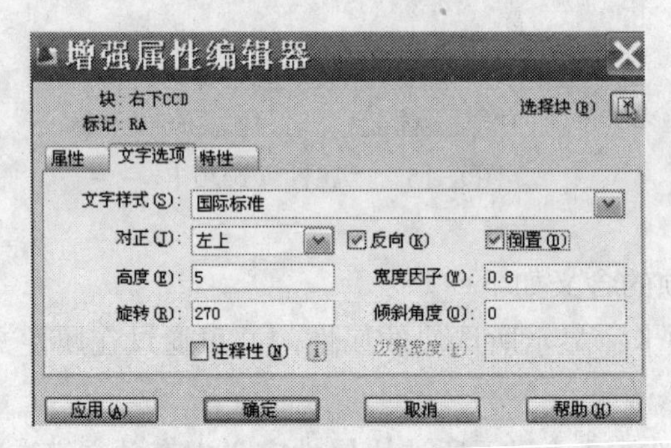

图 8-17　属性“6.3”的修改

8.1.6　图块属性管理器

1. 功能

当建立了大量属性块之后，若没有做好管理，那么绘图效率可能比建块前的还要低，所以有效管理图块及其属性是必要的。系统提供的“块属性管理器”可以帮助用户进行这方面的管理工作。

2. 启动命令

键盘输入“BATTMAN”按 Enter 键/单击“修改Ⅱ”工具栏中“块属性管理器”图标/选择“修改”下拉菜单中的“对象（O）”子菜单中“属性（A）”下一级子菜单“块属性管理器（B）…”。

按上述操作后都将弹出“块属性管理器”对话框，如图 8-18 所示。在该对话框中，既可单击左上角的“选择块”按钮选择属性块，也可直接在“块”文本编辑框中输入块名或从下拉列表框中选择块名。所选块的属性将全部显示在大信息框中。此时若单击右边 编辑(E)... 按钮，将弹出如图 8-19 所示的“编辑属性”对话框，在该对话框中即可对块属性进行编辑。

8.1.7　图块的分解

图块插入后若需要对图块内的图形对象进行修改，有两种方法：一种是在图块插入时选择“分解”选项；另一种是在图块插入后执行“图块分解”命令，其命令格式为：

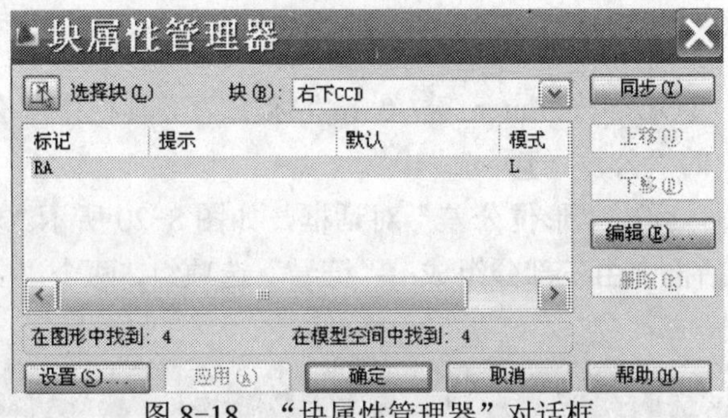

图 8-18　“块属性管理器”对话框

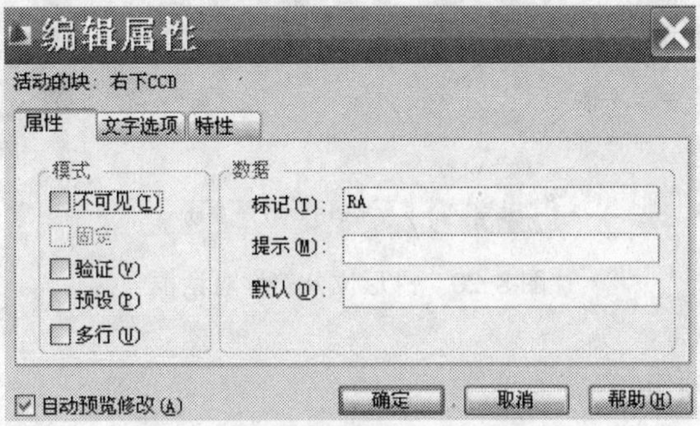

图 8-19　“编辑属性”对话框

键盘输入命令“EXPLODE”按 Enter 键/单击“修改”工具栏中“分解”图标/选择“修改”下拉菜单中的“分解（X）”。

图块被分解后即可按常规图形编辑的方法进行修改。需要说明的是，若用户分解的是一个属性块，则任何分配的属性值都将会丢失。例如，表面粗糙度图块被分解后其数值由数字变成字母 Ra。

8.1.8　图块在图形编辑中的应用

当已标注尺寸等其他信息的图形文件，在执行缩放、旋转命令后，有些图形信息将发生变化。因此可在执行上述操作前，将图形文件做成图块，再进行编辑即可避免一些变化。

利用“插入块”命令可将已保存的图形文件调入到当前图形文件中。

8.2　标注形位公差

1. 功能

形位公差是机械图样中技术要求的重要组成部分，它规定了几何元素形状和位置误差允许变动的范围，在机械图样中应根据需要标出不同要求的形位公差。

2. 启动命令

键盘输入命令“TOL”按 Enter 键/单击“标注”工具栏中“公差”图标/选择“标注”下拉菜单中的“公差（T）…”。

执行上述命令后，弹出“形位公差”对话框，如图 8-20 所示。

图 8-20 所示对话框中由三部分组成：“符号”选项组，两个“公差”选项组，三个“基准”选项组。

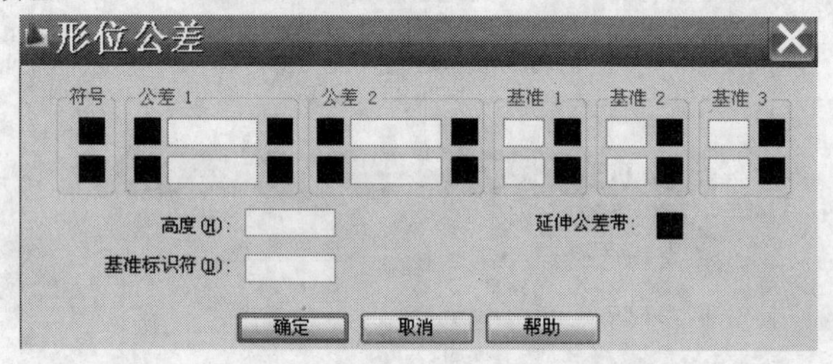

图 8-20 “形位公差”对话框

(1) “符号”选项组。

此选项组用于设置形位公差符号，单击此栏黑色图标，弹出如图 8-21 所示的对话框。单击对话框中的某一符号，如圆度符号“○”，即选中了相应的形位公差项目，系统返回图 8-20 所示的对话框。此时被选项目符号显示在“符号”选项组中，如图 8-26 中的圆度符号。

图 8-21 “特征符号”对话框

图 8-22 “附加符号”对话框

(2)“公差”选项组。

此选项组有“公差 1”和“公差 2”两个选项，用于设置公差的大小。在白色框格内填入形位公差数值，如图 8-26 所示，数值前的黑色框格用于添加直径符号，单击此处出现“φ”，再次单击符号消失。白色框格之后的黑色框格用于添加公差原则标识，单击出现图 8-22 所示“附加符号”对话框，单击某标识即被选中，“附加符号”对话框消失，返回图 8-20 所示的对话框。此时被选项目标识显示在黑色框格中。如取消“附加符号”对话框，可单击右侧空白格。

(3)“基准”选项组。

此选项组有“基准 1”、“基准 2”和“基准 3”三个选项，用于设置位置公差的基准，在白色框格内填写基准符号字母（如 A、B、C 等）。之后的黑色框格用于添加公差原则标识，添加方式如上所述。

3. 形位公差的标注

使用上述几种方式启动形位公差标注命令后，标注出的形位公差只有公差框格而无指引线，因此需要先画指引线，如图 8-23 中的标注就是先分别画出“123”和“456”两段引线后，再标注形位公差框格，此种标注比较麻烦。而采用“快速引线”命令进行标注时，通过改变引线设置就可以将如图 8-23 中的“引线”和“形位公差”框格一次性地完成标注，非常方便。下面介绍这种形位公差标注的方法。

“快速引线”的启动和设置：

键盘输入”命令“Qleader”，按 Enter 键，命令窗口显示如下：

```
命令: qleader
指定第一个引线点或 [设置(S)] <设置>: s
```
输入“s”后按 Enter 键；

在弹出的“引线设置”对话框中的注释类型区内，选择◉公差(T)单选按钮，如图 8-24 所示；

“引线和箭头”选项卡取默认设置即可，如图 8-25 所示；单击“确定”按钮后，进入标注状态。

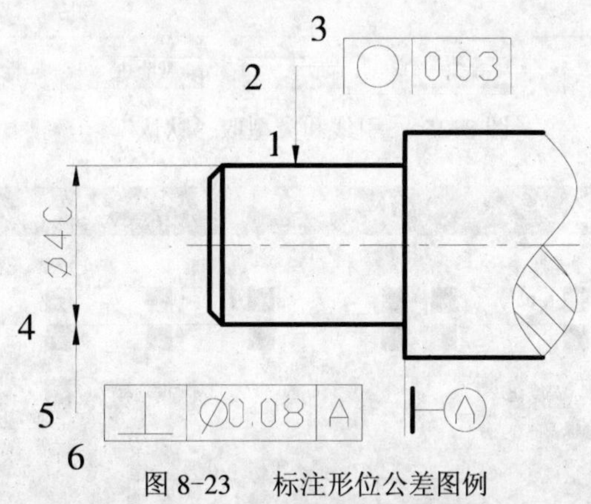

图 8-23　标注形位公差图例

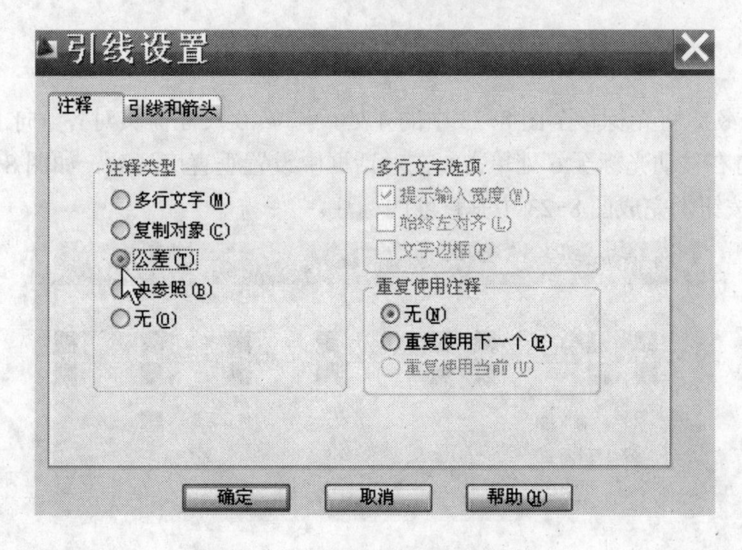

图 8-24　注释类型选择“公差”

此时图 8-23 中的形位公差框格和与之相连的指引线可合为整体进行标注。具体操作步骤如下：

启动“快速引线”命令后，启动正交功能，利用捕捉“最近点”，将光标移至图 8-23 中的 1 处，向上移动光标，出现箭头后移至 2 处单击，移动至 3 处单击，在弹出的形位公差对话框中完成圆度设置后（图 8-26），单击“确定”按钮，完成图中圆度的标注。

图 8-25　引线和类型取“默认”

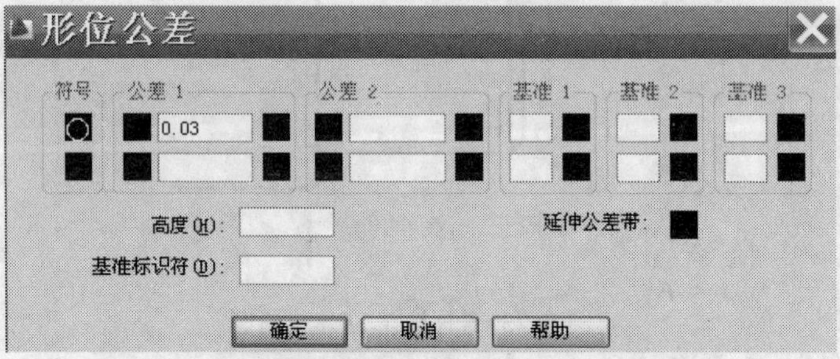

图 8-26　圆度公差设置对话框

按 Enter 键，将光标移至图 8-23 中的 4 处，与 $\phi40$ 尺寸箭头对齐，向下移动光标至 5 处单击，向右移动光标至 6 处单击，在对话框中设置垂直度选项，如图 8-27 所示，单击“确定”按钮，完成图 8-23 中垂直度的标注。

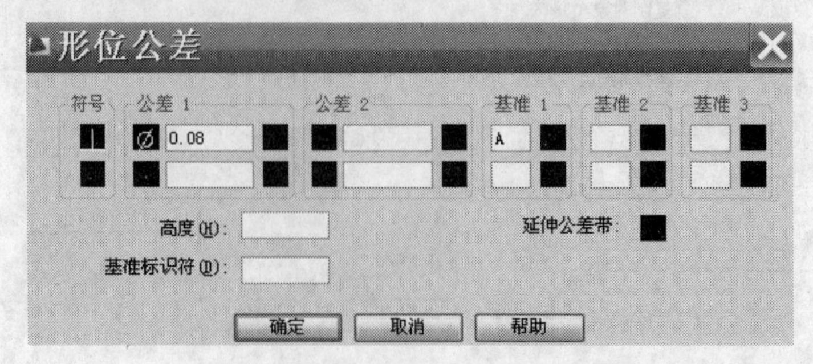

图 8-27　垂直度公差设置对话框

图8-23中的基准符号“├Ⓐ”，可作为一个属性块，在图中进行标注。

8.3　综合演示

绘制如图8-28所示的图形，并注全尺寸、表面粗糙度和形位公差。

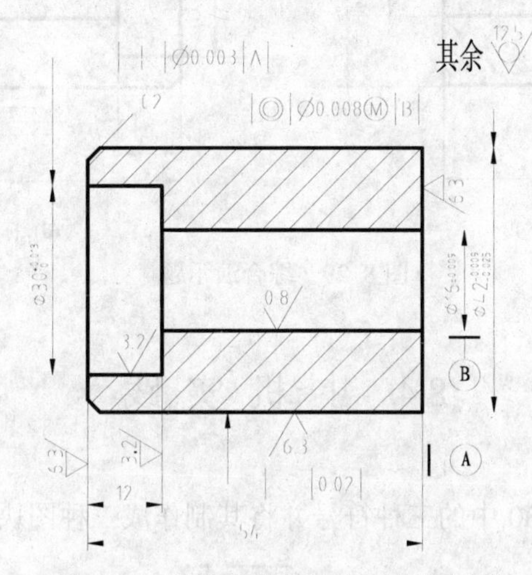

图8-28　标注零件图技术要求综合图例

具体操作步骤如下：

(1) 绘制图形如图8-29（a）所示。

(2) 设置如第7章所设的“机械图标注”和“公差标注”两种标注类型，按所标注尺寸公差的需要进行设置，如图8-29（b）所示。

(3) 用“多重引线”方式标注倒角尺寸。

(4) 定义两种带属性的图块，插入图块完成表面粗糙度的标注，如图8-29（c）所示。

(5) 在“快速引线”对话框中选择“公差”标注方式，标注形位公差。基准符号可以用定义块的方式完成，如图8-29（d）所示。

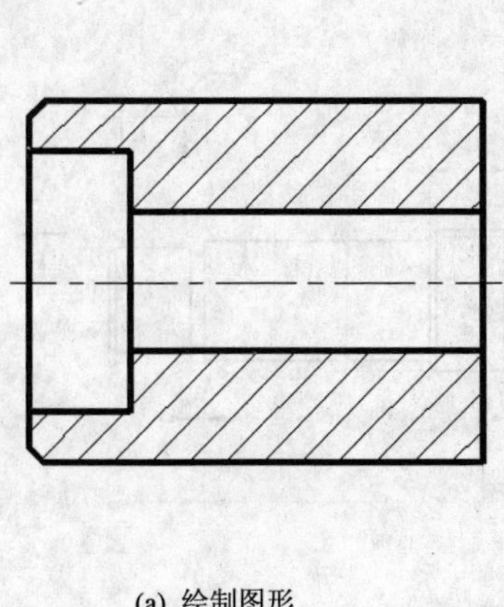

(a) 绘制图形

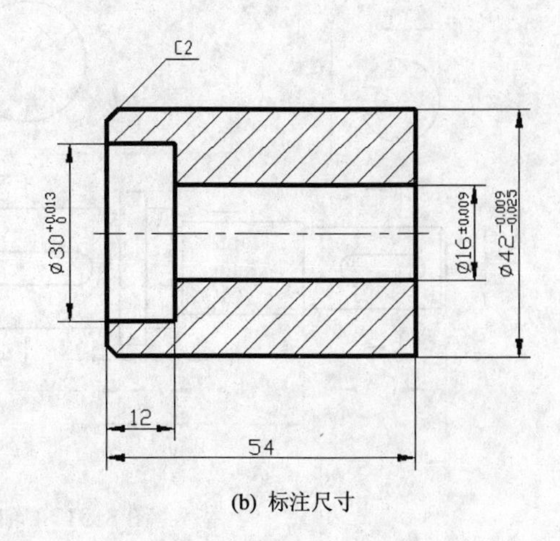

(b) 标注尺寸

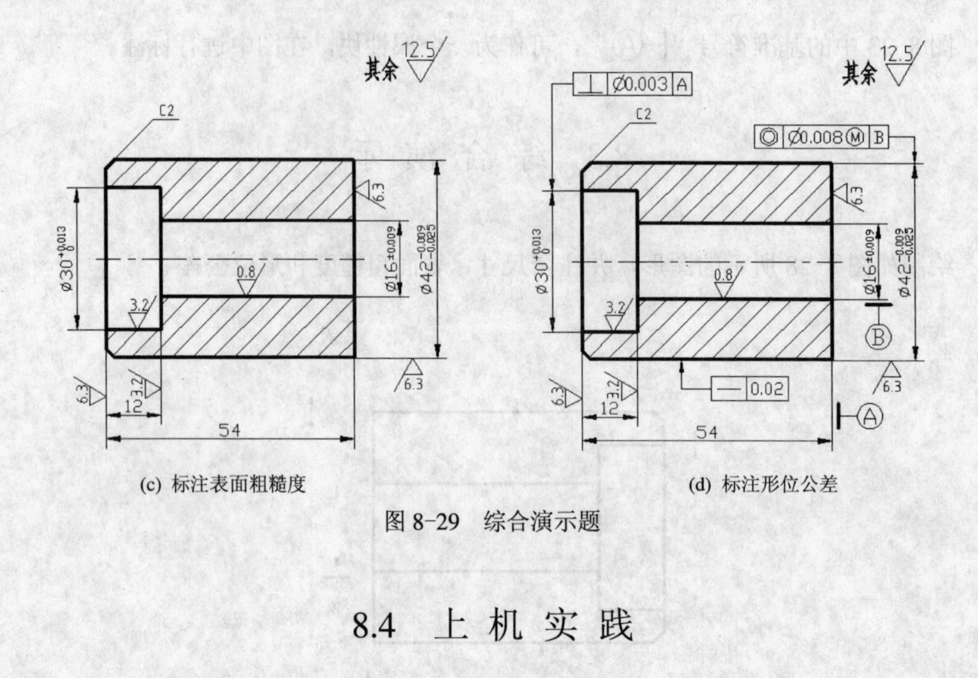

(c) 标注表面粗糙度　　(d) 标注形位公差

图 8-29　综合演示题

8.4　上 机 实 践

(1) 按尺寸绘制图 8-30 中的三种符号并将其制作成三种图块。图块名称如图所示。

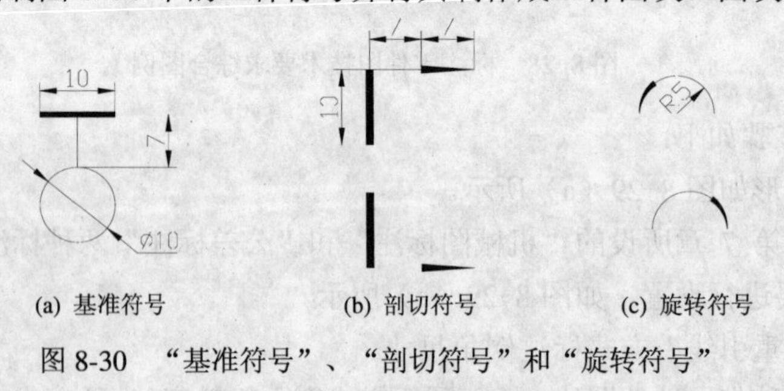

(a) 基准符号　　(b) 剖切符号　　(c) 旋转符号

图 8-30　“基准符号”、“剖切符号”和“旋转符号”

(2) 完成如图 8-31 所示轴零件图的尺寸标注。

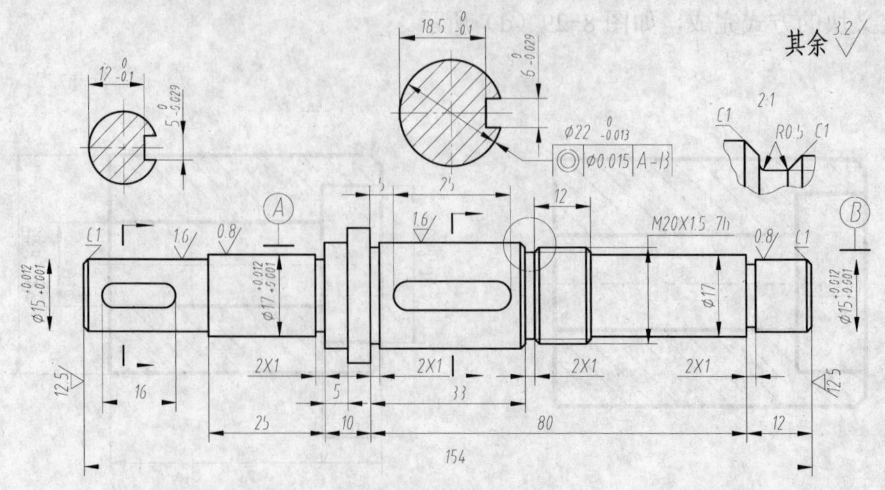

图 8-31　轴零件图

第9章　绘制零件图与拼画装配图

本章学习导读

目的与要求：掌握用 AutoCAD 绘制零件图和拼画装配图的过程与方法。能综合运用前面所学的各种命令和作图技巧，并不断进行探索，总结绘图方法和经验，形成自己的一套绘图风格。

主要内容：创建模板图、绘制零件图、拼画装配图、拆画零件图。

作图技巧：利用“正交”和“重复复制”命令填写明细栏，再双击对象进行修改，可提高文字的书写速度。

9.1　绘制零件图

零件图是加工制造零件的依据，它有四项内容：表达零件形状的一组图形、确定零件大小和相对位置的全部尺寸、对零件提出的技术要求和表明设计者及零件名称等内容的标题栏。本节重点介绍利用 AutoCAD 完成上述四项内容的操作过程。

9.1.1　创建零件图样板

在绘制零件图之前，要根据机械制图国家标准，创建符合国标要求的图纸幅面、线形、字体、尺寸样式等绘图环境并保存成模板图，以备反复调用，提高绘图效率。

1. 设置图纸幅面

在命令窗中输入命令“NEW”按 Enter 键/单击“标准”工具栏上的“新建”图标/单击“文件”下拉菜单中的“新建”。

操作后弹出“启动”对话框，在此对话框中选择“使用向导”对话框，如图 9-1 所示。

该对话框中有高级设置和快速设置两项设置。选择“高级设置”，弹出“高级设置”对话框，该对话框中有单位、角度、角度测量、角度方向和区域五项设置。绘制机械图样均取默认设置即可。其中区域一项是指图纸幅面，默认图纸幅面为 420×297 即 A3 图纸，如图 9-2 所示。单击 完成 按钮，完成五项设置。

2. 设置图层、颜色、线型

按照第 2 章 2. 1 节对图层进行设置，粗实线宽度设为 0.4，其余为默认线宽，如图 9-3 所示。

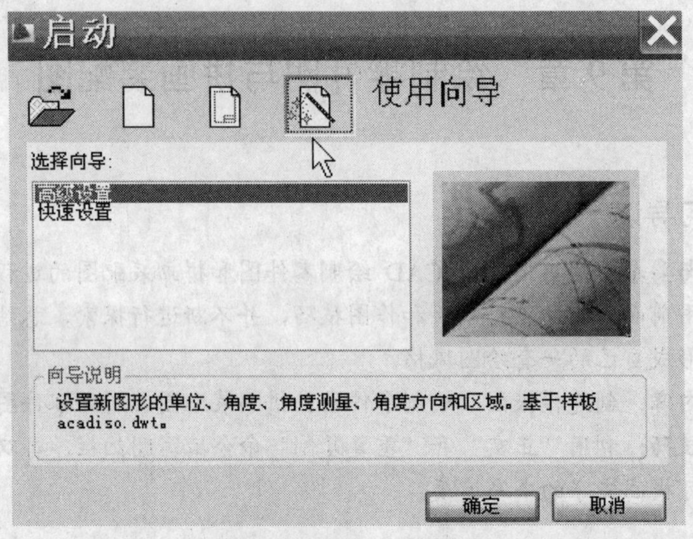

图 9-1 “启动”对话框

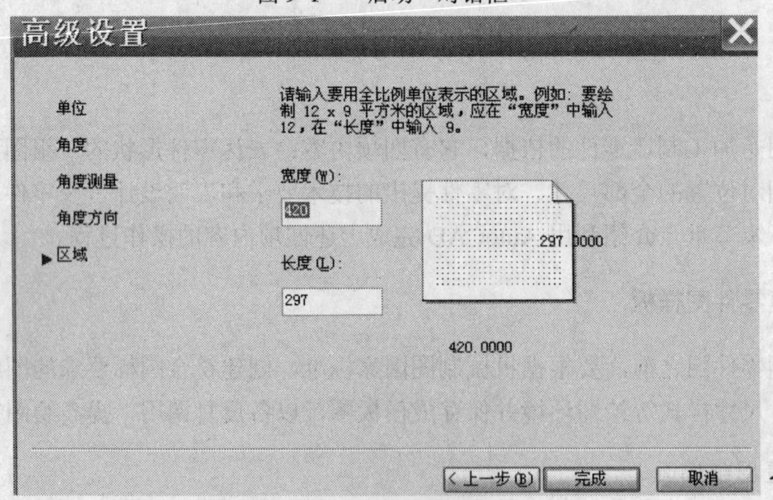

图 9-2 五项设置

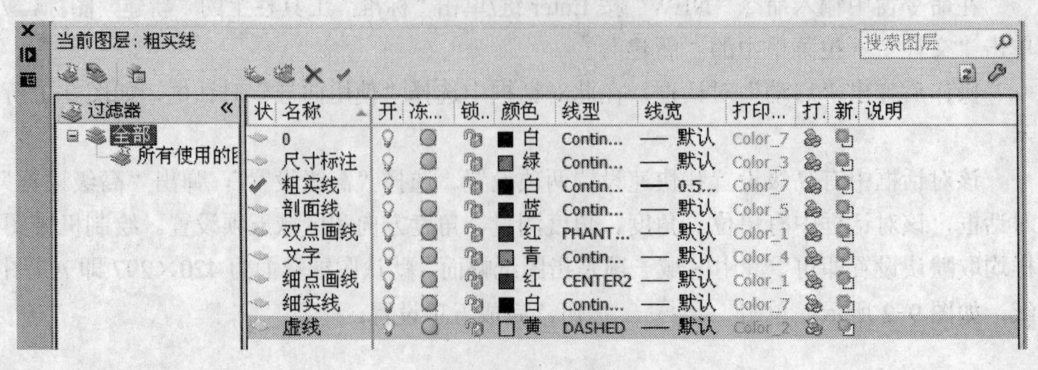

图 9-3 图层设置

3. 设置文字样式

根据国家标准中的规定，汉字字体应选择 T 仿宋_GB2312，如图 9-4 所示。字母应选择 gbenor.shx，数字字体应选择 isocp.shx，如图 9-5 所示。具体设置过程见 3. 2 节。

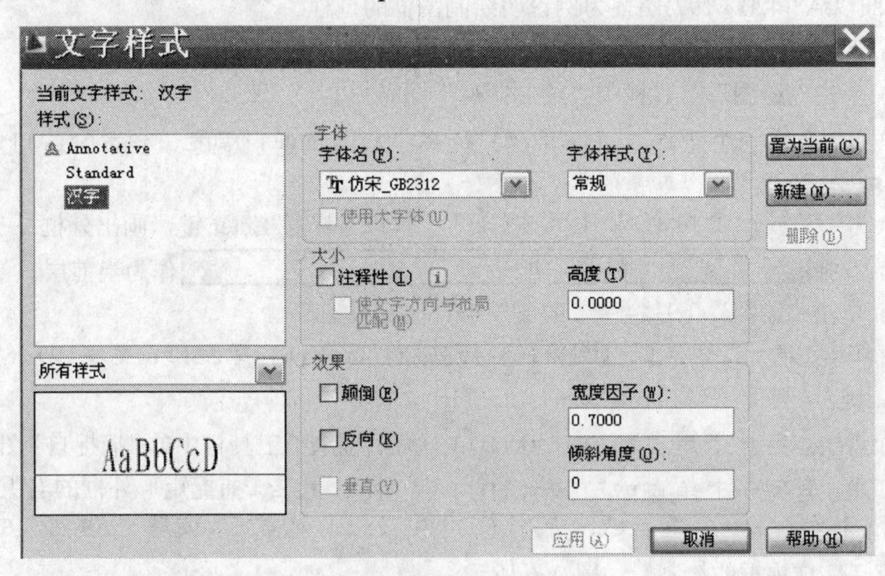

图 9-4　汉字的设置

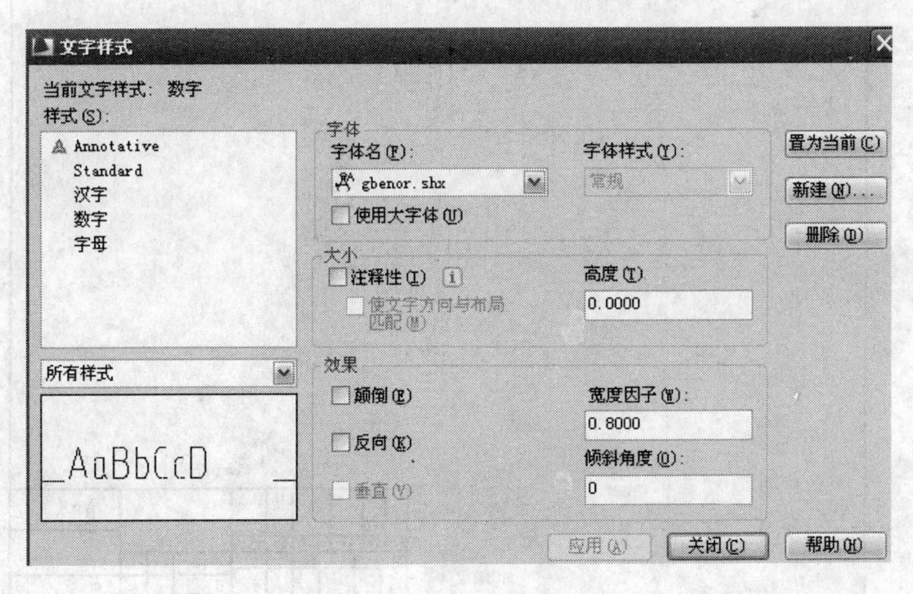

图 9-5　字母与数字的设置

4. 设置尺寸标注样式

应根据国家标准 GB/T 4458.4—2003 机械制图尺寸标注法设置尺寸样式，如箭头形状和大小、尺寸线和尺寸界线的关系、文字放置的位置等。此外还应根据不同的标注对象设置不同的标注样式，如角度标注、尺寸公差标注等。应尽可能地将尺寸样式设置齐全，以保证尺寸标注的顺利进行。尺寸标注样式的设置过程详见第 7 章。

5. 绘制图框和标题栏

下面以 A3(420×297)图幅为例说明绘制图框的过程。

(1) 选择 细实线 作为当前层。

(2) 单击“绘图”工具栏中“绘制矩形”图标。

(3) 指定第一个角点或 [倒角(C)/标高(E)/圆角(F)/厚度(T)/宽度(W)]: 0,0 按 Enter 键；

(4) 指定另一个角点或 [尺寸(D)]: 420,297 按 Enter 键，画出外框。

(5) 选择 粗实线 作为当前层。

(6) 单击“绘图”工具栏中“绘制矩形”图标。

(7) 指定第一个角点或 [倒角(C)/标高(E)/圆角(F)/厚度(T)/宽度(W)]: 25,5 按 Enter 键。

(8) 指定另一个角点或 [尺寸(D)]: 单击“捕捉”工具栏中的“捕捉自”图标。

(9) 指定另一个角点或 [尺寸(D)]: _from 基点: 捕捉矩形外框的右上顶点。

(10) 指定另一个角点或 [尺寸(D)]: _from 基点: <偏移>: @-5,-5 按 Enter 键，完成内框的绘制，如图 9-6 所示。

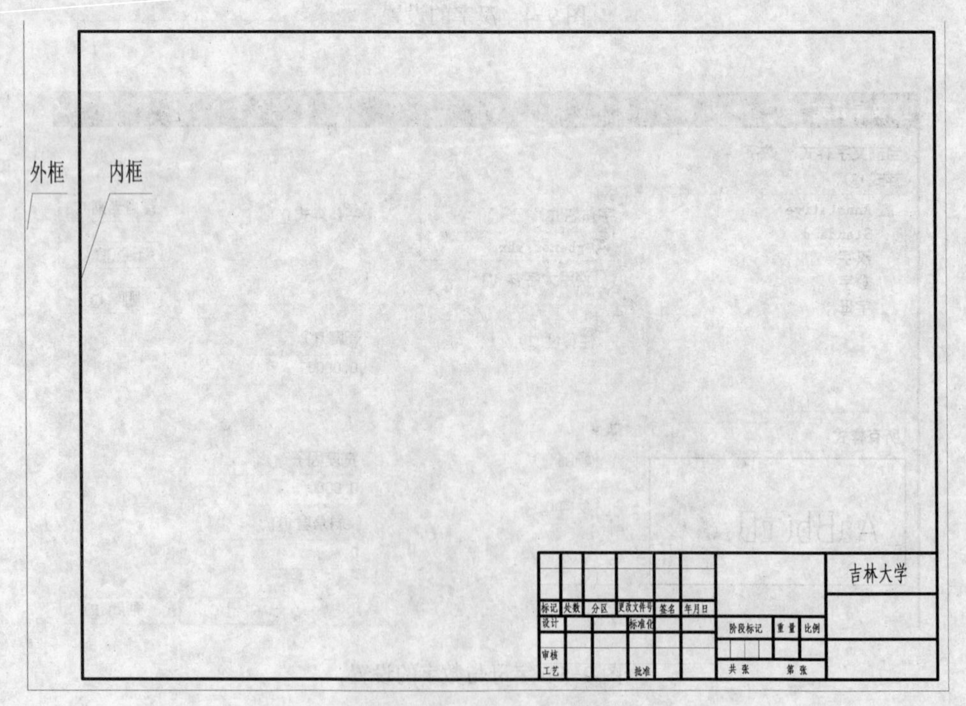

图 9-6　A3 图框与标题栏

图框完成后，按标准绘制标题栏。也可以利用“插入块”命令将绘制好的标题栏插入当前图形之中。

6. 保存为样板文件

选择“文件”下拉菜单中的“另存为”，弹出“图形另存为”对话框，在“文件类型”下拉列表框中选择“AutoCAD 图形样板(*.dwt)”，在“文件名”下拉列表框中输入“A3样板图纸”，如图 9-7 所示。单击 保存(S) 按钮，弹出“样板选项”对话框，在该对话框中输入“A3 图纸横放”，如图 9-8 所示，单击 确定 按钮，完成样板图的保存。创建的“A3 样板图纸”自动保存在 AutoCAD 的 Template 文件夹中，成为本机系统文件，供反复调用。

图 9-7　选择文件类型

图 9-8　“样板选项”对话框

以后在启动 AutoCAD 绘制 A3 零件图时，可在“创建新图形”对话框中单击“使用样板”图标，如图 9-9 所示，在“选择样板”下拉列表框中选择“A3 样板图”直接开始绘图，不必再进行烦琐的设置，可节省大量时间，提高工作效率。

创建其他尺寸的图纸样板时，可利用已创建好的 A3 图纸样板，通过重新设置图幅尺寸、绘制或用“拉伸”命令拉伸边框即可，不必重新绘制图框、标题栏和设置各项参数。

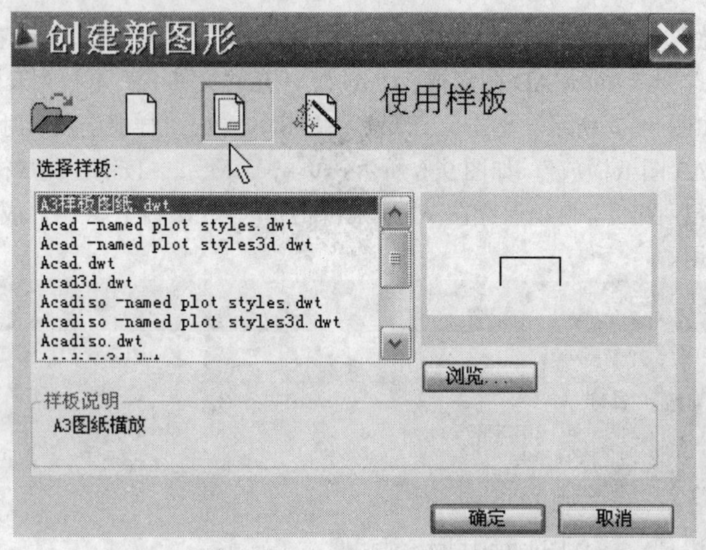

图 9-9　调用样板图

9.1.2　零件图的绘制步骤

利用 AutoCAD 绘制零件图的步骤与用尺规绘图的步骤基本相同，即选图幅、画图形、标注尺寸、注写技术要求和填写标题栏。需要强调的是用 AutoCAD 绘图时必须将不同的对象放置在不同的图层中。否则在修改和相互调用图形文件时会带来很大的麻烦，失去了计算机绘图的优越性。下面以图 9-10 为例说明零件图的绘制步骤。

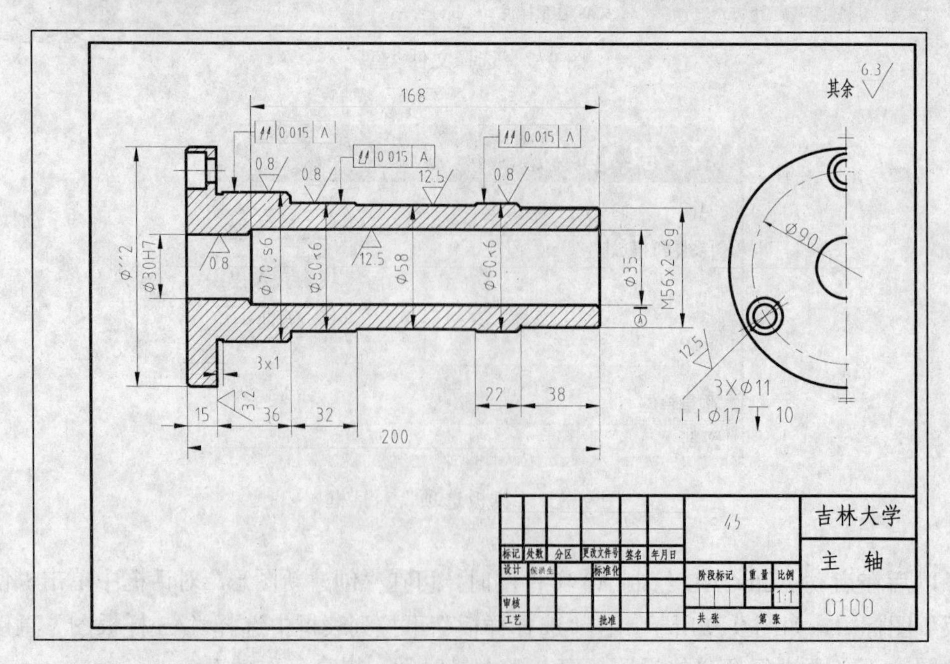

图 9-10　主轴零件图

(1) 打开“A3 样板图”，将其另存为“主轴”。

(2) 综合运用各种绘图和编辑命令绘制图形。

(3) 分析尺寸特点，选择合适的标注样式标注尺寸。

(4) 注写技术要求和标题栏。

(5) 保存文件。

9.2　绘制装配图

用 AutoCAD 绘制装配图时，应首先根据所画机器或部件的工作原理、装配关系确定表达方案，选择相应的绘图样板，然后开始画图。画图的方法有两种，一种是设计装配图，一种是拼画装配图。所谓设计装配图，是指在产品设计阶段，一般先画机器的装配图，然后根据装配图设计拆画零件图。在没有零件图的情况下，只能用二维绘图功能，按装配图绘制步骤直接绘制装配图。所谓拼画装配图，是指在已有零件图的基础上，利用 AutoCAD 的某些功能拼画成装配图。

下面以千斤顶（图 9-11）为例说明利用 AutoCAD 拼画装配图的过程。

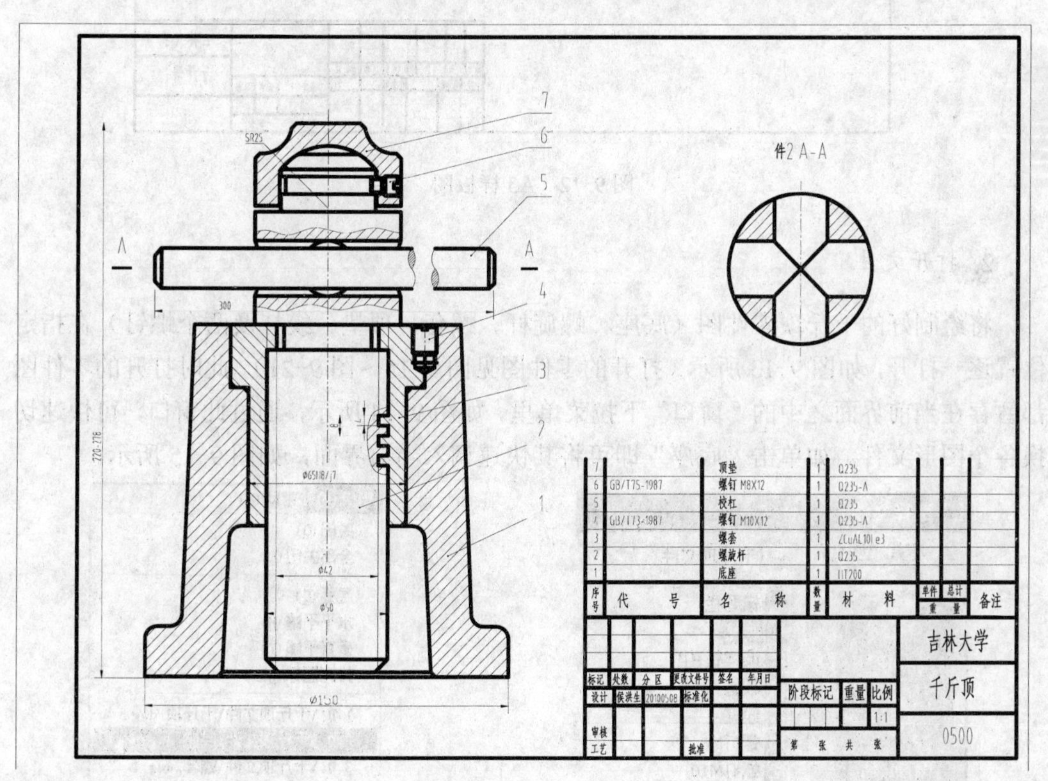

图 9-11　千斤顶装配图

9.2.1 利用“复制到剪贴板”和“从剪贴板粘贴”拼画装配图

利用“复制到剪贴板”和“从剪贴板粘贴”拼画装配图的具体步骤如下：

1. 选择图幅

打开“A3样板图”，将其另存为“千斤顶”如图9-12所示。

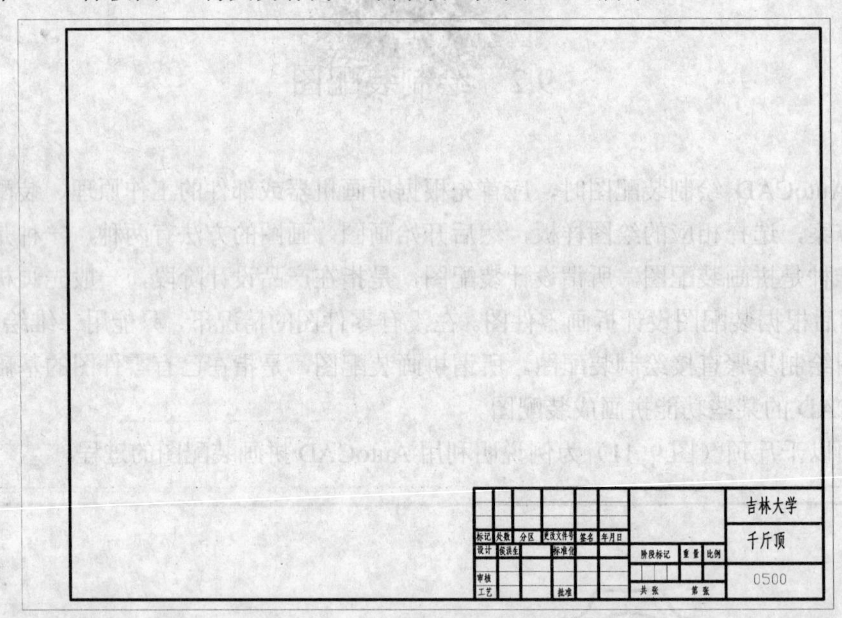

图9-12　A3样板图

2. 打开文件

将绘制好的千斤顶零件图（底座、螺旋杆、螺套、顶垫、绞杠及两个螺钉）在指定位置逐一打开，如图9-13所示（打开的零件图见图9-15～图9-21）。此时打开的零件图都暂存在当前界面之中的“窗口”下拉菜单里。如图9-14所示，通过此窗口，可快速切换各个图形文件。如单击“底座”即可将其快速调入当前界面，如图9-15所示。

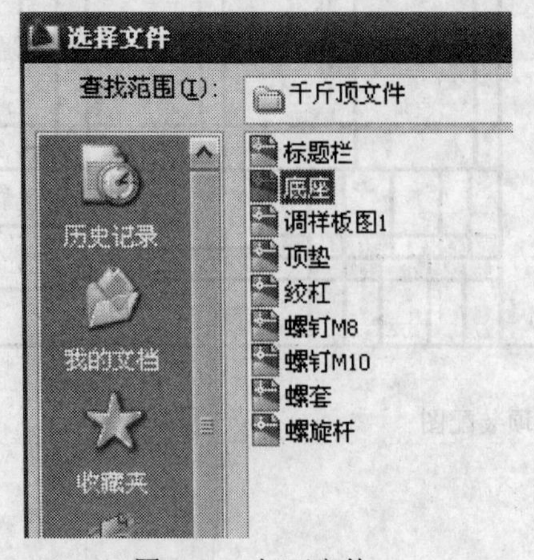

图9-13　打开文件

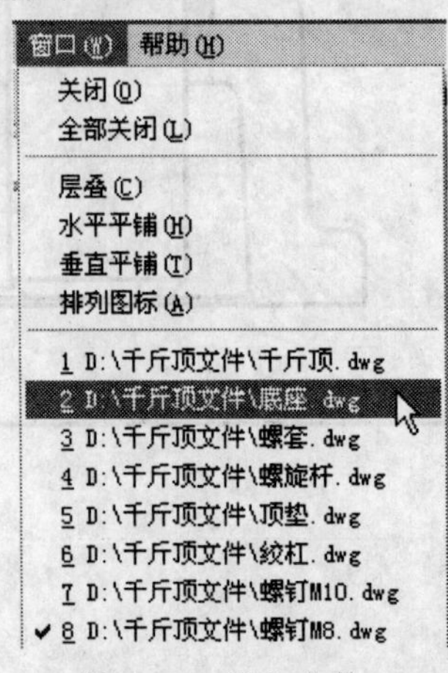

图9-14　调入文件

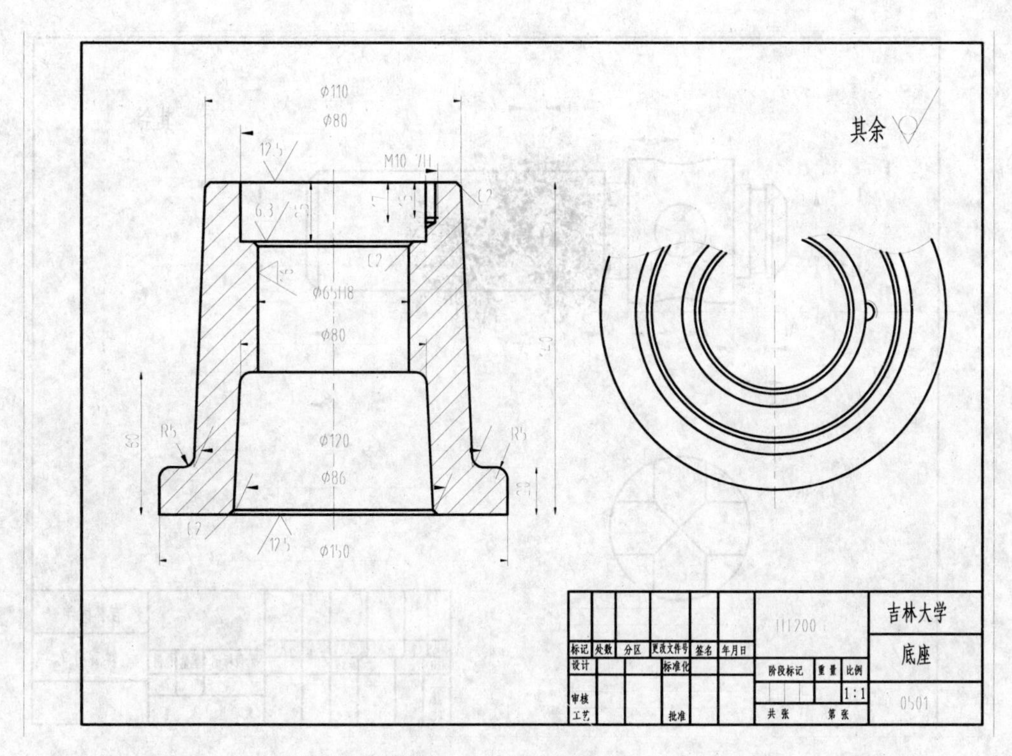

图 9-15　底座零件图

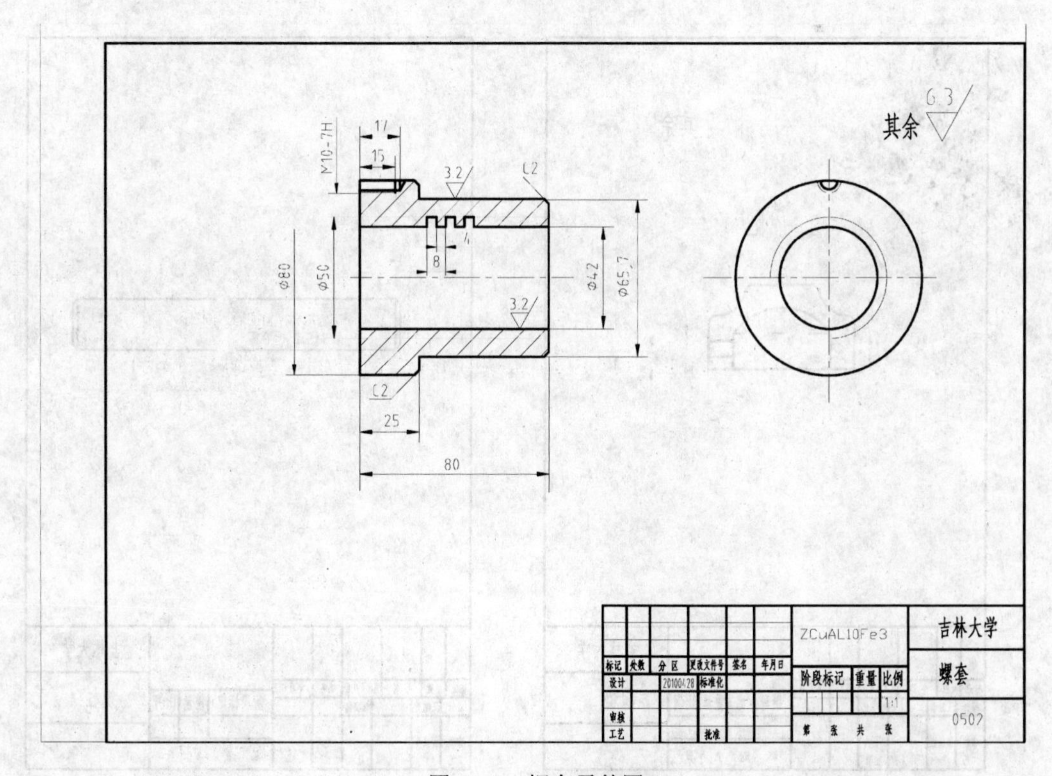

图 9-16　螺套零件图

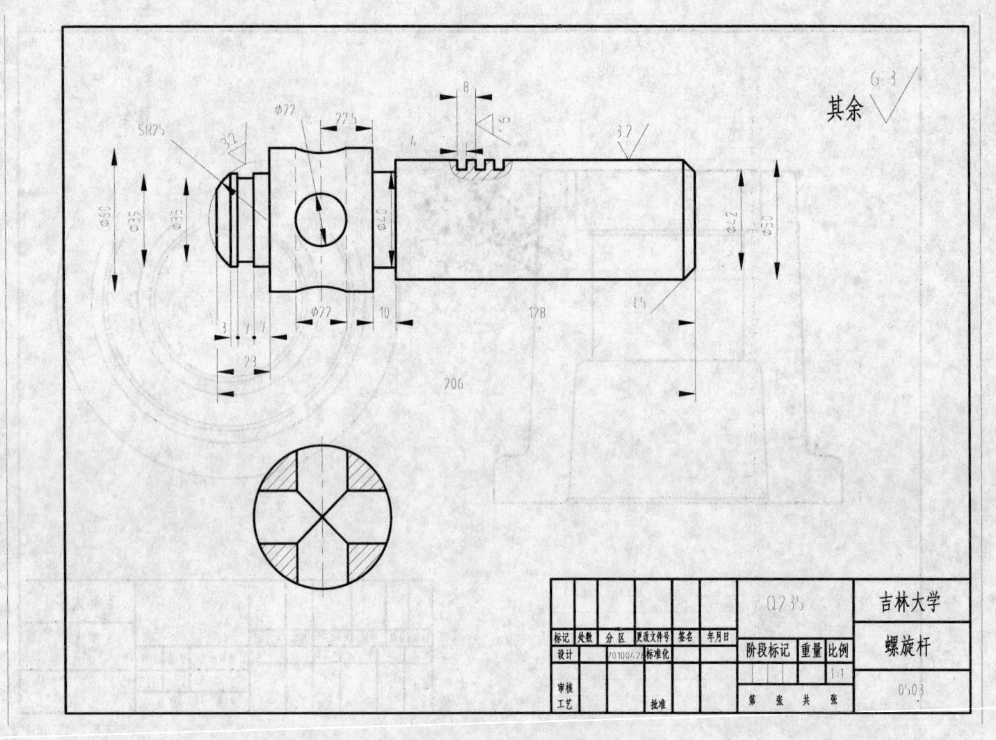

图 9-17　螺旋杆零件图

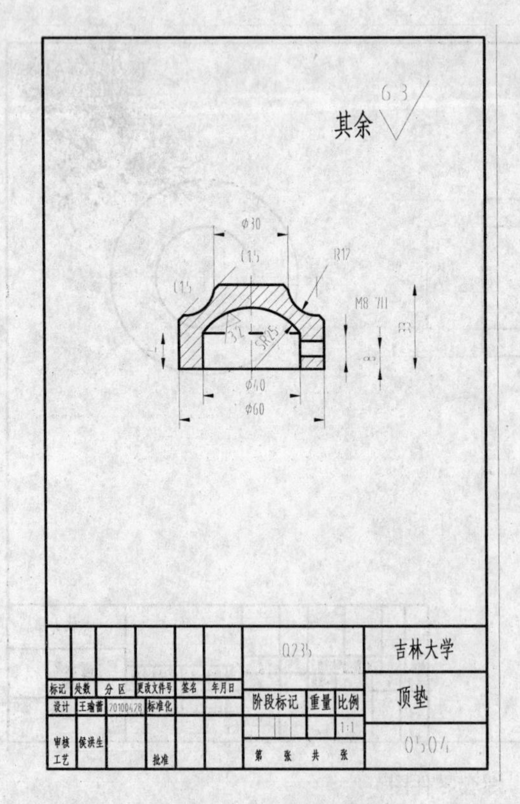

图 9-18　顶垫零件图

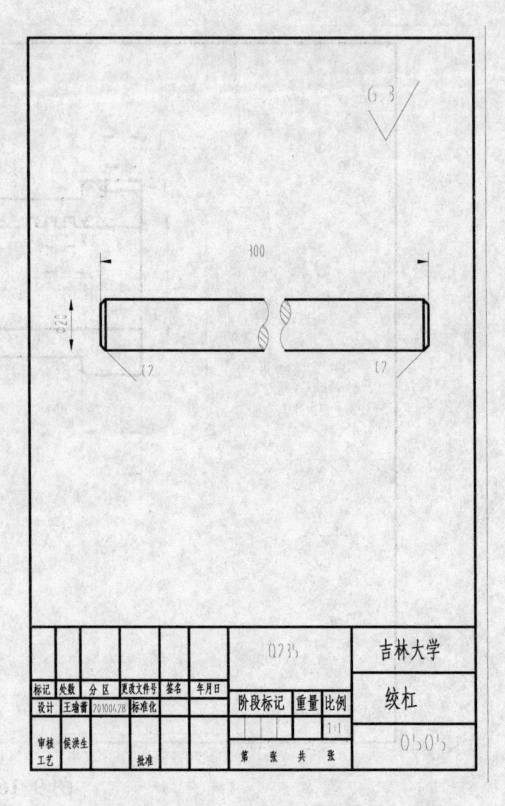

图 9-19　绞杠零件图

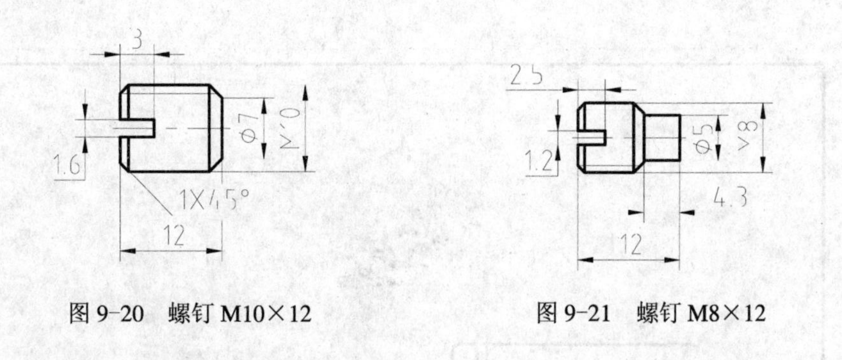

图 9-20　螺钉 M10×12　　　　图 9-21　螺钉 M8×12

3. 复制文件

打开“底座”图形文件后，关闭尺寸线层，单击“复制到剪贴板”图标或按快捷键 Ctrl+C 后，用选择框选取底座的主视图，然后按 Enter 键，主视图被选中，如图 9-22 所示。

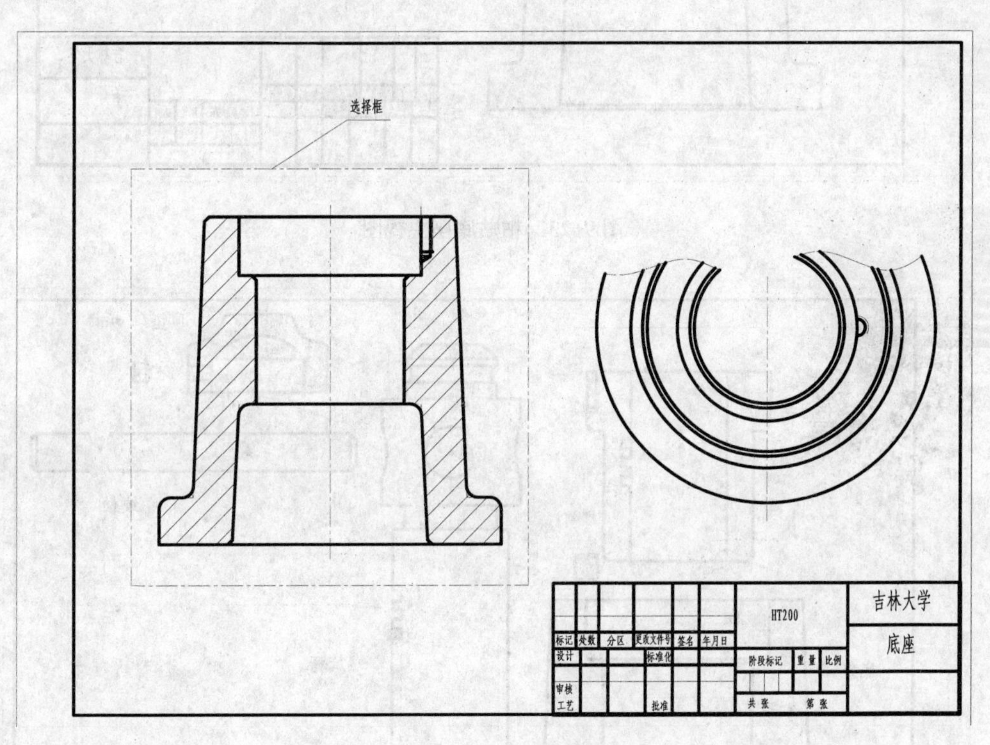

图 9-22　复制底座主视图

4. 粘贴文件

单击“窗口”下拉菜单选择“千斤顶”，如图 9-14 所示，将该文件调入窗口后，单击“从剪贴板粘贴”图标或按快捷键 Ctrl+V 后，底座主视图动态显示在屏幕上，在适当位置单击，底座主视图被粘贴到当前文件中（即“千斤顶”文件中），如图 9-23 所示。

重复此过程，可以将“千斤顶”的其他零件：螺旋杆、螺套、顶垫、绞杠及两个螺钉等需要的图形依次粘贴到“千斤顶”文件中，如图 9-24 所示。

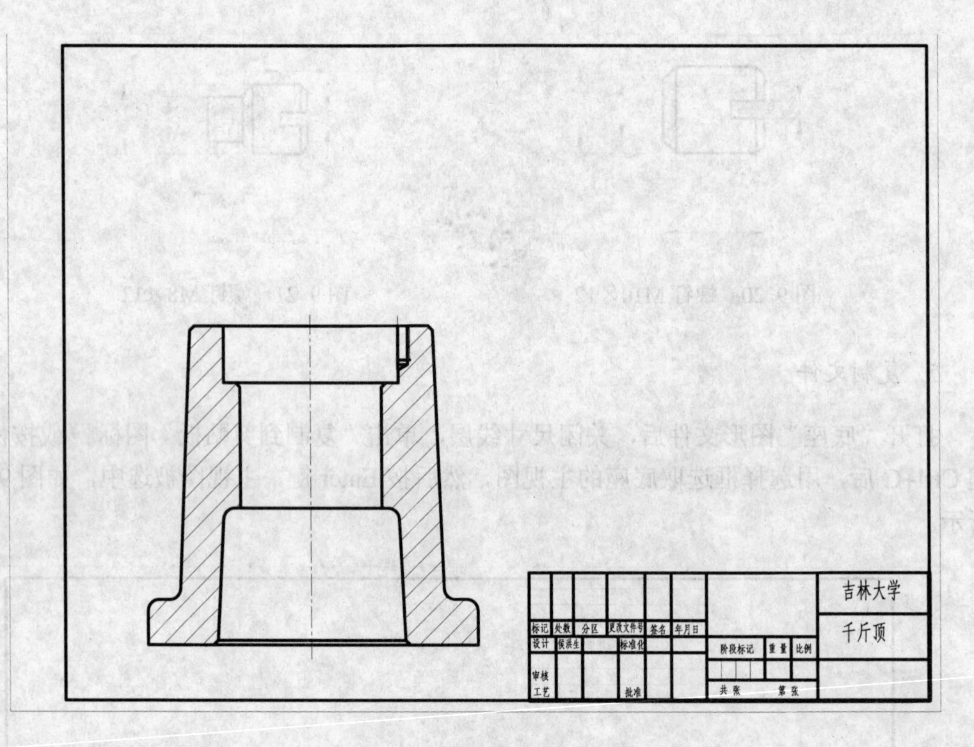

图 9-23　粘贴底座主视图

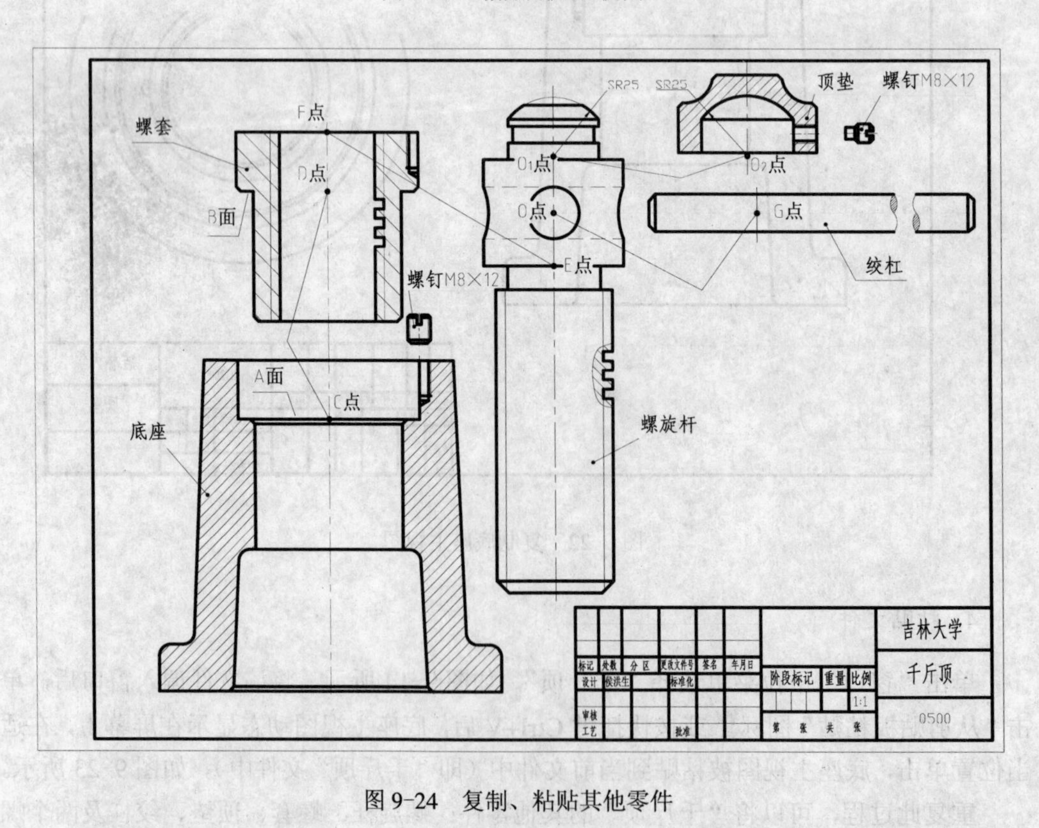

图 9-24　复制、粘贴其他零件

5. 移动图形

根据零件之间的位置关系，利用“旋转”、“移动”等命令对图形进行移动。在移动图形时要分析零件间的位置关系，确定图形间的定位基点。

1) 螺套与底座的位置关系

当螺套和螺旋杆被复制粘贴到“千斤顶”文件中时，它们的轴线是水平放置，因此它们在装入底座之前应旋转 90°，使其轴线竖直放置。旋转螺套的操作步骤如下：

单击“旋转”图标，启动“旋转”命令，窗口提示：

选择对象：选择螺套后单击鼠标；

选择对象：按 Enter 键；

指定基点：选择左端面与轴线的交点；

指定旋转角度或 [参照(R)]：–90 按 Enter 键，完成螺套的旋转。

螺套被装入底座之中时，它们的位置关系是：轴线对轴线、A 面对 B 面，因此图形定位基点应是 C 点，如图 9-24 所示。移动螺套时，应使螺套上的 D 点与底座上的 C 点重合。移动螺套的操作步骤如下：

单击“移动”图标，启动“移动”命令，窗口提示：

选择对象：选择螺套如图 9-24 所示，按下左键；

选择对象：按 Enter 键；

指定基点或位移：捕捉图 9-24 中螺套上的 D 点后，螺套呈动态显示，窗口提示：

指定基点或位移：〈对象捕捉 开〉指定位移的第二点或〈用第一点作位移〉：移动鼠标，捕捉底座上的 C 点后单击鼠标，完成螺套的移动，如图 9-25 所示。

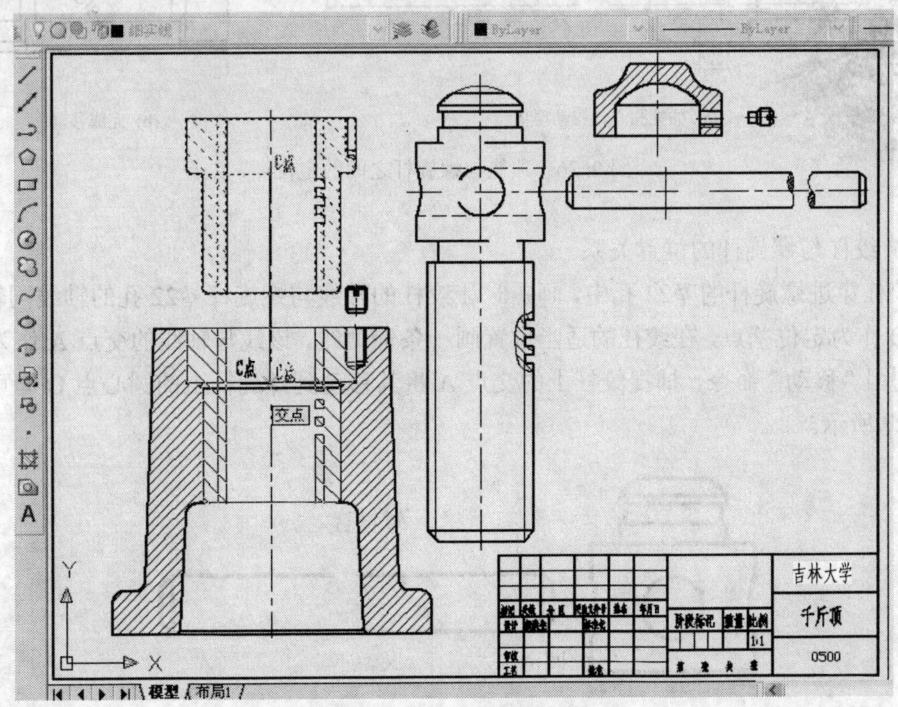

图 9-25　螺套的移动

2) 螺旋杆与螺套的位置关系

螺旋杆相对螺套的位置关系是轴线对轴线，平面对平面，因此螺旋杆与螺套之间的定位基点是螺套上的 F 点，移动时螺旋杆上的 E 点与螺套上的 F 点重合，如图 9-24 所示。移动过程与螺套的移动过程相同（在旋转螺旋杆之前可以先将其移到图框之外进行旋转）。

3) 顶垫与螺旋杆的位置关系

顶垫与螺旋杆之间的位置关系是球面与球面接触，因此它们之间的定位基点是螺旋杆上的 SR25 的球心 O_1 点，移动顶垫时捕捉顶垫上 SR25 的球心 O_2 点，再捕捉螺旋杆上 SR25 的球心 O_1 点，使两者的球心重合，如图 9-24 所示。具体操作步骤如下：

单击“移动”图标，启动“移动”命令；

选择对象：选择“顶垫”；

选择对象：按 Enter 键；

指定基点或位移：单击“捕捉圆心”图标后，将十字光标移到“顶垫”中的 SR25 的圆弧上，圆心标记出现后单击鼠标（此时“顶垫”呈动态显示）；

指定基点或位移：_cen 于 指定位移的第二点或 <用第一点作位移>：单击“捕捉圆心”图标后，拖动“顶垫”，将十字光标移到“螺旋杆”中的 SR25 的圆弧上，圆心标记出现后单击鼠标，完成“顶垫”的移动，如图 9-26（a）、（b）所示。

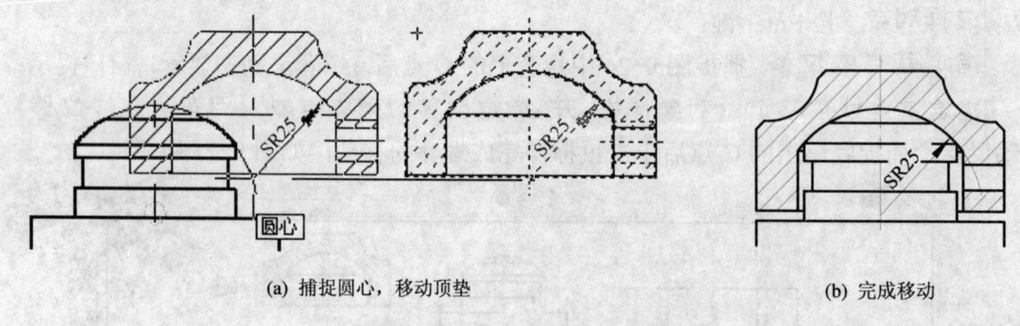

(a) 捕捉圆心，移动顶垫　　(b) 完成移动

图 9-26　顶垫与螺旋杆之间的定位

4) 绞杠与螺旋杆的位置关系

绞杠穿进螺旋杆的 $\phi22$ 孔中，画图时让绞杠的轴线与螺旋杆 $\phi22$ 孔的轴线同轴，将圆心 O 作为定位基点，在绞杠的适当位置画一条辅助线，该线与轴线的交点 A 作为移动点，利用“移动”命令，捕捉绞杠上的交点 A 将其移动到螺旋杆上的圆心点 O 即可，如图 9-27 所示。

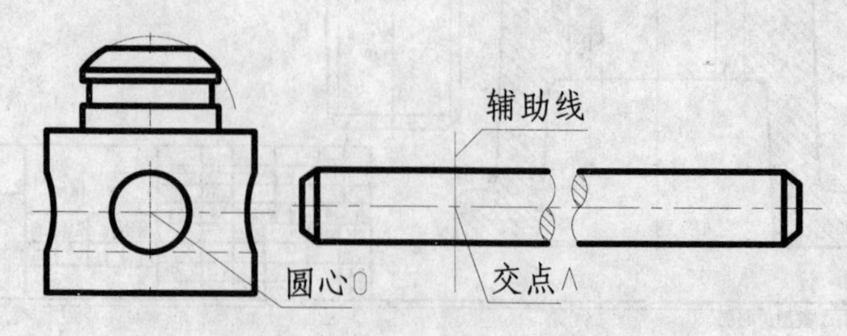

图 9-27　绞杠与螺旋杆之间的定位

5) M8螺钉与螺旋杆的位置关系

M8螺钉沿着顶垫M8螺孔的轴线方向旋进，该螺钉的作用是防止顶垫脱落，但M8螺钉的圆柱端面又不能与螺旋杆 $\phi35$ 的圆柱面顶死，否则螺旋杆转动时，顶垫会随之转动，千斤顶工作时，就会增加摩擦阻力，甚至无法工作。因此M8螺钉的圆柱端面与螺旋杆 $\phi35$ 的圆柱面应留有一定的间隙(画图时留1mm的间隙)。它们的定位基点应为交点B。确定交点B的操作步骤如下：

画辅助线，确定定位点。捕捉7mm线段的中点画一条辅助线，利用“偏移”命令将 $\phi35$ 的圆柱面右端A线偏移1mm，两线相交于基准点B，如图9-28（a）所示。

利用“移动”命令，将螺钉上的C点移到螺旋杆上的基准点B，使B、C两点重合。完成移动后的位置如图9-28（b）图所示。

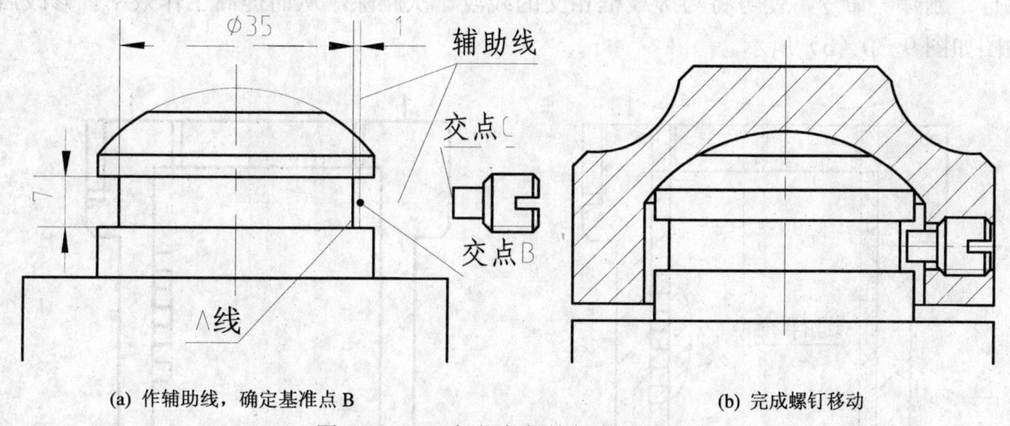

(a) 作辅助线，确定基准点B　　(b) 完成螺钉移动

图9-28　M8螺钉与螺旋杆之间的定位

6) M10螺钉与底座和螺套的位置关系

M10螺钉的作用是将底座和螺套连接在一起。M10螺钉旋入后，其顶面应低于底座上表面。画图时螺钉顶面与底座上表面在同一平面上即可，因此它们的定位基点为M10螺孔轴线与底座上表面的交点A，如图9-29（a）所示。利用移动命令使C点与A点重合，如图9-29（b）所示。

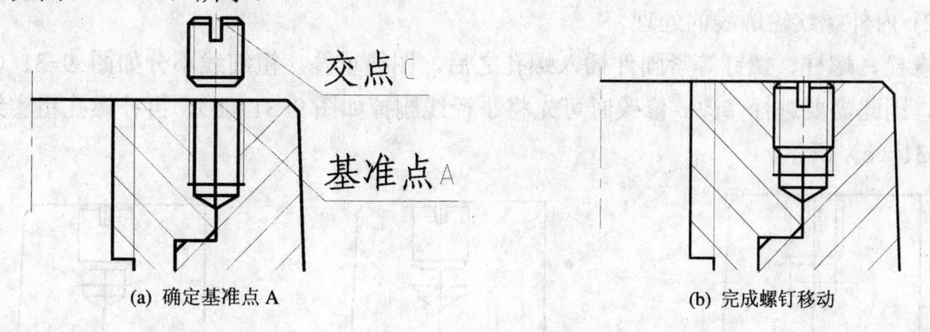

(a) 确定基准点A　　(b) 完成螺钉移动

图9-29　M10螺钉与底座和螺套之间的定位

6. 编辑修改图形

图形拼画在一张图上时，图线会重叠在一起，不符合机械制图国家标准的要求，如图9-30所示。此时应根据零件间的前后位置关系，综合利用“修剪”、“延伸”、“打断”、

“特性修改”等命令对图形进行编辑修改，多余的图线删掉，缺少的图线补齐，另外还要注意图层和线型的变化。

1) 剖面线的处理

图形重叠后，断面轮廓内可能会有其他图线存在，如图 9-30（a） 所示。断面区域发生变化，此时应用合适的命令对其进行修改。修改过程是：

单击“分解”命令图标；

```
命令: _explode
```

选择对象：单击断面区域，剖面线被分解成若干条线段，而且被穿过断面区域的线段分成两段，如图 9-30（a）中剖面线被螺旋杆的轮廓线分成两部分，此时可以用从左向右拉出的虚线选择框将被删除的线段尽可能多的一次选中，如图 9-30（a）中所示，执行“删除”命令，便可将与虚线框相交的线段一次删除，从而提高工作效率。修改后的图如图 9-30（b）所示。

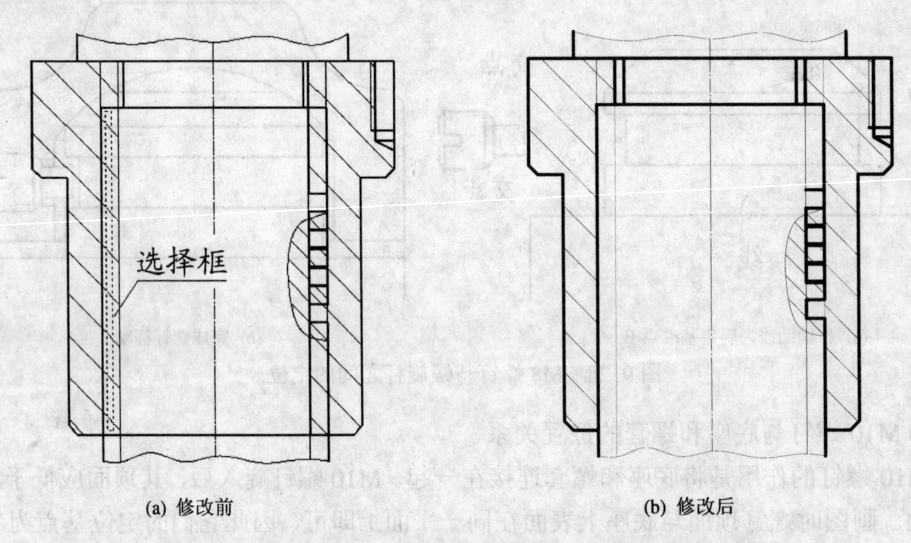

图 9-30　用虚线选择框删除剖面线

2) 内外螺纹轮廓线的处理

螺栓、螺柱、螺钉等紧固件插入螺孔之后，图线重叠，粗细线不分如图 9-31（a）所示，因此需要进行修改。修改时可先将小径线删掉如图 9-31（b），再补螺孔粗实线如图 9-31（c）所示。

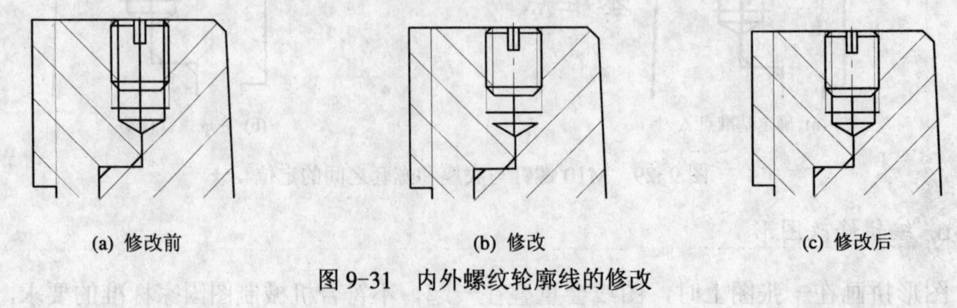

图 9-31　内外螺纹轮廓线的修改

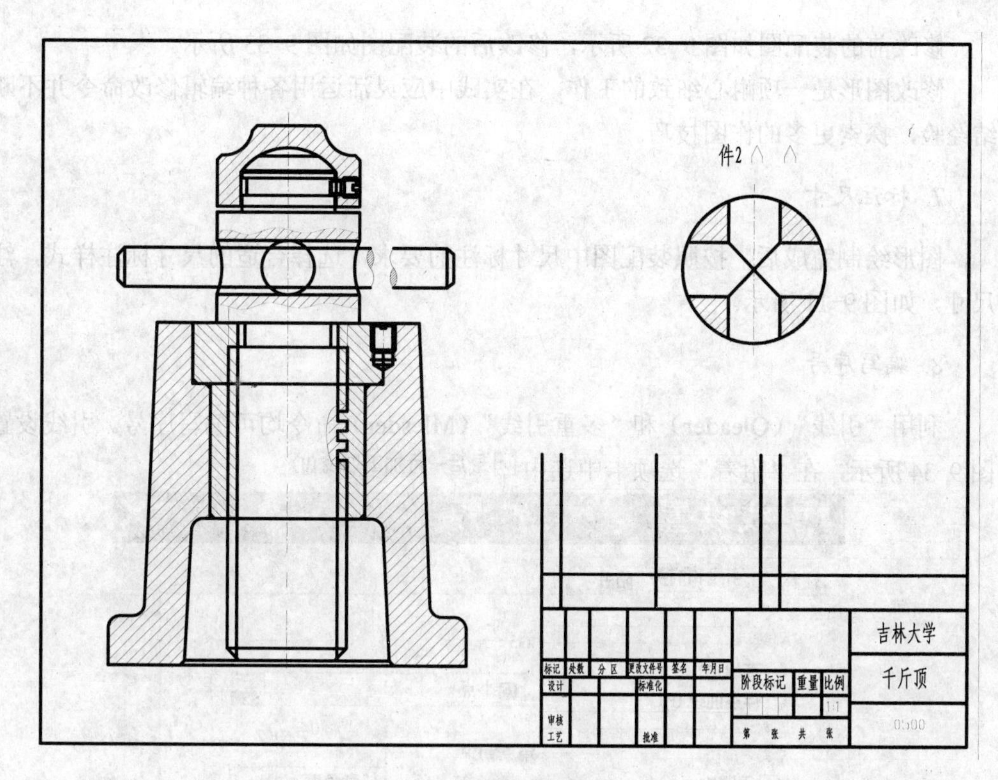

图 9-32　修改前的装配图

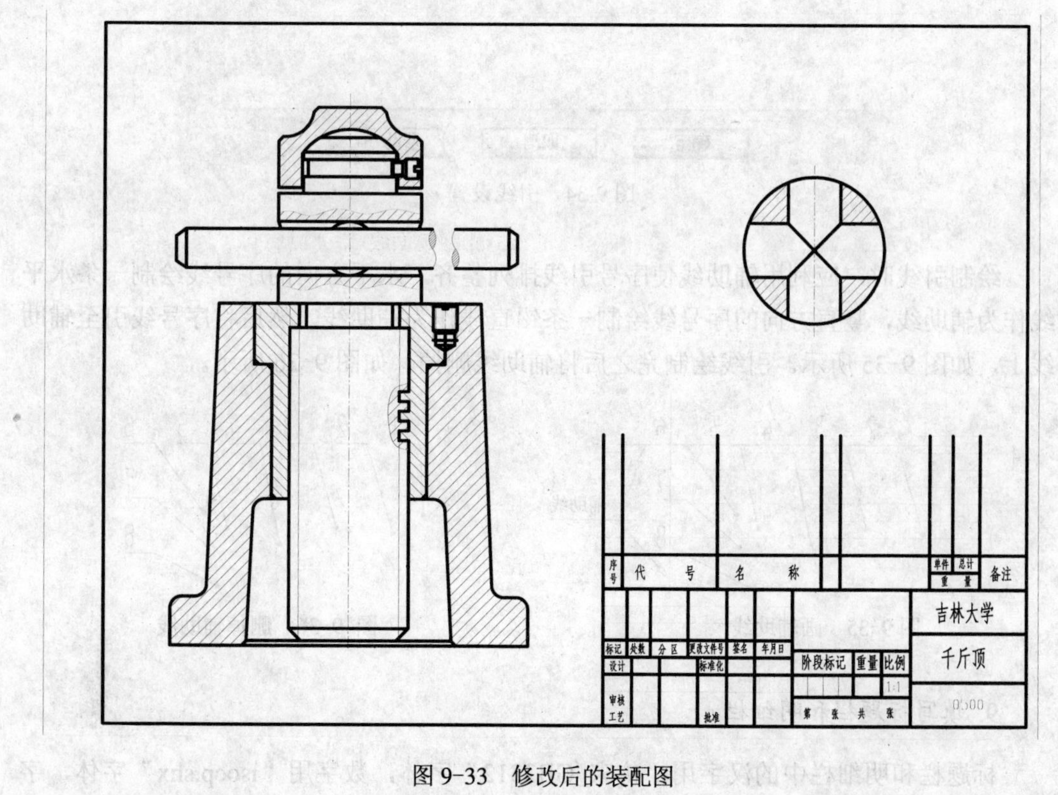

图 9-33　修改后的装配图

修改前的装配图如图 9-32 所示，修改后的装配图如图 9-33 所示。

修改图形是一项耐心细致的工作，在实践中应灵活运用各种编辑修改命令并不断总结经验，探索更多的作图技巧。

7. 标注尺寸

图形绘制完成后，按照装配图中尺寸标注的要求，选择合适的尺寸标注样式，注全尺寸，如图 9-11 所示。

8. 编写序号

利用“引线”（Qleader）和“多重引线”（Mlesder）命令均可编写序号。引线设置如图 9-34 所示，在“附着”选项卡中选中☑最后一行加下划线(U)。

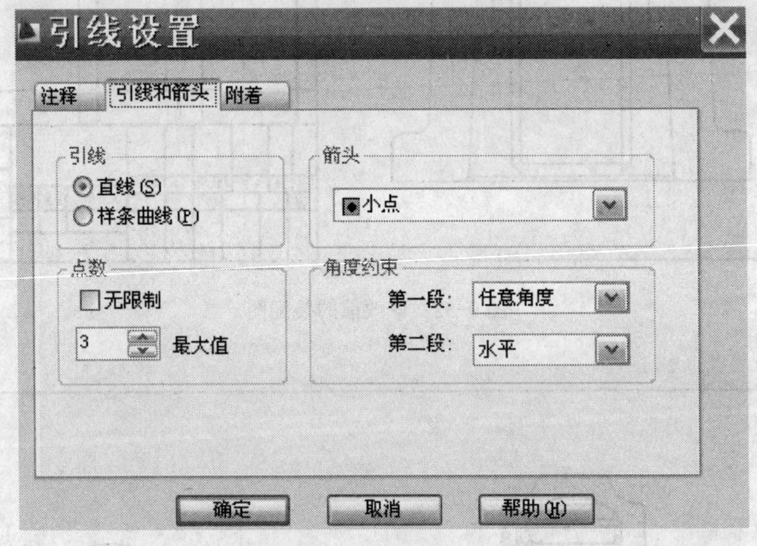

图 9-34 引线设置

绘制引线时，应利用辅助线使序号引线排列整齐，水平方向的序号线绘制一条水平线作为辅助线，竖直方向的序号线绘制一条铅直线作为辅助线，然后将序号线引至辅助线上，如图 9-35 所示。引线绘制完之后将辅助线删掉，如图 9-36 所示。

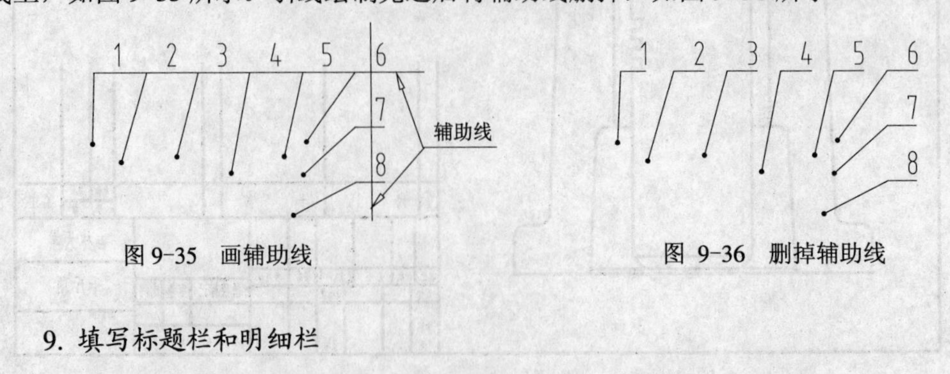

图 9-35 画辅助线　　图 9-36 删掉辅助线

9. 填写标题栏和明细栏

标题栏和明细栏中的汉字用“仿宋_GB2312”字体，数字用“isocp.shx”字体，字母用 gbenor.shx 字体书写。书写序号数字时应从下向上排列。书写“名称”栏中的汉字时应利用辅助线并选择“左中”对齐方式。为提高书写明细栏中各项目的速度，可先写出一行后（如图 9-11 明细栏中的“底座”），打开“正交”视图，利用“复制”功能，从下至上依次复制成“底座”，然后双击“底座”，进行文字修改，此方式明显快于反复启动“文字”命令且排列整齐。

以上内容完成后，“千斤顶”装配图便绘制成功，如图 9-11 所示。

9.2.2　利用“插入块”命令拼画装配图

利用“插入块”命令拼画装配图的步骤与利用“复制到剪贴板”和“从剪贴板粘贴”拼画装配图的步骤相同，只不过调入图形文件的方式不同。其具体步骤如下：

单击“插入块”命令按钮，弹出 9-37 所示对话框；在该对话框中单击“浏览”按钮；在“选择图形文件”对话框中查找图形文件的保存位置，选择图形文件后，单击“打开”按钮，如图 9-38 所示；在“插入”对话框中，如果选择“分解”复选框则插入的图形文件不生成图块；如果不选择“分解”复选框则插入的图形文件自动生成图块，如图 9-39 所示。单击“确定”按钮即可将选择的图形文件插入到当前界面中。重复此过程即可调入所需图形文件。调入后即可按前述步骤进行编辑修改。

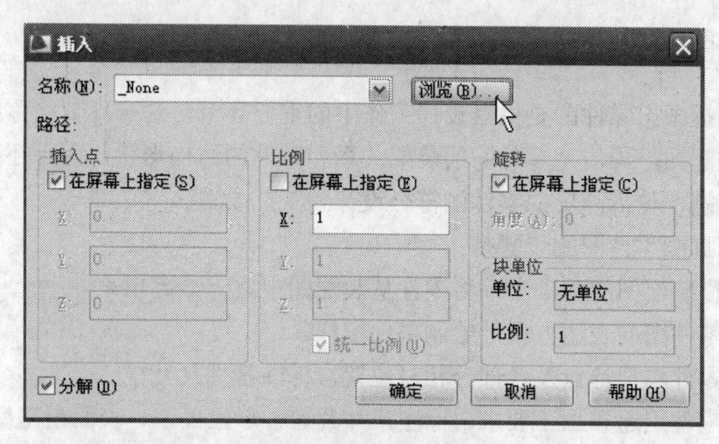

图 9-37　插入对话框

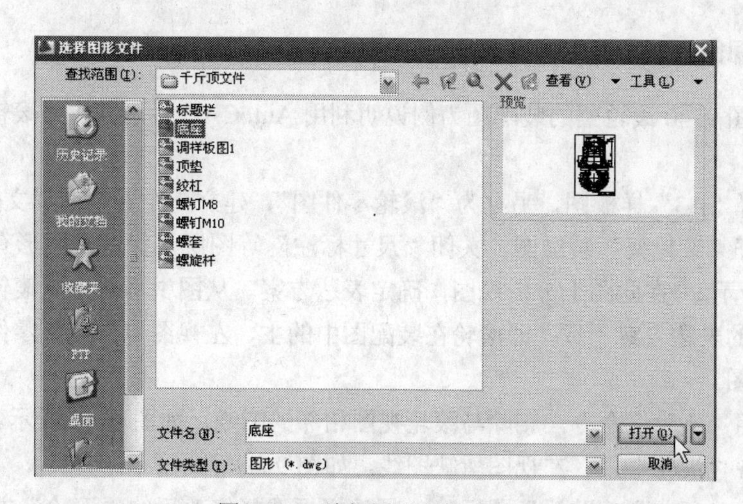

图 9-38　选择图形文件对话框

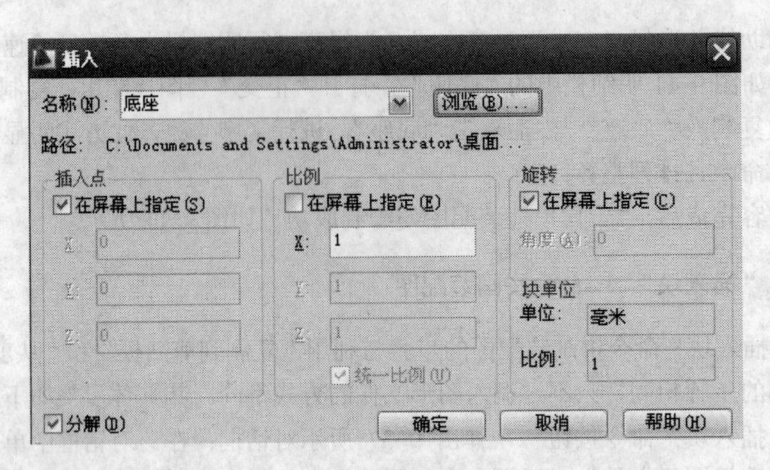

图 9-39　插入图形文件对话框

9.3　由装配图拆画零件图

9.3.1　由装配图拆画零件图的步骤

由装配图拆画出零件图是机器设计工作中的重要环节，这一环节简称拆图。要拆图必须认真读装配图，弄清楚零件间的装配关系和零件的结构形状，而且还要考虑设计和制造方面的问题，使拆画出的零件图符合设计和工艺要求。

由装配图拆画零件图的步骤是：

(1) 在读懂装配图的基础上，将零件从装配图中逐一分离出来。

(2) 确定零件图的表达方案，绘制零件图样。

(3) 分析零件构型特点及各部分相对位置，标注零件尺寸。

(4) 根据零件用途和加工要求，标注尺寸公差、形位公差、表面粗糙度等技术要求。

(5) 填写标题栏。

9.3.2　由装配图拆画零件图的方法

下面以图 9-40 滚轮架的装配图为例说明利用 AutoCAD 拆画其中“滚轮”零件图的方法和过程。

(1) 选择“A3”样板图，另存为“滚轮零件图”，建立一个新的图形文件。

(2) 打开“滚轮架”装配图，关闭“尺寸标注”等图层，保留和图形有关的图层，如图 9-41 所示。 在此图上分析视图，确定表达方案。从图中可看出“滚轮”的表达方案与装配图的表达方案一致，即滚轮在装配图中的主、左视图可作为该零件在零件图中的主、左视图。

(3) 利用“删除”命令，删除与滚轮视图相邻的图线，如图 9-42 所示。

(4) 补齐“滚轮”主、左视图所缺图线，如图 9-43 所示。

(5) 单击“复制到剪贴板”图标，用选择框选择修改后的“滚轮”主、左视图。

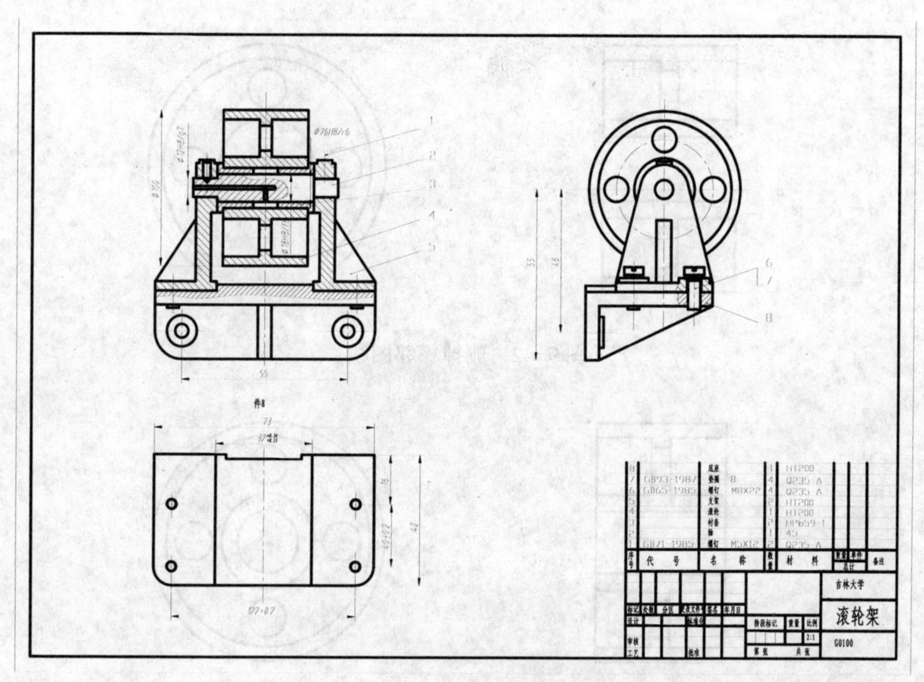

图 9-40　滚轮架装配图

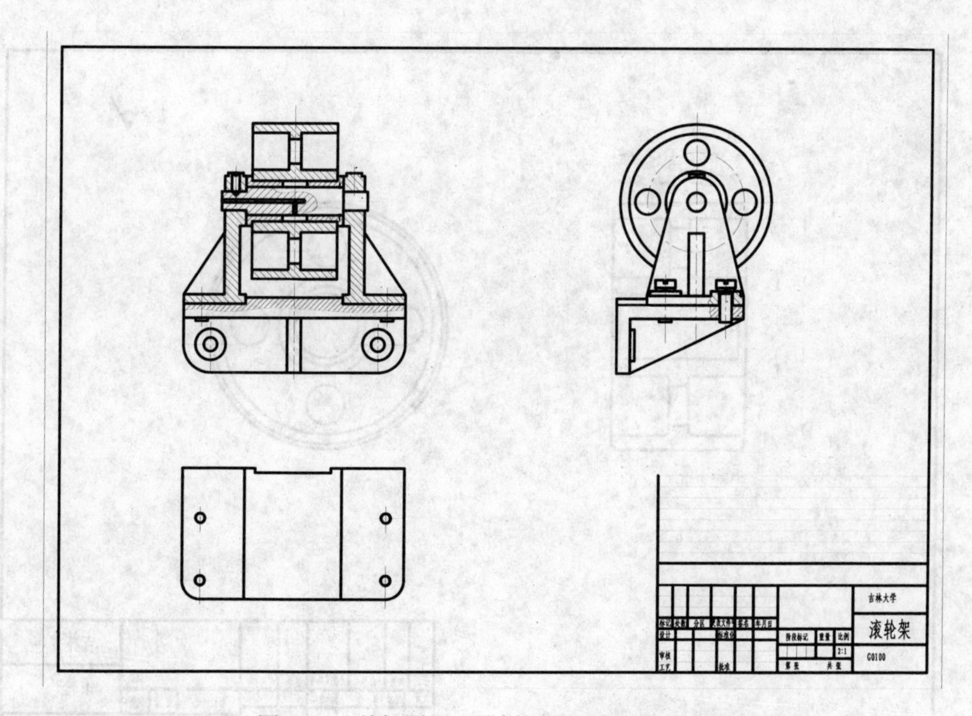

图 9-41　关闭图层，分析视图，确定表达方案

(6) 打开“滚轮零件图”文件后，单击“从剪贴板粘贴”图标，将修改后的“滚轮”主、左视图粘贴到“滚轮零件图”上。

(7) 标注尺寸、注写技术要求、填写标题栏，完成“滚轮零件图”的绘制，如图 9-44 所示。

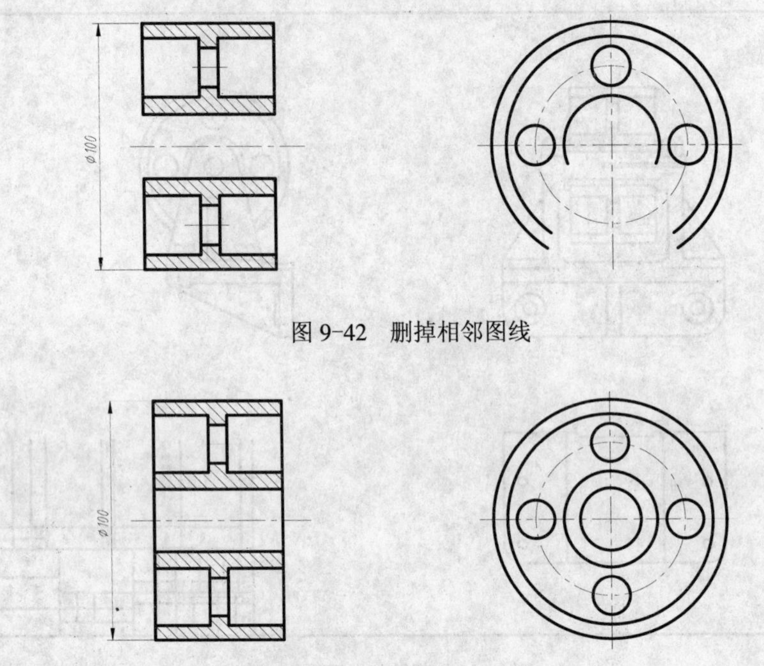

图 9-42　删掉相邻图线

图 9-43　编辑图形，补齐图线

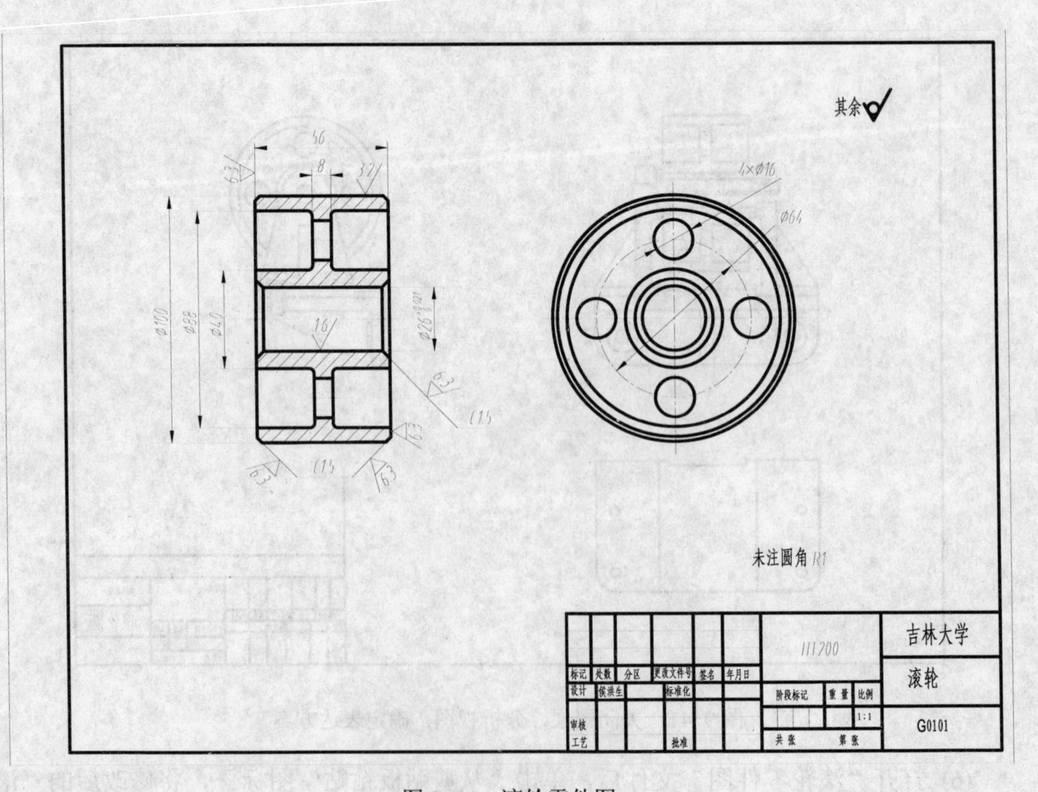

图 9-44　滚轮零件图

按照上述分析方法和作图过程，可将滚轮架装配图中的其他零件图绘制出来。滚轮架中的其他零件图及标准件如图 9-45～图 9-49 所示。

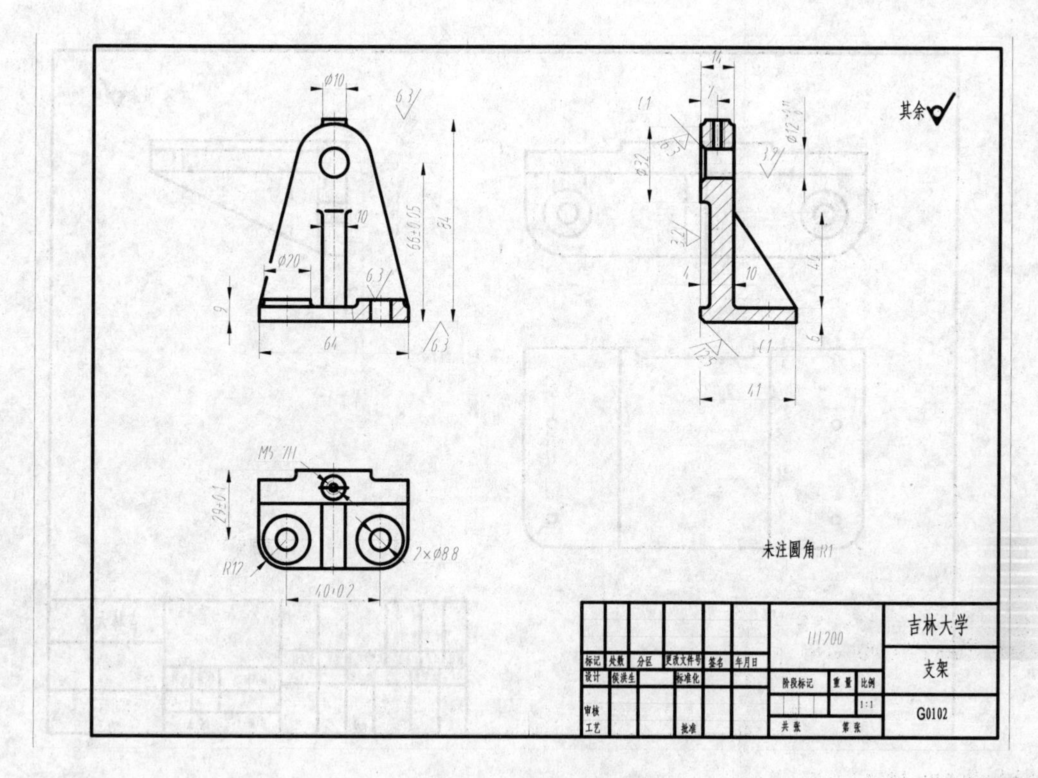

图 9-45　支架零件图

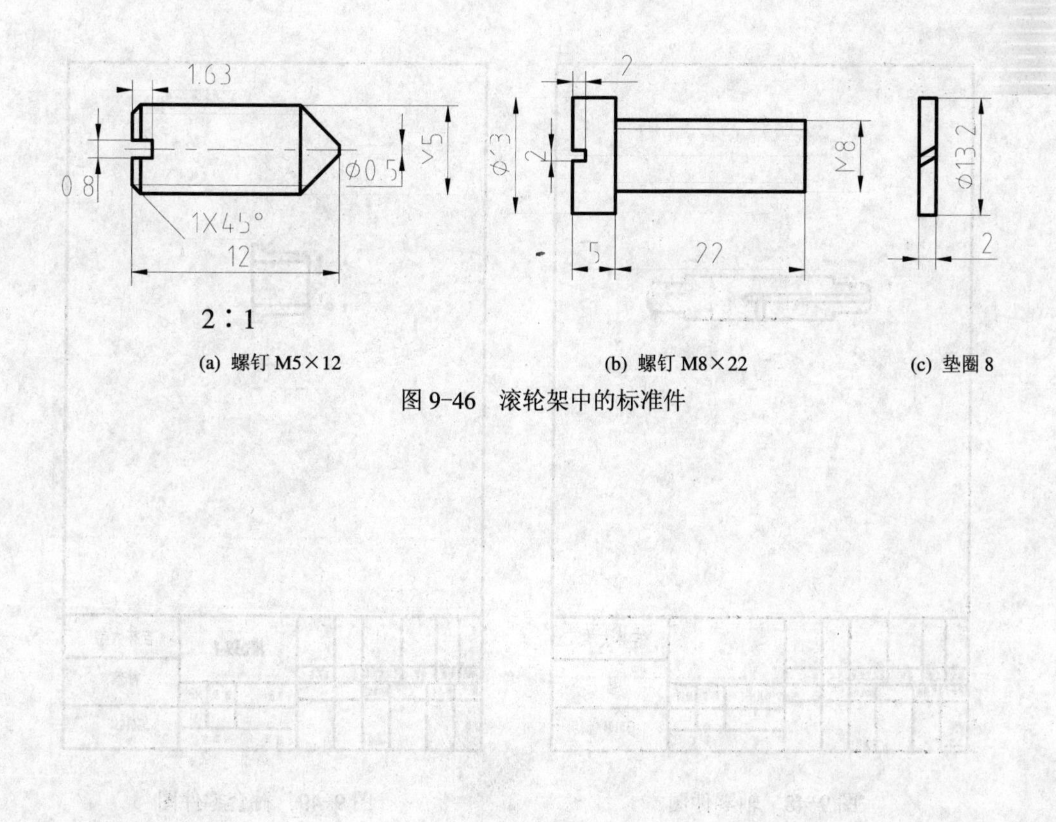

(a) 螺钉 M5×12　　(b) 螺钉 M8×22　　(c) 垫圈 8

图 9-46　滚轮架中的标准件

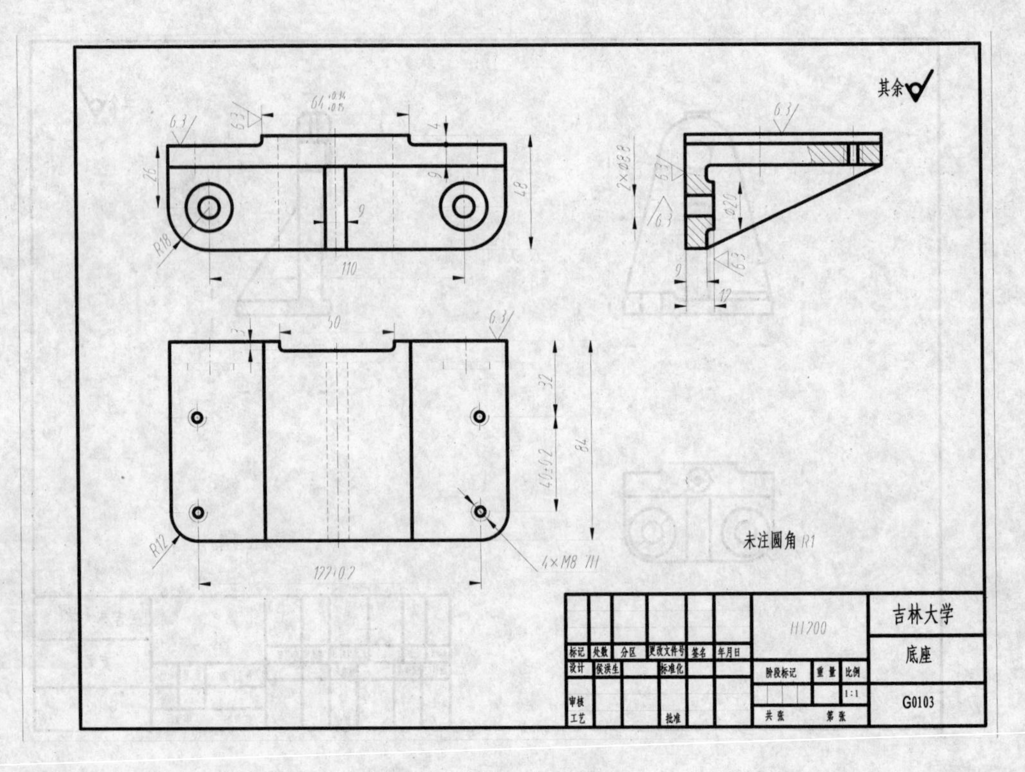

图 9-47　底座零件图

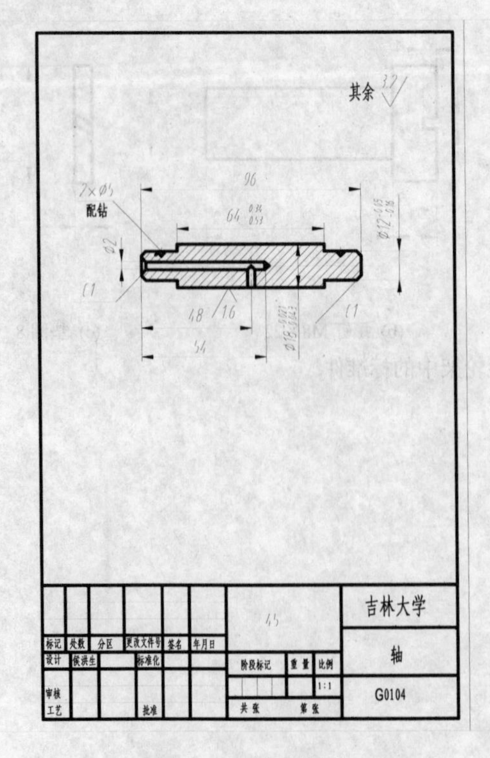

图 9-48　轴零件图

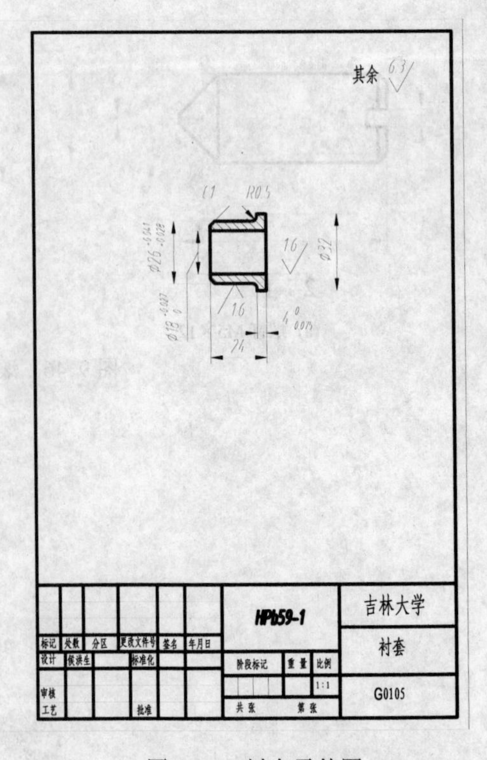

图 9-49　衬套零件图

9.4　上 机 实 践

根据本章给出的“千斤顶”和“滚轮架”的零件图图样，绘制它们零件图，然后再拼画装配图。在绘制过程中，应熟练利用下拉菜单中的“窗口”快速切换当前界面中的图形文件，利用“复制到剪贴板”和“从剪贴板粘贴”命令交换图形文件。

附录　AutoCAD 二维绘图常用命令及命令缩写表

命　令	缩　写	命　令　说　明
ALIGN	al	在二维和三维空间中将对象与其他对象对齐
ARC	a	创建圆弧
AREA	aa	计算对象或指定区域的面积和周长
ARRAY	ar	创建按指定方式排列的多个对象副本（阵列对象）
ATTDEF	-att	创建属性定义
ATTEDIT	ate	改变属性信息
AUDIT		检查图形的完整性
BASE		设置当前图形的插入基点
BHATCH	h、bh	使用图案填充封闭区域或选定对象
BLOCK	b	根据选定对象创建块定义
BMPOUT		按与设备无关的位图格式将选定对象保存为新文件
BOUNDARY	bo	从封闭区域创建面域或多段线
BREAK	br	在（可重合）两点之间打断选定对象
CAL		计算算术和几何表达式的值
CHAMFER	cha	为对象的边加倒角
CHANGE	-ch	修改选定对象的特性
CHPROP		修改选定对象的颜色、图层、线型、线型比例因子、线宽、厚度和打印样式
CIRCLE	c	创建圆
CLOSE		关闭当前图形
COLOR	col	设置新对象的颜色
COPY	co、cp	复制对象
COPYBASE		使用指定基点复制对象
COPYCLIP		将对象复制到剪贴板
COPYHIST		将命令行历史记录文字复制到剪贴板
CUSTOMIZE		自定义工具栏、按钮和快捷键
CUTCLIP		将选定对象复制到剪贴板并从图形中删除
DDEDIT	ed	编辑文字、标注文字、属性定义和特征控制框
DDPTYPE		指定点对象的显示样式及大小

续表

命　令	缩　写	命　令　说　明
DIM 或 DIMI		进入标注模式
DIMALIGNED	dal	创建对齐线性标注
DIMANGULAR	dan	创建角度标注
DIMBASELINE	dba	从上一或选定标注的基线处创建线性、角度或坐标标注
DIMCENTER	dce	创建圆和圆弧的圆心标记或中心线
DIMCONTINUE	dco	从上一或选定标注的第二条尺寸界线处创建线性、角度或坐标标注（连续标注）
DIMDIAMTER	ddi	创建圆和圆弧的直径标注
DIMEDIT	ded	编辑标注
DIMLINEAR	dli	创建线性标注
DIMORDINATE	dor	创建坐标点标注
DIMOVERRIDE	dov	替代尺寸标注系统变量
DIMRADIUS	dra	创建圆和圆弧的半径标注
DIMSTYLE	d、dst	创建和修改标注样式
DIMTEDIT	dimted	移动和旋转标注文字
DIST	di	测量两点之间的距离和角度
DIVIDE	div	将点对象或块沿对象的长度或周长等间隔排列
DONUT	do	绘制填充的圆或环片
DRAWORDER	dr	修改图像和其他对象的显示顺序
DSETTINGS	ds、se	指定捕捉模式、栅格、极轴和对象捕捉追踪的设置
DSVIEWER	av	打开“鸟瞰视图”窗口
DWGPROPS		设置和显示当前图形的特性
ELLIPSE	el	创建椭圆或椭圆弧
ERASE	e	从图形中删除对象
EXPLODE	x	将选定的组合对象分解为若干基本对象
EXPORT	exp	以其他文件格式保存对象
EXTEND	ex	延伸对象到与另一对象相交
FILL		控制如图案、二维实体和宽多段线等对象的填充显示
FILLET	f	给对象的边加圆角
FIND		查找、替换、选择或缩放指定的文字
GRID		在当前窗口中显示点栅格
GROUP	g	创建和处理已保存的对象选择集（编组或群组）
HATCH	-h	用无关联填充图案填充区域
HATCHEDIT	he	修改现有的图案填充对象
HELP (F1)		显示帮助
IMPORT	imp	将各种格式的文件输入到 AutoCAD 当前文件

续表

命　令	缩　写	命　令　说　明
INSERT	i	将命名图块、图形或对象插入到当前图形
INTERSECT	in	从两或多个面域的交集创建新面域并删除交集以外部分
JUSTIFYTEXT		修改选定文字对象的对正点（不改变其插入位置）
LAYER	la、es	管理图层和图层特性
LAYOUT	lo	创建并修改图形文件的布局
LAYOUTWIZARD		创建新的布局并指定页面和打印设置
LEADER	lead	创建引出标注或注释的引线
LENGTHEN	len	修改对象的长度或圆弧的圆心角
LIMITS		设置并控制当前图形边界和栅格显示范围
LINE	l	创建直线段
LINETYPE	lt、ltype	加载、设置和修改线型
LIST	li、ls	显示选定对象的数据库信息
LTSCALE	lts	设置全局线型比例因子
LWEIGHT	lw	设置当前线宽、线宽显示选项和线宽单位
MATCHPROP	ma	将选定对象的特性应用到其他对象（属性一致化）
MEASURE	me	将点对象或块按指定的间距放置在某一对象上
MINSERT		以矩形阵列形式多重插入指定块
MIRROR	mi	创建选定对象的镜像
MLEDIT		编辑多重平行线
MLINE	ml	创建多重平行线
MLSTYLE		定义多重平行线的样式
MODEL		从布局模式切换到模型模式
MOVE	m	移动选定对象
MSPACE	ms	从图纸空间切换到模型空间窗口
MTEXT	t、mt	创建多行文字
NEW		创建新图形文件
OFFSET	o	按预定数值创建同心圆、平行线和平行曲线
OOPS		恢复前次删除的对象
OPEN		打开现有的 AutoCAD 图形文件
OPTIONS	gr、op、pr	自定义 AutoCAD 设置
ORTHO		光标移动的正交模式控制
OSNAP		设置对象捕捉模式
PAGESETUP		为新布局指定打印设备、图纸尺寸和设置
PAN	p	在当前窗口中移动视图（便于观察）
PASTEBLOCK		将复制对象粘贴为块

续表

命　令	缩　写	命　令　说　明
PASTECLIP		插入剪贴板数据
PASTEORIG		使用原图形的坐标将复制的对象粘贴到当前图形中
PASTESPEC	pa	插入剪贴板数据并控制数据格式
PEDIT	pe	编辑多段线
PLINE	pl	创建二维多段线
PLOT	print	将图形打印到绘图仪、打印机或文件
POINT	po	创建点对象
POLYGON	pol	创建正多边形
PREVIEW	pre	预览打印图形效果
PROPERTIES	ch、mo	控制修改对象的特性
PROPERTIESCLOSE	prclose	关闭“特性”窗口
PSPACE	ps	从模型空间窗口切换到图纸空间
PURGE	pu	删除图形中未使用的命名项目，如块、图层等
QDIM		快速创建标注
QLEADER	le	创建引线和引线注释
QSAVE		保存当前图形
QTEXT		控制文字和属性对象的显示与打印
QUIT	exit	退出 AutoCAD
RAY		创建射线
RECOVER		修复损坏的图形
RECTANG	rec	绘制矩形多段线
REDO		撤销前面的 UNDO 或 U 命令的效果
REDRAW	r	刷新当前窗口中的显示
REGEN	re	从当前窗口重生成整个图形
REGION	reg	将封闭区域创建为面域
RENAME	ren	修改对象名
ROTATE	ro	绕基点转动对象
SAVE		用当前或指定文件名保存图形
SAVEAS		以新文件名保存当前图形的副本
SCALE	sc	按比例缩放对象
SKETCH		徒手画线
SNAP	sn	控制光标的栅格捕捉方式
SOLID	so	创建填充的三角形和四边形
SPELL	sp	检查图形中的拼写
SPLINE	spl	创建非均匀有理 B 样条曲线

续表

命　令	缩　写	命　令　说　明
SPLINEDIT	spe	编辑样条曲线或样条曲线拟合多段线
STRETCH	s	移动或拉伸对象
STYLE	st	创建、修改或设置命名文字样式
STYLESMANAGER		显示“打印样式管理器”
SUBTRACT	su	通过减（差）操作创建选定的面域
TEXT	dt	创建单行文字
TEXTSCR (F2)		打开 AutoCAD 文本窗口
TOLERANCE	tol	创建形位公差
TOOLBAR	to	显示、隐藏和自定义工具栏
TRACE		创建实线
TRIM	tr	用由其他对象定义的剪切边界修剪对象
UNDO		撤销命令的效果
UNION	uni	通过合（并）操作创建选定的面域
UNITS	un	控制坐标和角度的显示格式和精度
VPORTS		创建多个窗口
WBLOCK	w	将对象或块写（插）入当前图形文件
XLINE	xl	创建无限长直线（构造参照线）
XPLODE		将组合对象分解成若干基本对象
ZOOM	z	放大或缩小当前窗口中视图（方便观察）

科学出版社 高等教育出版中心

教学支持说明

科学出版社高等教育出版中心为了对教师的教学提供支持，特对教师免费提供本教材的电子课件，以方便教师教学。

获取电子课件的教师需要填写如下情况的调查表，以确保本电子课件仅为任课教师获得，并保证只能用于教学，不得复制传播用于商业用途。否则，科学出版社保留诉诸法律的权利。

地址：北京市东黄城根北街 16 号，100717

科学出版社　高等教育出版中心 工科出版分社　匡敏（收）

联系方式：010-64033891　010-64033787（传真）　gk@mail.sciencep.com

登陆科学出版社网站：www.sciencep.com“教学服务/资源下载/文件”栏目可下载本表。

请将本证明签字盖章后，传真或者邮寄到我社，我们确认销售记录后立即赠送。

如果您对本书有任何意见和建议，也欢迎您告诉我们。意见一旦被采纳，我们将赠送书目，教师可以免费选书一本。

证　明

兹证明____________大学____________学院/______系第______学年□上□下学期开设的课程，采用科学出版社出版的____________________/____________（书名/作者)作为上课教材。任课教师为________________________共________人，学生______个班共________人。

任课教师需要与本教材配套的电子教案。

电 话：________________________________

传 真：________________________________

E-mail：________________________________

地 址：________________________________

邮 编：________________________________

学院/系主任：__________　（签字）

（学院/系办公室章）

年　月　日